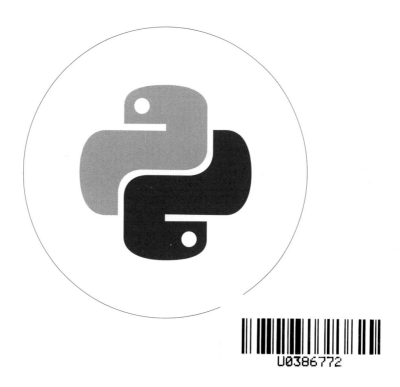

U0386772

Python与大数据分析应用

朱 荣 主编

清华大学出版社

北 京

内 容 简 介

本书使用 Python 编程语言分析大数据,全书以案例为主线,通过大量实例演示了 Python 在大数据分析应用中的强大功能。本书共分为 9 章,内容包括 Python 编程环境的搭建,变量、常量与数据类型,常用的内置函数,列表、元组及字典的用法,顺序结构、选择结构及循环结构三种控制流的用法,函数定义及使用,模块导入及常用模块的用法,数据获取、数据预处理及导入外部数据的方法,matplotlib 数据可视化方法,常用的聚类、分类及回归算法的 Python 实现,决策树及随机森林算法的 Python 实现。

本书可作为高等院校计算机科学与技术、大数据专业或者相关专业的教材,也可作为读者自学 Python 数据处理的参考书。

图书在版编目(CIP)数据

Python 与大数据分析应用 / 朱荣主编. —北京:清华大学出版社,2021.3(2024.8 重印)
高等院校计算机任务驱动教改教材
ISBN 978-7-302-57134-6

Ⅰ.①P…　Ⅱ.①朱…　Ⅲ.①软件工具-程序设计-高等学校-教材　Ⅳ.①TP311.561

中国版本图书馆 CIP 数据核字(2020)第 260257 号

责任编辑:杜　晓
封面设计:傅瑞学
责任校对:刘　静
责任印制:沈　露

出版发行:清华大学出版社
　　　　网　　　址:https://www.tup.com.cn,https://www.wqxuetang.com
　　　　地　　　址:北京清华大学学研大厦 A 座　　　　　　　邮　　编:100084
　　　　社 总 机:010-83470000　　　　　　　　　　　　　　邮　　购:010-62786544
　　　　投稿与读者服务:010-62776969,c-service@tup.tsinghua.edu.cn
　　　　质量反馈:010-62772015,zhiliang@tup.tsinghua.edu.cn
　　　　课件下载:https://www.tup.com.cn,010-83470410
印 装 者:三河市龙大印装有限公司
经　　销:全国新华书店
开　　本:185mm×260mm　　　　印　　张:20　　　　字　　数:460 千字
版　　次:2021 年 5 月第 1 版　　　　　　　　　　　　　　印　　次:2024 年 8 月第 6 次印刷
定　　价:56.00 元

产品编号:090198-01

前　言

  Python 语言是目前流行的编程语言之一,在各领域应用中已经受到越来越多的重视。Python 语言已经成为各高等院校的计算机专业、大数据专业等相关专业的必修课程,有的高等院校已经把 Python 语言作为非计算机专业学生的公共必修课,甚至有些中学已经开设了 Python 程序设计课程。

  在众多的高级编程语言中,Python 语言是非常适合作为数据分析的编程语言之一。Python 语言语法简洁、功能强大,具有非常丰富的扩展库,并且易学易用。目前,市面上已经出版了许多 Python 语言类的教程。但是编者在多年的教学中感觉一些 Python 基础教程还存在一些问题,特别是学生通过基础教程的学习,了解了 Python 的基本语法,掌握了一些编程技巧,但是仍然不能有效地利用 Python 解决一些实际问题。所以,编者以提高学生的实际应用能力为出发点编写了本书。本书以培养学生的逻辑思维能力、实践编程能力及解决实际问题能力为目标,精心设计了教学内容,通过大量的应用实例,让学生真正地理解 Python 在解决实际问题时的魅力,从而可以真正学会如何应用 Python 解决实际问题。

  本书主要供高等院校计算机专业、大数据专业及信息技术相关专业的学生使用。建议读者在学习本书的过程中一定要对每一个实例都亲自实践练习,在能把本书的实例调试运行成功的基础上,再尝试换不同的数据集或换不同的算法进行改进实践。读者在实践过程中遇到问题时要多思考,可以上网搜索产生问题的原因,及时解决发现的问题,在不断发现问题并解决问题的过程中总结经验、积累经验,从而有效地实现知识与技能及综合实践能力的提升。

  本书内容共分为 9 章。

  第 1 章主要介绍 Python 环境的搭建,重点介绍 Anaconda 环境的搭建及集成开发环境 Spyder 的使用方法。

  第 2 章主要介绍 Python 中的主要基础语法知识,包括变量、常量与数据类型,Python 中常用的内置函数用法,列表、元组及字典的用法,顺序结构、分支结构及循环结构三种控制流的语法格式及应用实例。

第3章主要介绍 Python 中自定义函数、函数的实参与形参及变量的作用域等用法，lambda 表达式的用法，Python 中导入模块的方法，几种常见模块的使用方法，使用 numpy 模块创建 ndarray 数组，数组的切片、转置、去重、集合运算及常用的统计方法，创建矩阵、矩阵乘法运算、矩阵的转置和逆运算、方阵的迹运算、矩阵的秩、矩阵的特征值及特征向量的计算方法，类的定义及使用方法。

第4章主要介绍利用爬虫技术获取网络数据的方法，利用 pandas 模块的 series 和 DataFrame 数据类型的使用方法，导入外部.csv、.xlsx 及.txt 文件的使用方法，查看数据集的缺失值、删除数据集中的缺失值、填充数据集中的缺失值、重复值处理、合并数据及数据统计等数据预处理方法，将处理好的数据保存到本地磁盘的使用方法，还简单介绍 sklearn 库提供的一些自带数据集。

第5章主要介绍在 matplolib 中如何创建画布、绘制图形及保存图形，划分子图的方法，绘制折线图、条形图、饼图、散点图、直方图、箱线图、小提琴图、热力图及词云图的方法，最后通过一个应用实例演示如何利用数据可视化结果分析大数据。

第6章主要介绍 K-均值聚类、层次聚类、基于密度的聚类、谱聚类及 Birch 聚类算法的 Python 实现方法，利用这些聚类方法创建模型时的调参方法，最后用一个综合实例演示了聚类模型在大数据分析中的应用步骤。

第7章主要介绍 KNN 分类器、非线性支持向量机、线性支持向量机及三种朴素贝叶斯的分类算法在 Python 中的实现方法，分类模型的评估方法，以文本分类的实现演示了分类模型在实际数据分析中的应用方法。

第8章主要介绍最小二乘线性回归、Lasso 回归、岭回归及逻辑回归算法在 Python 中的实现方法，回归模型的评估方法，并利用波士顿房价数据集对比各种回归算法的预测效果。

第9章主要介绍分类决策树、导出决策树、绘制决策树、回归决策树及几种随机森林算法的 Python 实现方法，交叉验证的评估方法的实现，UCI 数据库简介，最后用一个综合实例对比各种算法在糖尿病数据集上的预测效果，并用图形可视化的方法显示算法的对比结果。

本书在认真学习党的二十大精神的基础上，结合 Python 课程特点充分挖掘课程思政元素，并将其潜移默化地融入到一些课程实例中，充分发挥教材的铸魂育人功能。

本书提供了全套的配套教学课件（PPT 文件）、各章实例的源代码（.py 源文件）及每章的课后习题参考答案，配套资源可以登录清华大学出版社官方网站进行下载。

感谢山东省教育服务新旧动能转换专业对接产业项目（曲阜师范大学精品旅游）对本书的资助。同时，感谢山东省社会科学规划研究项目·重点项目（21BTQJ02）对本书的支持。

本书由朱荣主编，尚军亮、赵景秀副主编，吴俊华、王永及代凌云参与编写。

在本书编写过程中，编者参考了大量文献，在此对文献作者一并表示感谢。Python 语言的应用发展非常迅速，虽然编者在编写本书时尽了最大的努力，但难免会有不足和遗漏之处，真诚地希望各位专家及读者朋友们多提宝贵意见，编者将不胜感激。

编　者

目　录

第 1 章　初识Python

1.1　Python 是什么

　　Python 语言是一种跨平台的、结合了解释性、编译性、互动性的计算机程序设计语言。Python 语言是完全面向对象的,其中函数、模块、数字、字符串都是对象,Python 语言支持继承、重载、多重继承及派生,有效地增强了源代码的复用性。Python 语言已经广泛应用到了 Web 开发、大数据科学计算、人工智能、医学图像处理及生物信息计算等众多领域。

　　Python 语言拥有强大的标准函数库,可以提供数据处理、网络爬虫、文本处理、量化分析、机器学习等各种功能。Python 语言语法简单、功能强大、易学易用,所以自从第一个公开版本的 Python 发行问世以来,就受到越来越多的编程者的喜爱。Python 自问世以来,主要经历了三个版本,目前使用较多的是 Python 2.x 与 Python 3.x 版本。

1.2　图解 Windows 操作系统下安装 Python 的步骤

　　以 Windows 7 64 位系统环境下 Python 安装过程为例,操作步骤如下。

1.2.1　下载 Python 安装程序

　　登录网址 https://www.python.org/downloads 可以下载各种版本的 Python 安装程序,如图 1-1 所示。

　　这里下载了"Python-3.7.0b2-amd64.exe"安装程序,以 Python 3.7 版本的安装来演示如何安装 Python 软件。

1.2.2　安装 Python 环境

　　(1) 双击"Python-3.7.0b2-amd64.exe"文件,启动 Python 安装程序向导,如图 1-2 所示。

　　如图 1-2 所示,第 1 步选中 Add Python 3.7 to PATH 复选框,可以将 Python 环境的安装路径自动添加到 Windows 环境变量的路径中。第 2 步单击 Customize installation 按钮,继续下面的安装步骤。在安装过程中建议采用自定义安装,把 Python 环境安装到个人指定的目录里,以利于查找文件。

　　(2) 在图 1-3 所示的界面中不做任何修改,直接使用默认选项就可以,单击 Next 按钮。

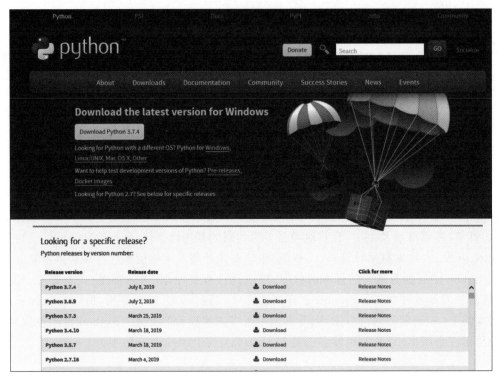

图 1-1 程序下载界面

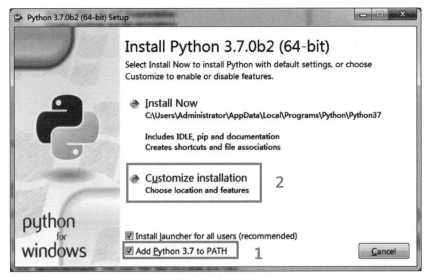

图 1-2 Python 安装程序向导 1

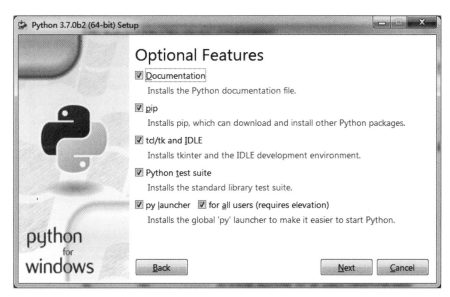

图 1-3　Python 安装程序向导 2

（3）在图 1-4 所示的安装向导界面中选择自定义目录及相关选项。

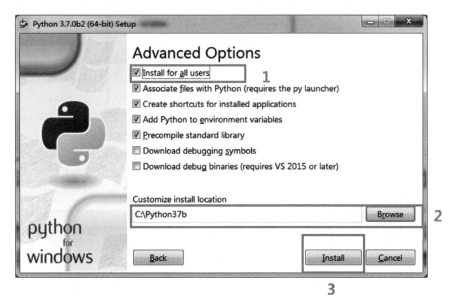

图 1-4　Python 安装程序向导 3

在图 1-4 所示的界面中，首先选中 Install for all users 复选框，系统会同时自动选中第 5 个复选框；然后指定安装目录，单击 Install 按钮，出现安装进度条界面。

（4）安装完成后出现图 1-5 所示的界面。

在图 1-5 所示界面中单击 Close 按钮，完成整个 Python 环境的安装。

（5）测试 Python 安装环境。在 Windows 操作系统的运行框中输入 cmd 命令（图 1-6），打开 Windows 命令行程序窗口。

图 1-5　Python 安装完成界面

图 1-6　运行 cmd 命令

在命令行程序窗口中输入 Python 命令，按 Enter 键，出现图 1-7 所示的界面。

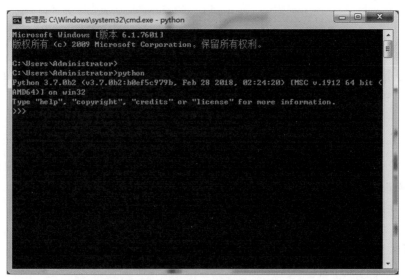

图 1-7　安装环境测试成功界面

在图 1-7 所示的界面中出现了当前安装的 Python 环境的版本信息,并且出现了"＞＞＞"符号(此符号称为 Python 提示符),说明 Python 环境安装成功。

Python 提示符"＞＞＞"的出现表明当前的命令窗口为 Python 的交互式命令行状态,在此状态下可以输入 Python 命令并运行得到相应的结果。例如,在 Python 提示符"＞＞＞"后面输入"print("Hello,Python!")"命令,可以在下方显示运行该语句的结果,如图 1-8 所示。

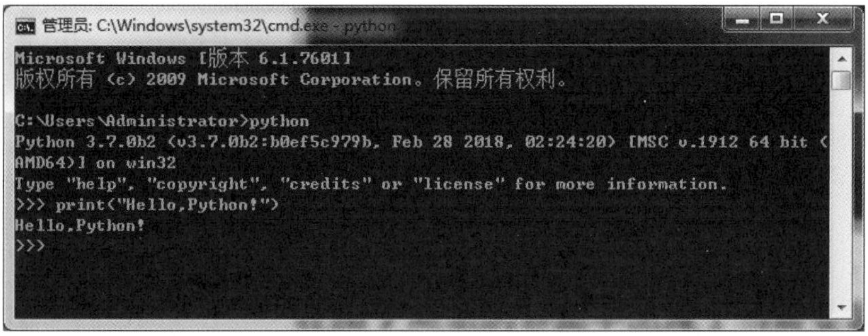

图 1-8 命令测试成功

在 Python 提示符"＞＞＞"后按 Ctrl＋Z 组合键,或者输入命令 exit( ),可以退出 Python 的交互式命令行界面,如图 1-9 所示。

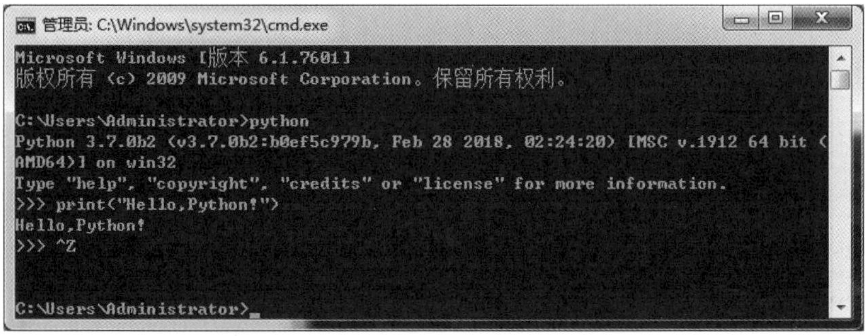

图 1-9 退出 Python 交互式命令行界面

此外,Python 环境安装成功之后,可以在 Windows 操作系统的"开始"菜单中找到相应的 Python 3.7 菜单组命令(图 1-10),选择"IDLE(Python 3.7 64-bit)"命令,可以启动一个简单的 Python 编辑工具。

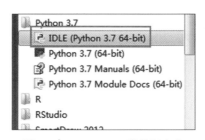

图 1-10 Python 3.7 菜单组命令

在 IDLE 界面中的 Python 提示符"＞＞＞"后输入"print("Hello,Python!")"命令,可以看到下方显示出运行该语句的结果,如图 1-11 所示。

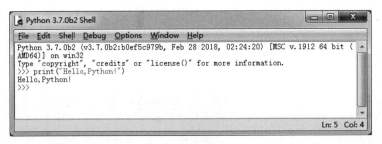

图 1-11   Python 的 IDLE 界面命令行测试

1.3   第一个 Python 程序

【实例】   在 Python 中实现一个最简单的加法运算。

启动 Python 的 IDLE 编辑器,可以使用图 1-11 所示的命令行交互方式运行 Python 命令。在 IDLE 中也可以使用程序的方式编辑运行,操作步骤如下。

(1)选择 File→New File 命令,如图 1-12 所示。

(2)在图 1-13 所示的 Python 程序文件编辑界面中输入一行或若干行 Python 命令。如图 1-13 所示,输入一个简单的 Python 程序,其由 4 条 Python 命令组成。

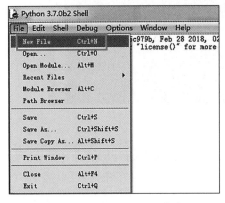

图 1-12   选择 New File 命令

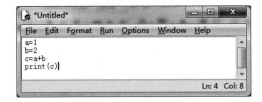

图 1-13   输入 Python 命令

(3)选择 File→Save as 命令,在弹出的"另存为"对话框中选择要保存的目录,并输入文件名 li1(这里没有输入文件名的扩展名,Python 会自动为其添加扩展名".py"),单击"保存"按钮,如图 1-14 所示。

(4)选择 Run→Run Module 命令(图 1-15),或者按 F5 键,运行程序并显示结果,如图 1-16 所示。

从图 1-16 中可以看出程序的运行结果为 3。

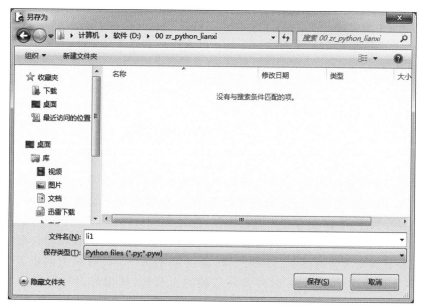

图 1-14　"另存为"对话框

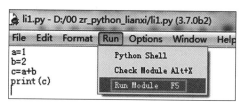

图 1-15　选择 Run Module 命令

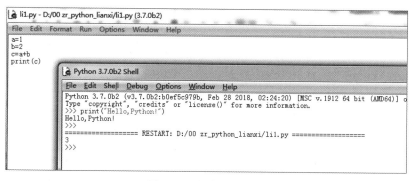

图 1-16　程序运行结果

（1）Python 语言中是严格区分大小写的，所以在写 Python 程序时要注意，print 等相关命令必须全部为小写字母。

（2）Python 程序一行只写一句代码，不需要结束符。

（3）Python 程序可以为某一行或某一段代码添加注释，注释语句只是为了提高代码的可读性，不会被程序执行。Python 中可以使用的注释符有以下两种。

① 以"#"开始的语句为 Python 行代码注释语句。

② 用三个双引号" " " "分别作为开始和结束的标志的多行语句,可以作为 Python 的某一段代码注释。

1.4　安装 Anaconda

前面介绍的 Python 环境的安装比较简单,但在使用过程中,每次都要根据需要再安装相应的包。Anaconda 是一个很方便的开源 Python 包管理和环境管理软件,在 Anaconda 安装时会自动安装 Python 编程常用的各种包,包含 conda、Python 及许多安装好的工具包,如常用的 numpy、pandas 等工具包,为后续编程提供了很大的方便,在编程过程中不会总是出现要求安装各种安装包的提示。Anaconda 还可以在同一个计算机上创建多个不同的虚拟环境,安装不同版本的 Python 软件及其依赖的工具包,从而可以分别运行不同版本的 Python 软件包。Anaconda 能够很方便地在不同的环境间进行切换,有效地解决了 Python 2.x 与 Python 3.x 有些情况下不兼容的问题。

在 Windows 操作系统下安装 Anaconda 的操作步骤如下。

(1) 下载 Anaconda 安装软件。可以到 Anaconda 的官方网站 https://www.anaconda.com 下载需要的软件。在网址 https://repo.continuum.io/archive 中也列出了各种版本的 Anaconda 安装软件,可以根据需要下载相应版本的软件,如图 1-17 所示。

Anaconda installer archive			
Filename	**Size**	**Last Modified**	**MD5**
Anaconda2-2019.07-Linux-ppc64le.sh	298.2M	2019-07-25 09:36:29	3b13ff785a73da85540d37d5aeac13af
Anaconda2-2019.07-Linux-x86_64.sh	476.1M	2019-07-25 09:36:01	63f63df5ffedf3dbbe8bbf3f56897e07
Anaconda2-2019.07-MacOSX-x86_64.pkg	634.1M	2019-07-25 09:37:04	10a47bc056e166569ed805455d04aaed
Anaconda2-2019.07-MacOSX-x86_64.sh	407.8M	2019-07-25 09:37:45	14efcfe8646ad0a00f2e3ca2959dec94
Anaconda2-2019.07-Windows-x86.exe	360.5M	2019-07-25 09:36:49	38d96b86f426ea125bf3180c225292d9
Anaconda2-2019.07-Windows-x86_64.exe	427.2M	2019-07-25 09:36:11	4813b22808b4042ed54120f d0e44327a
Anaconda3-2019.07-Linux-ppc64le.sh	326.0M	2019-07-25 09:36:56	d085409443c102cc5b75f80ebcca8c89
Anaconda3-2019.07-Linux-x86_64.sh	516.8M	2019-07-25 09:36:21	ec6a6bf96d75274c2176223e8584d2da
Anaconda3-2019.07-MacOSX-x86_64.pkg	653.1M	2019-07-25 09:38:03	1c50485dde8e6a2c28e33c09b619ea78
Anaconda3-2019.07-MacOSX-x86_64.sh	435.4M	2019-07-25 09:37:06	0596eb617cfa30e4666ae3498a958bba
Anaconda3-2019.07-Windows-x86.exe	418.4M	2019-07-25 09:37:53	861c83778458be287f4739ef89413cce
Anaconda3-2019.07-Windows-x86_64.exe	485.8M	2019-07-25 09:37:53	56edfc7280fb8def19922a0296b45633
Anaconda2-2019.03-Linux-ppc64le.sh	291.3M	2019-04-04 16:00:36	c65edf84f63c64a876aabc704a090b97
Anaconda2-2019.03-Linux-x86_64.sh	629.5M	2019-04-04 16:00:35	dd87c316e211891df8889c52d9167a5d
Anaconda2-2019.03-MacOSX-x86_64.pkg	633.4M	2019-04-04 16:01:08	f45d327c921ec856da31494fb907b75b
Anaconda2-2019.03-MacOSX-x86_64.sh	530.2M	2019-04-04 16:00:34	fc7f811d92e39c17c20fac1f43200043
Anaconda2-2019.03-Windows-x86.exe	492.5M	2019-04-04 16:00:43	4b055a00f4f99352bd29db7a4f691f6e
Anaconda2-2019.03-Windows-x86_64.exe	586.9M	2019-04-04 16:00:53	042809940fb2f60d979eac02fc4e6c82
Anaconda3-2019.03-Linux-ppc64le.sh	314.5M	2019-04-04 16:00:58	510c8d6f10f2ffad0b185adbbdddf7f9
Anaconda3-2019.03-Linux-x86_64.sh	654.1M	2019-04-04 16:00:31	43caea3d726779843f130a7fb2d380a2
Anaconda3-2019.03-MacOSX-x86_64.pkg	637.4M	2019-04-04 16:00:33	c0c6fbeb5c781c510ba7ee44a8d8efcb
Anaconda3-2019.03-MacOSX-x86_64.sh	541.6M	2019-04-04 16:00:27	46709a416be6934a7fd5d02b021d2687
Anaconda3-2019.03-Windows-x86.exe	545.7M	2019-04-04 16:00:28	f1f636e5d34d129b6b996ff54f4a05b1
Anaconda3-2019.03-Windows-x86_64.exe	661.7M	2019-04-04 16:00:30	bfb4da8555ef5b1baa064ef3f0c7b582
Anaconda2-2018.12-Linux-ppc64le.sh	289.7M	2018-12-21 13:14:33	d50ce6eb037f72edfe8f94f90d61aca6
Anaconda2-2018.12-Linux-x86.sh	518.6M	2018-12-21 13:13:15	7d26c7551af6802eb83ecd34282056d7
Anaconda2-2018.12-Linux-x86_64.sh	628.2M	2018-12-21 13:13:10	84f39388da2c747477cf14cb02721b93
Anaconda2-2018.12-MacOSX-x86_64.pkg	640.7M	2018-12-21 13:14:30	c2bfeef310714501a59fd58166e6393d
Anaconda2-2018.12-MacOSX-x86_64.sh	547.1M	2018-12-21 13:14:31	f4d8b10e9a754884fb96e68e0e0b276a
Anaconda2-2018.12-Windows-x86.exe	458.6M	2018-12-21 13:16:27	f123fda0ec8928bb7d55d1ca72c0d784
Anaconda2-2018.12-Windows-x86_64.exe	560.6M	2018-12-21 13:16:17	10ff4176a94fcff86e6253b0cc82c782
Anaconda3-2018.12-Linux-ppc64le.sh	313.6M	2018-12-21 13:13:03	a775fb6d6c441b899ff2327bd9dadc6d
Anaconda3-2018.12-Linux-x86.sh	542.7M	2018-12-21 13:13:14	4c9922d1547128b866c6b9cf750c03c7
Anaconda3-2018.12-Linux-x86_64.sh	652.5M	2018-12-21 13:13:06	c9af603d89656bc89680889ef1f92623
Anaconda3-2018.12-MacOSX-x86_64.pkg	652.7M	2018-12-21 13:14:32	34741dbb84e8b0f25c53acd056e7b95d
Anaconda3-2018.12-MacOSX-x86_64.sh	557.0M	2018-12-21 13:13:13	910c8f411f16b02813b3a2c d95462a81
Anaconda3-2018.12-Windows-x86.exe	509.7M	2018-12-21 13:13:12	dc26da1eea1e5cc78121b1d3f80a6e9c

图 1-17　Anaconda 安装软件下载界面

这里下载了"Anaconda3-4.2.0-Windows-x86_64.exe"版本软件,并以此版本软件的安装过程为例继续介绍下面的安装过程。

(2)双击下载好的"Anaconda3-4.2.0-Windows-x86_64.exe"文件,开始 Anaconda 安装过程。在图 1-18 所示的界面中单击 Next 按钮,继续下一步安装。

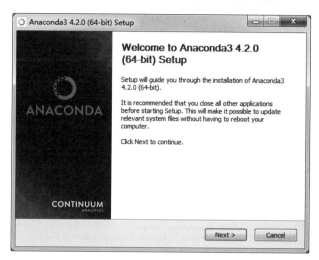

图 1-18　Anaconda 安装开始界面

(3)在图 1-19 所示的界面中单击 I Agree 按钮才能继续安装。

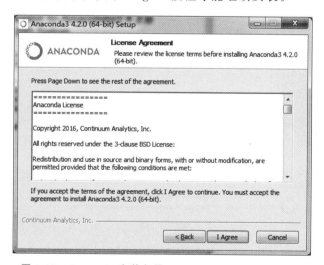

图 1-19　Anaconda 安装向导——License Agreement 界面

(4)在图 1-20 所示的界面中单击 Next 按钮,继续下一步。

(5)在图 1-21 所示的界面中不做任何修改,直接使用默认目录,单击 Next 按钮。

(6)在图 1-22 所示界面中使用默认选项,单击 Install 按钮,开始软件安装,显示图 1-23 所示的安装进度条。

在图 1-22 所示的界面中,第一个选项的作用是将 Anaconda 安装环境添加到 Windows 操作系统环境中;第二个选项的作用是将当前 Anaconda 版本的默认环境设置为 Python 3.5。

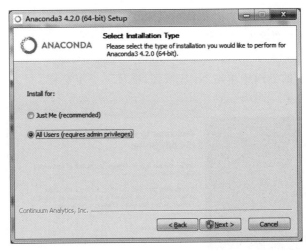

图 1-20　Anaconda 安装向导——Select Installation Type 界面

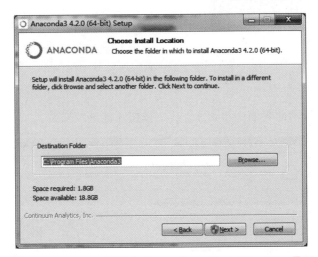

图 1-21　Anaconda 安装向导——Choose Install Location 界面

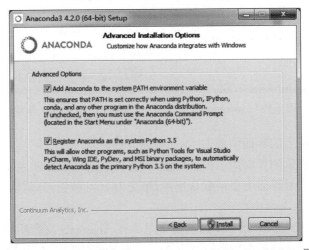

图 1-22　Anaconda 安装向导——Advanced Installation Options 界面

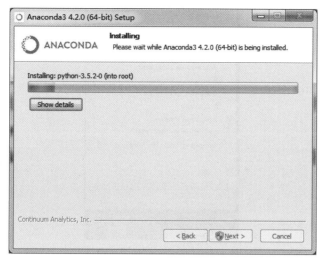

图 1-23 Anaconda 安装进度条

当进度条显示全部完成后,单击 Next 按钮,出现图 1-24 所示的安装完成界面,单击 Finish 按钮,完成整个 Anaconda 的安装过程。

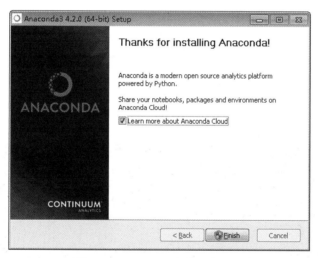

图 1-24 Anaconda 安装完成界面

在图 1-24 所示的安装完成界面中,可以取消选中 Learn more about Anaconda Cloud 复选框。

1.5 Anaconda 初体验

选择 Windows 操作系统中的"开始"→"所有程序"命令,可以看到已经安装好的 Anaconda,如图 1-25 所示。

图 1-25　Anaconda 的可用组件

1.5.1　Anaconda Prompt

　　选择图 1-25 所示的 Anaconda Prompt 命令,打开"管理员:Anaconda Prompt"窗口,在窗口中可以输入命令对 Python 环境进行控制和配置。一般使用的命令是 conda 命令,也可以使用 Python 中的 pip 命令。Anaconda 默认安装了许多常用的 Python 安装包,在Anaconda Prompt 窗口中输入 conda list 命令,可以看到已经安装成功的各种安装包及安装包的版本号等信息,如图 1-26 所示。

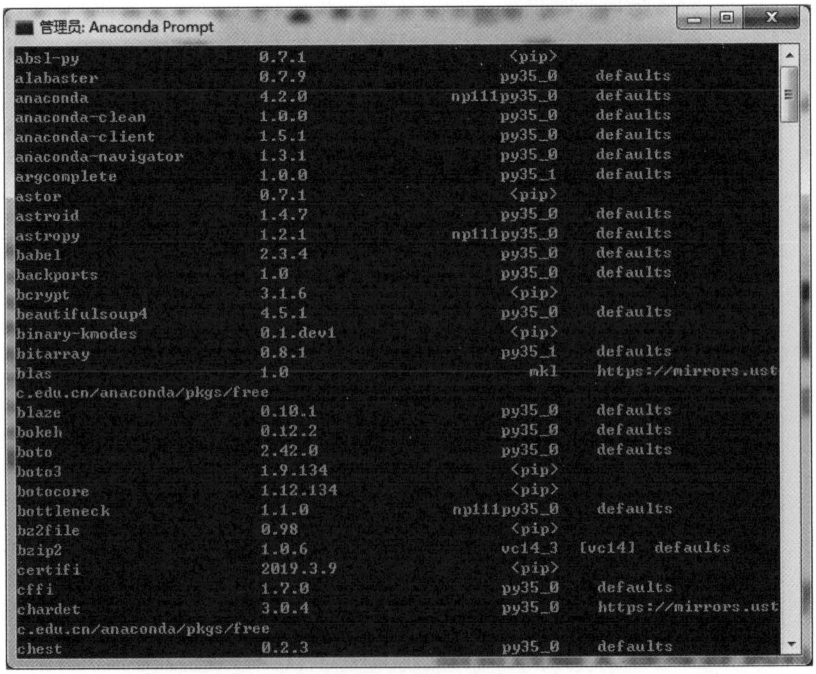

图 1-26　Anaconda 已经安装的部分安装包

表 1-1 给出了一些常用的 conda 命令。

表 1-1 常用 conda 命令列表

conda 命令	功　　能
conda list	查看已经安装的安装包
conda install ××××	安装一个包,××××是需要安装包的名字
conda update -n base conda	更新最新版本的 conda
conda create -n ×××× Python=3.6	创建 Python 3.6 的××××虚拟环境
conda activate ××××	激活××××环境
conda deactivate	关闭环境
conda env list	显示已经创建的所有虚拟环境
conda list -n ×××	指定查看×××虚拟环境下安装的包
conda update ×××	更新×××文件包
conda uninstall ×××	卸载×××文件包
conda clean -p	删除没有用的包
conda clean -y -all	删除所有的安装包及 cache
conda env export ＞ environment.yaml	导出当前环境的包信息,将包信息存入 yaml 文件中
conda env create -f environment.yaml	使用 environment.yaml 新建一个相同的虚拟环境

1.5.2 集成开发环境 Spyder 的使用

Anaconda 安装成功后会自带一个集成的开发环境 Spyder。选择图 1-25 中的 Spyder 命令,启动 Spyder 编辑器。可以使用 Spyder 编辑器编写并调试 Python 代码。

这里使用前面的第一个 Python 程序来演示 Spyder 的使用,如图 1-27 所示。

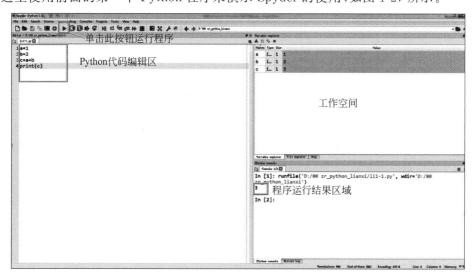

图 1-27　Spyder 的使用

在 Python 代码编辑区中输入相应的 Python 代码,然后单击工具栏中的绿色三角按钮运行代码,得到的结果显示在右下角的程序运行结果区域。Spyder 编辑器中还有一个工作空间,用以显示代码运行过程中的变量值等信息。

Spyder 是 Python 的一个简单的集成开发环境。与其他的 Python 开发环境相比,Spyder 最大的优点就是模仿 MATLAB 的工作空间的功能,可以很方便地观察和修改数组的值。Spyder 的界面由许多窗格构成,用户可以根据自己的喜好调整它们的位置和大小。当多个窗格出现在一个区域时,将使用标签页的形式显示。可以看到 Editor、Object inspector、Variable explorer、File explorer、Console、History log 以及两个显示图像的窗格。在 View 菜单中可以设置是否显示这些窗格。表 1-2 列出了 Spyder 的主要窗格及其作用。

表 1-2　Spyder 的主要窗格及其作用

窗 格 名 称	作　　用
Editor	编辑程序,可以使用标签页的形式编辑多个程序文件
Console	Python 控制台
Variable explorer	显示变量列表
Object inspector	查看对象的说明文档和源程序
File explorer	文件浏览器

表 1-3 列出了 Spyder 的常用快捷键。

表 1-3　Spyder 的常用快捷键

快 捷 键	功　　能
Ctrl+1	按一次可以把当前行语句进行单行注释,再按一次取消注释
F5	运行程序
Ctrl+L	清除 Python 控制台
F9	只运行当前行代码
Ctrl +]	多行缩进
Ctrl + [	取消缩进
Ctrl+N	新建文件
Ctrl+D	删除所选的行或当前鼠标指针所在的行

如果感觉 Spyder 界面中的默认字体太小,可以调整字体大小。如图 1-28 所示,在 Spyder 窗口中选择 Tool→Preferences 命令,弹出 Preferences 对话框,选择 General 命令,在 Appearance 选项卡中修改 Fonts 的 Size 即可。

（1）可以通过 Working directory 工具栏修改工作路径,当用户程序运行时,将以此工作路径作为当前路径。我们只需修改工作路径,就可以用同一个程序处理不同文件夹下的数据文件。

（2）脚本的路径最好不要写中文,因为 Python 很有可能识别不出。

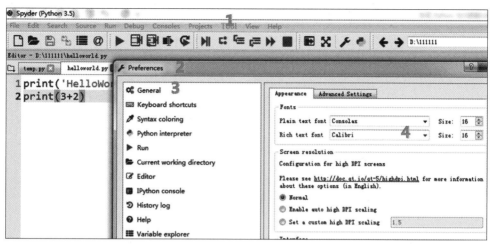

图 1-28 在 Spyder 中调整字体大小

1.5.3 管理虚拟环境

选择图 1-25 所示的 Anaconda Prompt 命令，打开"管理员：Anaconda Prompt"窗口，输入 activate 命令，就可以进入 Anaconda 自带的虚拟环境 base 环境中。

也可以根据需要创建新的安装其他 Python 版本软件的虚拟环境。例如，创建一个名称为 Python36 的虚拟环境并指定 Python 版本为 3.6，可以在"管理员：Anaconda Prompt"窗口中输入如下命令：

```
Conda create -n Python36 Python=3.6
```

运行 conda 命令，会自动寻找 Python 3.6 中最新版本的软件进行下载。

创建好的虚拟环境可以使用如下命令进行切换：

```
Activate Python36
```

通过上面的命令可以切换到新创建的 Python36 虚拟环境。这时系统会把默认的 Python 3.5 环境从 PATH 中删除，并将 Python 3.6 环境加入 PATH 中。

如果想返回默认的 Python 3.5 环境，可以使用如下命令：

```
Conda deactivate
```

可以通过以下命令删除刚刚配置的新环境：

```
Conda env remove -n Python36
```

使用以下命令可以显示目前已经创建的所有虚拟环境：

```
Conda env list
```

Anaconda 根据不同的需要创建不同的虚拟环境,可以有效地解决一些不同版本间程序存在的冲突问题。

习　题

一、单选题

1. Python 文件的扩展名是(　　)。

　　A. .pdf　　　　　　　B. .do　　　　　　　C. .pass　　　　　　　D. .py

2. 以下选项中,Python 语言中代码注释使用的符号是(　　)。

　　A. / * ······ * /　　B. !　　　　　　　C. ♯　　　　　　　D. //

3. 关于 Python 语言的特点,以下选项中描述错误的是(　　)。

　　A. Python 语言是非开源语言　　　　B. Python 语言是跨平台语言

　　C. Python 语言是多模型语言　　　　D. Python 语言是脚本语言

4. 以下对 Python 程序缩进格式描述错误的选项是(　　)。

　　A. 不需要缩进的代码顶行写,前面不能留空白

　　B. 缩进可以用 Tab 键实现,也可以用多个空格实现

　　C. 严格的缩进可以约束程序结构,可以多层缩进

　　D. 缩进是用来格式美化 Python 程序的

5. 以下选项中说法不正确的是(　　)。

　　A. C 语言是静态语言,Python 语言是脚本语言

　　B. 编译是将源代码转换成目标代码的过程

　　C. 解释是将源代码逐条转换成目标代码同时逐条运行目标代码的过程

　　D. 静态语言采用解释方式执行,脚本语言采用编译方式执行

二、编程题

1. 了解 Python 与 Anaconda 的安装过程,在自己的计算机上安装相关软件。

2. 编写一个简单的 Python 程序,输出如下结果。

```
*******************
欢迎来到曲师大!
*******************
```

第2章 Python基础

2.1 变量、常量、数据类型与运算符

2.1.1 变量与常量

在高级编程语言中,通常把在程序运行时其值不能被改变的量称为常量。常量分为不同的类型,如 1、−1、0 是整型常量;1.1、1.234 等带小数点的数是浮点型常量,也称为实型常量;"a"、"b"等是字符串常量。

在程序运行时可以根据需要随时改变的量称为变量,变量要定义一个变量名,在编程时通过给变量名赋值的方式引用变量,其实变量代表了内存中的一个存储单元。要注意变量名与变量值是不一样的,变量名代表的是内存中的一个地址,而变量值是赋给变量名的一个常量或表达式。

在 Python 中,直接使用"="就可以定义变量并给变量赋值,不需要事先定义变量的名称与类型,赋的值就决定了变量的类型。

【语法格式】

```
变量名=值
```

说明:

(1) 变量名要以字母或者下划线开头,可以由字母、下划线及数字组成,但是不能以数字开头。

(2) 变量名不能使用 Python 中的关键字,如 if、while、and 等。

【实例 2-1】 定义不同类型变量并输出其变量值。

```
a1=1
a2=5
xingming="朱荣"
English_chengji=92.5
math_chengji=98.5
print(a1,a2,xingming,English_chengji,math_chengji)
```

本实例运行结果如图 2-1 所示。

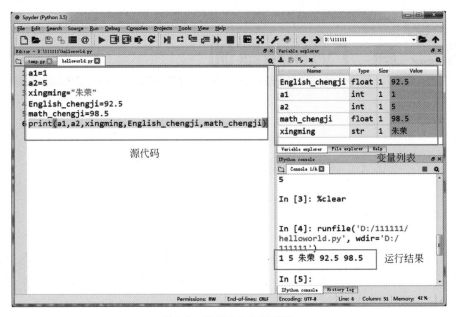

图 2-1   实例 2-1 运行结果

【实例 2-2】   同时给多个变量赋值。

```
a1,a2,a3=1,2,3
xm1,xm2,xm3="李风","吴俊","雷玉"
print(a1,a2,a3)
print(xm1,xm2,xm3)
```

本实例运行结果如图 2-2 所示。

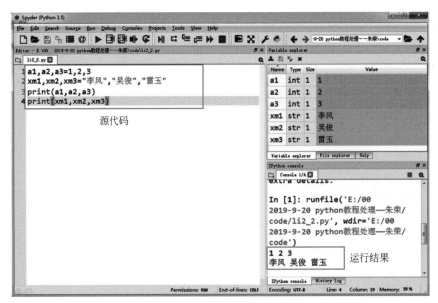

图 2-2   实例 2-2 运行结果

在 Python 中允许给多个变量同时赋值,如图 2-2 所示,在"="的左边显示多个变量名,通过","隔开;右边是对应的变量值。另外,还可以给不同的变量分别赋不同类型的变量值,如实例 2-3 所示。

【实例 2-3】 同时给多个变量赋不同类型的变量值。

```
a1,a2,a3=3,"good",3.56
print(a1,a2,a3)
```

本实例运行结果如图 2-3 所示。

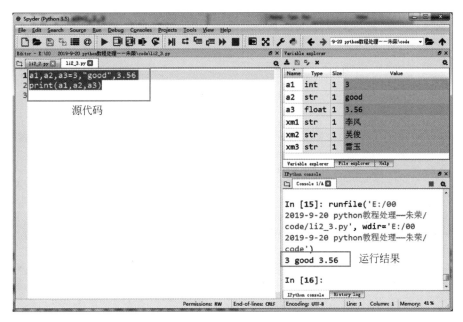

图 2-3　实例 2-3 运行结果

（1）同时给多个变量赋值,左边变量名的数量与右边变量值的数量必须相同。

（2）即使想给多个变量赋同一个值,也必须使左右两边的数量相同,否则会出错,如图 2-4 所示。

如图 2-4 所示,给多个变量赋同一个值,"="左边有三个变量名,"="右边只给出了一个值,运行时将出现错误提示,不能正确运行。将"="右边改为三个 1,使"="左右两边具有相同的数量,如图 2-5 所示,即能正确显示结果。

2.1.2　数据类型

Python 中常用的基本数据类型为整型、浮点型、布尔型及字符串类型。

整型就是通常说的整数,如 123、789、−15 等。

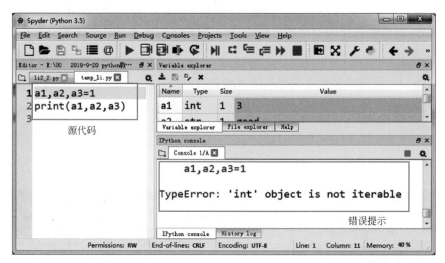

图 2-4　变量名与变量值数量不一致的错误提示

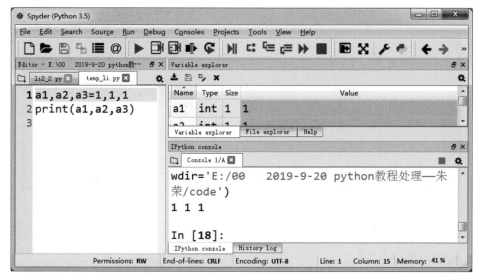

图 2-5　给多个变量赋相同值运行结果

浮点型即通常说的实数,就是带小数点的数,如 3.15、8.999、-5.678 等。

布尔型是只能表示"真"与"假"两种情况的类型,它的值只有两个:True 和 False。一般会把布尔值当作一类特殊的整数来处理,通常会把 True 值表示为 1,False 值表示为 0。

字符串类型是一种文本类型。在 Python 中字符串类型要通过定界符单引号、双引号或者三引号来表示。在一种定界符内部的字符串中,不能再出现与使用的定界符相同的符号。例如,如果需要内容里再出现单引号,那么定界符就可以选择使用双引号。Python 2 中字符的默认编码是 ASCII 编码,通常不能识别中文字符,需要显式指定字符编码;而 Python 3 中字符的默认编码为 Unicode,可以识别中文字符。

在字符串中还可以使用"\"作为开始标志的转义字符,"\"之后的字符与原来的字符将具有不一样的含义。Python 常用的转义字符如表 2-1 所示。

表 2-1　Python 常用的转义字符

转 义 字 符	描　　述	转 义 字 符	描　　述
\\	反斜线	\t	横向制表符,空 4 个字符位置
\'	单引号	\v	纵向制表符
\"	双引号	\r	回车符
\a	发出系统响铃声	\f	换页符
\b	退格符	\o	八进制数代表的字符
\n	换行符	\x	十六进制数代表的字符
\(在行尾时)	续行符	—	—

【实例 2-4】　输出不同数据类型变量的数据类型。

```
int1,int2,int3=123,456,-3
print(int1,int2,int3)
print(type(int1))
print(type(int2))
print(type(int3))
f1,f2,f3=1.23,5.67,-3.567
print(f1,f2,f3)
print(type(f1))
print(type(f2))
print(type(f3))
b1,b2=True,False
print(b1,b2)
print(type(b1))
print(type(b2))
s1,s2,s3='good',"hello",'''Python'''
print(s1,s2,s3)
print(type(s1))
print(type(s2))
print(type(s3))
```

本实例运行结果如图 2-6 所示。

在 Python 中可以使用 type()函数来查看某个变量的类型。通过图 2-6 可以看出,在 Python 中,通常用 int 表示整型,float 表示浮点型,bool 表示布尔型,str 表示字符串类型。

【实例 2-5】　字符串中不同定界符的用法。

```
s1="I'm a teacher"
print(s1)
s2='I'm a teacher'
print(s2)
```

本实例运行结果如图 2-7 所示。

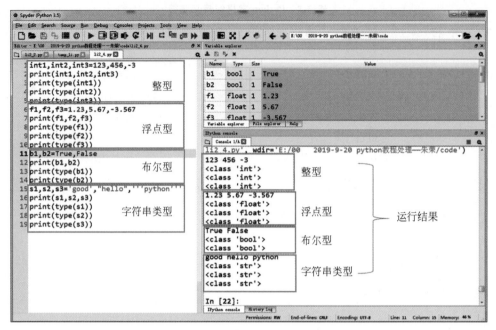

图 2-6 实例 2-4 运行结果

```
1 s1="I'm a teacher"
2 print(s1)
3 s2='I'm a teacher'
4 print(s2)
```

图 2-7 实例 2-5 运行结果

如图 2-7 所示,在 s1 字符串中使用双引号作为字符串的定界符,字符串内容里出现了一个单引号,是没有问题的;但是 s2 字符串使用单引号作为字符串的定界符,内容里又出现了单引号,此时就会被 Python 直接识别为错误语句,可以看到语句的前面有一个"⊗"错误标志。

【实例 2-6】 字符串中转义字符的用法。

```
s1="课程论文的成绩和录入成绩都按五等级:优秀,良好,中等,及格,不及格"
print(s1)
s2="\n 课程论文 \n 的成绩和录入成绩都按五等级 \t:优秀,良好 \b,中等,及格,不及格"
print(s2)
```

本实例运行结果如图 2-8 所示。

从图 2-8 中可以看出,s2 中的两个"\n"的作用是使其所在位置后面的文本换到下一行;"\t"的作用使五等级后边多空了四个空;"\b"的作用是退格,所以原来的"良好"变成了"良"。这里只列了三个转义字符的用法,表 2-1 中 Python 常用的转义字符用法都是相似的,读者可以仿照例题把其他转义字符的用法编程实现。

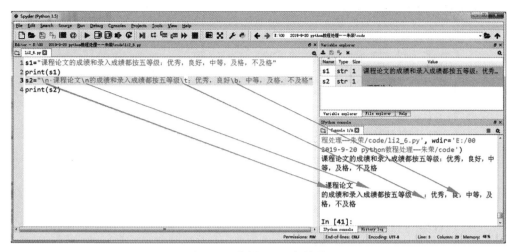

图 2-8 实例 2-6 运行结果

2.1.3 运算符

在 Python 中可以使用运算符对数据进行运算。常见的运算符有算术运算符、比较运算符、逻辑运算符及成员运算符。

1. 算术运算符

Python 中的算术运算符如表 2-2 所示。

表 2-2 Python 中的算术运算符

算术运算符	描 述	算术运算符	描 述
＋	两个数相加	％	求余,返回除法的余数
－	两个数相减	＊＊	求幂
＊	两个数相乘	／／	取整除,返回商的整数部分
／	两个数相除	—	—

【实例 2-7】 算术运算符实例。

```
a=3
b=5
print(a+ b)
print(a-b)
print(a * b)
print(a/b)
print(a%b)
print(a * * b)
print(a//b)
print(2 * 3)
print(3//2)
```

本实例运行结果如图 2-9 所示。

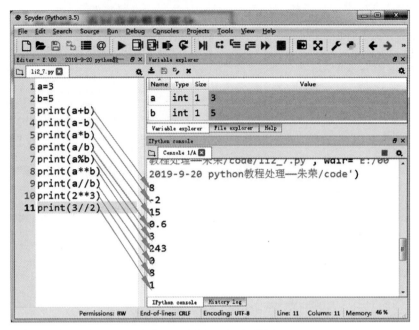

图 2-9　实例 2-7 运行结果

需要注意的是,两个整数进行整除和求余运算的结果为整数,但如果有负数,要注意结果中的正负号问题。

【实例 2-8】　整除和求余运算的正负号问题。

```
a=3
b=5
c=-3
d=-5
print("正数求余正数: b%a=",b%a)
print("正数求余负数: b%c=",b%c)
print("负数求余正数:d%a=",d%a)
print("负数求余负数: d%c=",d%c)
print("正数整除正数: b//a=",b//a)
print("正数整除负数: b//c=",b//c)
print("负数整除负数: d//c=",d//c)
print("负数整除正数: d//a=",d//a)
```

本实例运行后,在 Console 中显示的结果如下所示。

```
runfile('D:/code/2/li2_8.py', wdir='D:/code/2')
正数求余正数: b%a=2
正数求余负数: b%c=-1
负数求余正数: d%a=1
```

```
负数求余负数：d%c=-2
正数整除正数：b//a=1
正数整除负数：b//c=-2
负数整除负数：d//c=1
负数整除正数：d//a=-2
```

2. 比较运算符

Python 中的比较运算符如表 2-3 所示。

表 2-3　Python 中的比较运算符

比较运算符	描　　述	比较运算符	描　　述
==	比较两个数是否相等	<	比较 x 是否小于 y
!=	比较两个数是否不相等	>=	比较 x 是否大于等于 y
>	比较 x 是否大于 y	<=	比较 x 是否小于等于 y

注：表中的 x、y 代指两个参与运算的数。

【实例 2-9】　比较运算符实例。

```
a=3
b=5
print(a==b)
print(a!=b)
print(a>b)
print(a<b)
print(a>=b)
print(a<=b)
```

本实例运行结果如图 2-10 所示。

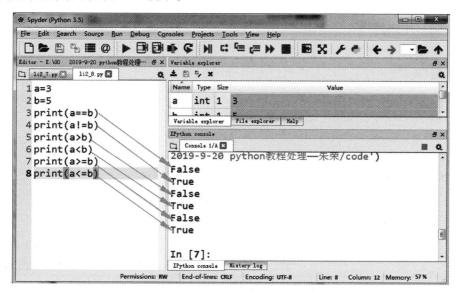

图 2-10　实例 2-9 运行结果

3. 逻辑运算符

Python 中的逻辑运算符如表 2-4 所示。

表 2-4　Python 中的逻辑运算符

逻辑运算符	描　　述
and	逻辑与,只有 and 两边的值都为真时,结果才为真
or	逻辑或,只要 or 两边有一个值为真,结果就为真
not	逻辑非,原来为真的值变为假,原来为假的值变为真

【实例 2-10】 逻辑运算符实例。

```python
print((3>5) and (3<5))
print((7>5) and (3<5))
print((3>5) or (3<5))
print(3>5)
print(not(3>5))
```

本实例运行结果如图 2-11 所示。

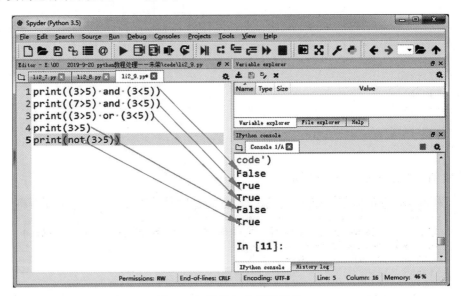

图 2-11　实例 2-10 运行结果

4. 成员运算符

Python 中的成员运算符如表 2-5 所示。

表 2-5　Python 中的成员运算符

成员运算符	描　　述
in	判断 x 是否在 y 中,如果在,返回值为真,否则返回值为假
not in	判断 x 是否在 y 中,如果不在,返回值为真,否则返回值为假

注:表中的 x,y 代指两个参与运算的字符串。

【实例 2-11】 成员运算符实例。

```
print("a" in "abcdefg")
print("a" not in "abcdefg")
print("a" in "good")
print("a" not in "good")
```

本实例运行结果如图 2-12 所示。

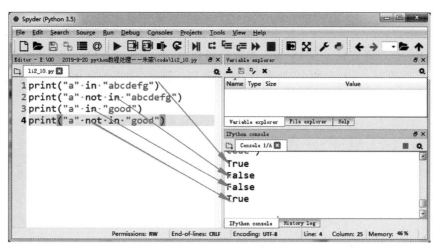

图 2-12 实例 2-11 运行结果

2.2 Python 常用的内置函数

Python 内置函数就是 Python 语言自带的标准库里的函数。

2.2.1 数学函数

Python 中常用的数学函数如表 2-6 所示。

表 2-6 Python 中常用的数学函数

函 数	返回值(描述)
abs(x)	返回数字的绝对值。例如,abs(−5),结果为 5
pow(x,y)	获取乘方数。例如,pow(3,2)的结果为 9
round(x[,n])	返回浮点数 x 的四舍五入值,如给出 n 值,则代表舍入到小数点后的位数。当省略 n 时,round()函数的输出为整数。当 n=0,round()函数的输出是一个浮点数。例如,round(3.156)的结果为 3,print(round(3.83,0))的结果为 4.0
sqrt(x)	返回数字 x 的平方根。例如,math.sqrt(9)的结果为 3.0
exp(x)	返回 e 的 x 次幂。例如,math.exp(3)的结果为 20.085536923187668
floor(x)	返回数字的下舍整数。例如,math.floor(5.999999)的结果为 5

函　　数	返回值（描述）
max(list)	求取 list 最大值。例如，max([5,9,7])的结果为 9
min(list)	求取 list 最小值。例如，min([5,9,7])的结果为 5
sum(list)	求列表所有元素的和。例如，sum([3,5,7])的结果为 15
sorted(list)	对给定的序列进行排序，返回从小到大排序后的 list
len(list)	返回 list 长度。例如，len([3,5,7,9,11])的结果为 5

表 2-6 中只列出了一部分比较常用的 Python 中的数学函数，如果需要用到其他函数，读者可查阅其他参考资料。在 Python 的数学函数中，有些可以直接调用；有的必须要先导入 math 库，再使用 math.函数名(参数)的格式调用。例如，如果想使用 sqrt 求平方根，要使用以下两句命令：

```
import math
print(math.sqrt(9))
```

2.2.2　类型转换函数

Python 中常用的类型转换函数如表 2-7 所示。

表 2-7　Python 中常用的类型转换函数

函　　数	返回值（描述）
int(str)	将字符串类型数据转换为整型数据，但是要求必须是纯数字串，即字符串定界符括起来的内容必须为数字。例如，int('357')的输出结果为 357
float(int/str)	将整型数据或字符型数据转换为浮点型数据。例如，float('357')的结果为 357.0
str(int)	将整型数据转换为字符型数据。例如，str(123)的结果为'123'。但是要注意的是，输出结果里不显示定界符，所以其与整型直接输出的结果看起来是一样的，但是类型是不一样的
bool(int)	将整型数据转换为布尔类型数据。例如，bool(1)的结果为 True

Python 中的内置函数非常多，这里只列出一些常用的，需要使用其他函数时可以使用 help()查看学习。

2.2.3　字符串函数

Python 中常用的字符串函数如表 2-8 所示。

表 2-8　Python 中常用的字符串函数

函　　数	功　　能
upper()	将字符串内容全部改为大写。例如，a＝"welcome to qsd"，a.upper()的结果为 WELCOME TO QSD
lower()	将字符串内容全部改为小写。例如，a.lower()的结果为 welcome to qsd

续表

函　　数	功　　能
swapcase()	原来是大写的改为小写,原来是小写的改为大写。例如,a.swapcase()的结果为 WELCOME TO QSD
capitalize()	句首首字母大写,其余小写。例如,a.capitalize()的结果为 Welcome to qsd
title()	每个单词首字母大写。例如,a.title()的结果为 Welcome To Qsd
ljust(width)	获取指定长度的字符串,左对齐,右边不够用空格补齐。例如,b="qsd",b.ljust(10)的结果为 qsd 　　。因为字母只有 3 个,所以右边补齐了 7 个空格,以满足指定的长度 10
rjust(width)	获取指定长度的字符串,右对齐,左边不够用空格补齐。例如,b.rjust(10)的结果为　　　　qsd
center(width)	获取指定长度的字符串,中间对齐,两边不够用空格补齐。例如,b.center(10)的结果为　　 qsd
zfill(width)	获取指定长度的字符串,右对齐,左边不足用 0 补齐。例如,b.zfill(10)的结果为 0000000qsd
find()	搜索指定字符串,找到返回位置索引,没找到则返回-1。例如,a.find('o')的结果为 4。要注意位置索引是从 0 开始的
index()	同上,但找不到会报错。例如,a.find('a')的结果为错误提示
count()	统计指定的字符串出现的次数。例如,a.count('o')的结果为 2
replace('str1','str2')	用 str2 的内容替换原串中的 str1 内容。例如,a.replace('qsd','qufu')的结果为 welcome to qufu
replace('str1','str2',次数)	用 str2 的内容替换指定次数的原串中的 str1 内容。例如,a.replace('o','O',1)的结果为 welcOme to qsd,a.replace('o','O',2)的结果为 welcOme tO qsd
strip()	删去两边空格。例如,c=" q s d ",c.strip()的结果为 q s d
lstrip()	删去左边空格。例如,c.lstrip()的结果为 q s d
rstrip()	删去右边空格。例如,c.rstrip()的结果为 q s d

2.3　列　　表

在 Python 中常用的数据结构有列表、元组、字典和集合四种。集合在本书中不具体展开,以后用到时可以查询官方说明文件或其他学习资料。

列表是用来存储多个数据的一种数据结构,可以包含若干个元素。列表中的所有元素要放在一对方括号[ ]内,元素之间用逗号隔开。列表中的数据元素是有序的,同一列表中元素的类型可以相同,也可以不同。列表结构最大的特点是长度可变、元素值可变。

2.3.1　创建列表

【语法格式】

列表名=[数据 1,数据 2,...]

创建好的列表中,每个元素都会被系统分配一个数字来标识其在列表中的位置,称为索引,列表中第一个元素位置的索引被设置为0,后边依次递增1。

可以通过"列表名[索引]"的格式来使用列表中的某个元素。

【实例2-12】 列表的创建及其中元素的使用。

```
list1=[1,2,3,4,5,6]
print(list1)
print(list1[3])
```

本实例运行结果如图2-13所示。

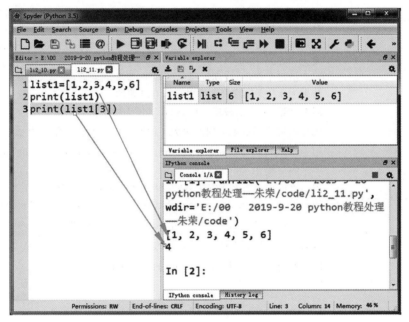

图2-13 实例2-12运行结果

从图2-13中可以看出,程序首先创建了一个最简单的列表list1,使用print(list1)函数时输出的是整个列表的所有元素值,而print(list1[3])语句只输出了一个元素的值。

可以使用list2=[]的方式创建一个新的空列表。

2.3.2 添加列表元素

可以使用以下3种方法给已经创建的列表添加元素。

(1)使用append()函数给列表添加元素。

append()函数的功能是在指定列表的最后添加一个元素,并且一次只能添加一个元素。

【语法格式】

```
列表名.append(一个元素值)
```

（2）使用 extend()函数对指定列表进行扩展。

该函数一次可以添加一个元素或者多个元素，只能添加到列表的最后。

【语法格式】

```
列表名.extend([元素列表])
```

（3）可以使用 insert()函数在指定列表的指定位置添加一个元素。

【语法格式】

```
列表名.insert(指定位置,元素值)
```

 注　意

在 Python 中索引的标号是从 0 开始的，所以插入的元素插在了"指定位置"处。

【实例 2-13】　列表元素的添加实例。

```
l1=[1,2,3]
print(l1)
l1.append(5)
print(l1)
l1.append(123)
print(l1)
l1.append("good")
print(l1)
l1.extend([7,8,9])
print(l1)
l1.extend(["hello","Python"])
print(l1)
l1.insert(2,"zhurong")
print(l1)
l1.insert(5,99)
print(l1)
```

本实例运行结果如图 2-14 所示。

2.3.3　删减列表元素

（1）使用 del 命令删除指定列表表中的指定元素。

【语法格式】

```
del 列表名[索引号]
```

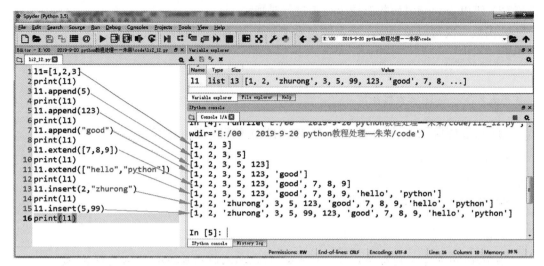

图 2-14 实例 2-13 运行结果

（2）使用列表的 remove()方法删除在指定列表中的指定元素。

如果在指定列表中有多个相同的指定元素,则只删除第一个出现的元素。

【语法格式】

列表名.remove(指定元素值)

（3）使用列表的 pop()方法删除指定列表中的最后一个元素。

【语法格式】

列表名.pop()

【实例 2-14】 列表元素的删减实例。

```
l2=[1,2,3,5,1,2,3,5]
print(l2)
del l2[2]
print(l2)
l2.remove(1)
print(l2)
l2.pop()
print(l2)
```

本实例运行结果如图 2-15 所示。

2.3.4 列表切片

对于列表中的某一个元素可以通过索引号来获取,而要同时获取列表中的多个元素值

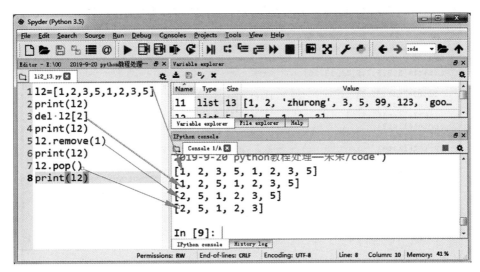

图 2-15　实例 2-14 运行结果

时就要使用列表切片。

【语法格式】

变量名=列表名[a:b:c]

说明：从指定列表中从索引号 a 开始到索引号 b−1 之间，每隔 c 个步长单位获取一个元素。如果省略第二个冒号和 c，则使用默认步长 1，即获取从索引号 a 开始到索引号 b−1 之间的所有元素；如果省略 a，则默认为 0；如果省略 b，则默认为整个列表的长度。

可以通过省略 a、b 参数的值，将 c 的值设为−1，从而获得整个列表的逆序。

【实例 2-15】　列表切片实例。

```
list1=[1,3,5,7,9,11,13,15]
print(list1)
list2=list1[1:5]
print(list2)
list3=list1[1:5:2]
print(list3)
list4=list1[::2]
print(list4)
list5=list1[::-1]
print(list5)
```

本实例运行结果如图 2-16 所示。

在 Python 中，切片不仅用于列表，还可以用于后边要学的元组中，也可以用于字符串中。不管用在哪里，切片的用法都是一样的。简单来说，切片的格式可以认为是[开始值：结束值：步长]。步长默认为 1，步长＞0 时，从左向右取列表值；当步长＜0 时，从右向左取

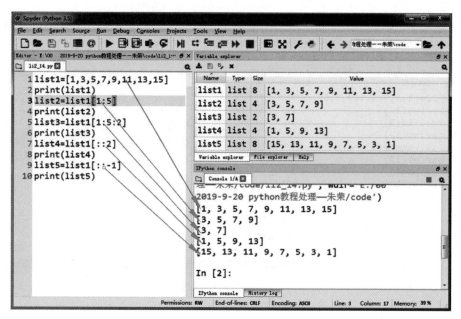

图 2-16　实例 2-15 运行结果

列表值。当步长＞0 时,结束值如果不写,默认为 0;当步长＜0 时,开始值如果不写,默认为－1。当步长＞0 时,结束值如果不写,默认为整个列表的长度加 1;当步长＜0 时,开始值如果不写,默认为负的列表长度减 1。

2.3.5　列表之间的运算

在 Python 中,两个列表之间可以进行一些运算,比较常用的运算符如表 2-9 所示。

表 2-9　Python 中列表之间常用的运算符

运　算　符	含　　义
＋	实现多个列表之间的拼接
＊	实现列表的复制和添加
比较运算符	对数据型列表的元素进行比较
逻辑运算符	实现列表之间的逻辑判断

【实例 2-16】　列表之间的运算实例。

```
list1=[1,2,3]
list2=[5,6,7,8.9]
print(list1+ list2)
print(list1 * 2)
print(list1<list2)
print(list1<list2 and list1>list2)
```

本实例运行结果如图 2-17 所示。

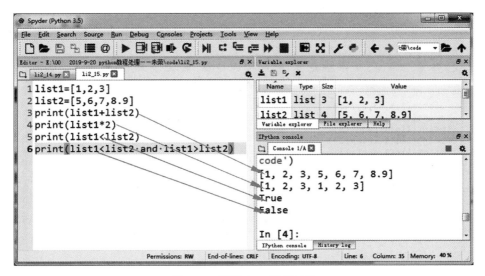

图 2-17　实例 2-16 运行结果

　　如图 2-17 所示,可以看出 list1 ∗ 2 的结果是将 list1 的元素又复制了一份添加到原来的元素值后边,共有两份原来的元素值。

2.3.6　列表常用的操作函数

　　Python 中列表常用的操作函数如表 2-10 所示。

表 2-10　列表常用的操作函数

函数用法格式	功　　能
列表名.count(元素值)	输出指定元素值在指定列表中出现的次数
列表名.index(元素值)	输出指定元素值在指定列表中的索引号
列表名.sort()	将指定列表的所有元素从小到大进行排序,结果直接放回原指定列表
列表名.reverse()	将指定列表元素值翻转,结果直接放回原指定列表
len(列表名)	求列表的长度,返回列表中元素的个数
sum(列表名)	此函数只能用于数值型列表,对列表中的元素进行求和

【实例 2-17】　列表常用的操作函数实例。

```
list1=[1,3,55,2,76,3]
print(list1)
print(list1.count(3))
print(list1.index(2))
print(list1.sort())
print(list1)
list1.reverse()
print(list1)
```

本实例运行结果如图 2-18 所示。

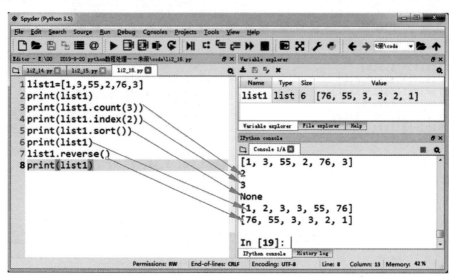

图 2-18　实例 2-17 运行结果

如图 2-18 所示,可以看到 print(list1.sort())的结果为 None。所以要特别注意,使用 sort()和 reverse()函数对列表进行操作时,其结果是直接改变列表本身,即直接把原先的列表改为改变后的结果,而 sort()和 reverse()函数的返回值为空,所以显示结果为 None。

2.3.7　二维列表

如果列表中的每一个元素也是一个列表,就构成了多维列表。通常生活中最常见的是二维列表,即只有一层嵌套的多维列表。

【语法格式】

列表名=[[元素 1,元素 2,...],[元素 1,元素 2,...],...]

【实例 2-18】　使用二维列表的形式保存表 2-11 所示的学生成绩表。

表 2-11　学生成绩表

学　　号	姓　　名	IT 成　绩
2019414844	王静文	88
2019414887	延晓琦	99
2019414899	于海浩	67
2019414927	张桢	75
2019414934	郑玉祯	56
2019414950	岳文静	65
2019414951	张美玉	78

续表

学　　号	姓　　名	IT 成　绩
2019414955	葛雍琦	87
2019414959	侯晓婷	56
2019414960	黄晓慧	76
2019414961	姜圣宇	87

```
list1=[["2019414844","王静文",88],
["2019414887","延晓琦",99],
["2019414899","于海浩",67],
["2019414927","张桢",75],
["2019414934","郑玉祯",56],
["2019414950","岳文静",65],
["2019414951","张美玉",78],
["2019414955","葛雍琦",87],
["2019414959","侯晓婷",56],
["2019414960","黄晓慧",76],
["2019414961","姜圣宇",87]]
print(list1)
```

本实例运行结果如图 2-19 所示。

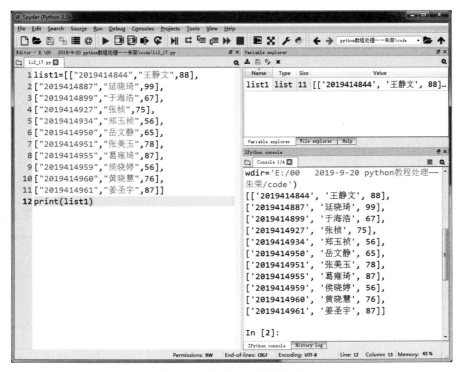

图 2-19　实例 2-18 运行结果

　　如图 2-19 所示,用一个二维列表实现了一个成绩表的存储。二维列表中的元素值有两类:字符串类型和数值类型。将每一位学生的相关信息做成一个一维列表,并作为二维列表的一个元素来构造二维列表。二维列表可以使用后边的循环结构方便地进行控制和使用。

2.4　元　　组

　　列表内的元素和列表长度都是可变的,而元组不同。元组也是一种用来存储多个数据的数据结构,元组中的所有元素要放在一对圆括号()内,元素之间用逗号隔开。元组与列表的相同之处是其中的元素值是有序的,每个元素都可以使用索引号进行使用,元素值也可以为不同的数据类型;元组与列表最大的区别是元组一旦创建就不能修改,其元素的值不能改变,也不能增删元素。如果必须修改其内容,则必须要重新创建一个元组。

2.4.1　创建元组

【语法格式】

```
元组名=(元素 1,元素 2,...)
```

【实例 2-19】　创建元组并赋值。

```
a1=("2019414844","王静文",88)
print(a1)
a2=(12.3,56.7,88.9)
print(a2)
a3=('一个')
print(a3)
a4=('一个',)
print(a4)
```

　　本实例运行结果如图 2-20 所示。
　　如图 2-20 所示,创建 a1 元组,元素值为不同数据类型;创建 a2 元组,元素值全部为浮点型。特别注意变量 a3 与元组 a4 的类型区别,如果要创建只有一个元素的元组,必须在圆括号内的元素值后边再加一个逗号,否则创建的将不是元组。

2.4.2　删除元组

　　因为元组是不可变的序列,所以不能删除其元素值,只能整体删除元组。

【语法格式】

```
del 元组名
```

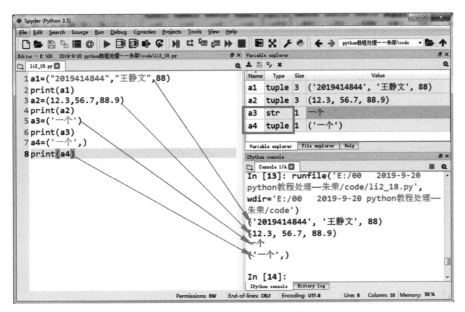

图 2-20　实例 2-19 运行结果

【实例 2-20】　删除元组实例。

```
a1=("2019414844","王静文",88)
print(a1)
a2=(12.3,56.7,88.9)
print(a2)
a3=('一个')
print(a3)
a4=('一个',)
print(a4)
del a4
print(a4)
```

本实例运行结果如图 2-21 所示。

2.4.3　访问元组

元组中元素的访问方法和列表的读取方法相同,可以直接通过索引号获取元组中的某个元素值,也可以使用":"获取多个元素值。

【实例 2-21】　元组元素的使用。

```
a1=(1,2,3,4,5,6,7)
print(a1[5])
print(a1[1:3])
```

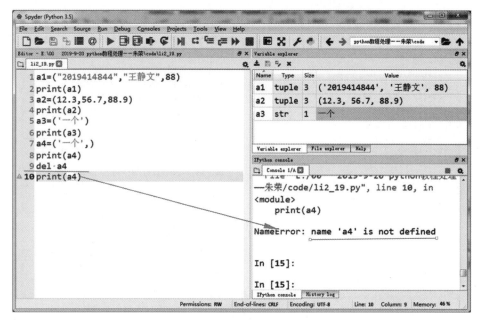

图 2-21　实例 2-20 运行结果

本实例运行结果如图 2-22 所示。

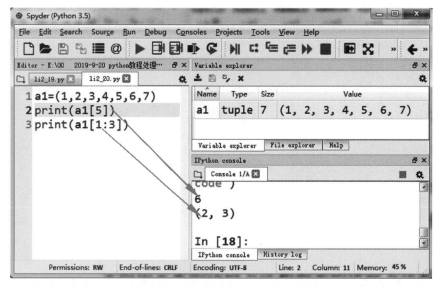

图 2-22　实例 2-21 运行结果

如图 2-22 所示,print(a1[5])直接输出 a1 元组中索引号为 5 的元素值 6。与列表一样,元组的索引号也从 0 开始编号。print(a1[1:3])表示输出索引号从 1 开始,到索引号 2(3－1＝2)之间的所有元素值,所以输出结果为(2,3)。

2.4.4 元组常用的操作函数

通常元组中可用的操作函数有计算个数、求最大值、求最小值等。因为元组一旦创建不可更改的特性，所以列表中的排序等操作函数在元组中不能使用。

【实例 2-22】 操作元组实例。

```
a1=(1,3,6,5,6,7,88,109)
print(len(a1))
print(max(a1))
print(min(a1))
```

本实例运行结果如图 2-23 所示。

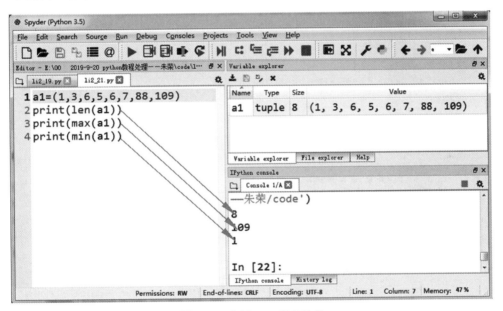

图 2-23 实例 2-22 运行结果

2.5 字 典

字典是一种可以存储任意类型数据的、可变的数据结构。字典是一种无序的、可变的序列，字典中的每一个元素都由键和值两部分组成，每一个元素的键值对之间用冒号"："隔开，每个元素值之间用逗号"，"隔开，字典中的所有元素要放在一对花括号"{ }"内。

2.5.1　创建字典

【语法格式】

> 字典名={键1:值1,键2:值2,...}

说明：

（1）在字典中，每一个元素键的值必须是唯一的，不能重复，而值可以不同也可以相同。

（2）值可以是任何类型的数据，而键的值必须为任意不可变的数据，如整数、浮点数、字符串及元组等。

（3）字典中的数据存储是无序的，数据也是可变的。

【实例2-23】　创建字典实例。

```
dict1 ={"2019414844":88,"2019414887":99,"2019414899":67}
print(dict1)
dict2 ={1:"王静文",2:"延晓琦",3:"岳文静"}
print(dict2)
```

本实例运行结果如图2-24所示。

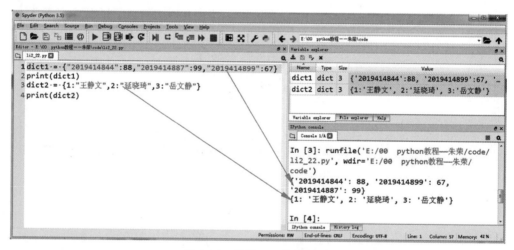

图2-24　实例2-23运行结果

如图2-24所示，创建了两个字典并输出了创建的字典的值。字典dict1的键为字符串类型，字典dict2的键为整型。

2.5.2　访问字典里的值

可以通过键来获取字典中的数据。

【语法格式】

字典名[键]

说明：如果使用了字典里没有的键来获取字典数据，会提示错误。

【实例 2-24】　访问字典实例。

```
dict3={"x1":["2019414950","岳文静",65],
"x2":["2019414951","张美玉",78],
"x3":["2019414959","侯晓婷",56],
"x4":["2019414960","黄晓慧",76],
"x5":["2019414961","姜圣宇",87]}
print(dict3["x3"])
```

本实例运行结果如图 2-25 所示。

图 2-25　实例 2-24 运行结果

如图 2-25 所示，创建的 dict3 字典的键的类型为字符串类型，值的类型为列表类型，可以看到通过 dict3[x3]获取到了其对应的列表的值，通过 print 输出到控制台。

2.5.3　删除字典与删除字典元素

因为字典元素是可变的，所以可以使用 del 命令删除字典，也可以删除某个字典元素。

【语法格式】

格式一：

```
del 字典名
```

格式二：

```
del 字典名[键]
```

说明：使用格式一删除整个字典，使用格式二删除指定字典名的指定键所对应的元素。

【实例 2-25】 删除字典元素实例。

```
dict2 ={1:"王静文",2:"延晓琦",3:"岳文静"}
print(dict2)
del dict2[1]
print(dict2)
```

本实例运行结果如图 2-26 所示。

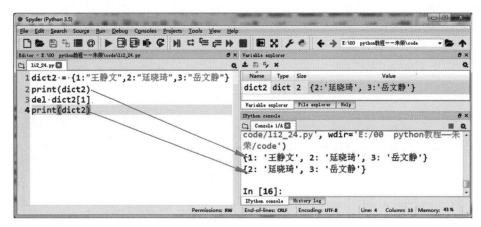

图 2-26 实例 2-25 运行结果

如图 2-26 所示，执行了 del dict2[1]语句后，再输出字典 dict2 时，键（1）所对应的元素已经被删除。如果执行 del dict2 语句，再使用 print 输出字典 dict2，则会提示错误，提示语句如图 2-27 所示。

```
  File "E:/00  python教程——朱荣/code/li2_24.py",
line 6, in <module>
    print(dict2)

NameError: name 'dict2' is not defined
```

图 2-27 输出删除的字典名的错误提示信息

2.5.4 修改字典

可以给已经创建的字典添加新的键值对。

【语法格式】

字典名[键]=值

说明：如果指定键在指定字典名中不存在，则向指定字典名中添加一对新的键值；如果已经存在，则使用新值更新原来的值。

【实例 2-26】 修改字典元素实例。

```
dict3={'Name': '王晨阳','Age': 16,'Class':'曲师大附中'}
print(dict3)
dict3['Age']=17
dict3['School']='实验高中'
print(dict3)
```

本实例运行结果如图 2-28 所示。

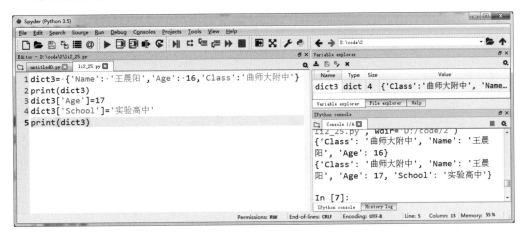

图 2-28　实例 2-26 运行结果

从图 2-28 中可以看出,第一句 print(dict3)的运行结果输出了原字典的内容,第二句 print(dict3)的运行结果输出了修改两个元素值后的字典内容。

(1) 在一个字典中,一个键不允许出现两次。

(2) 创建字典时,如果对同一个键赋值两次,只有后一个值会被记住。

(3) 键必须不可变,所以可以用数字、字符串或元组充当,但是不能用列表。

2.6　控　制　流

使用 Python 编写的程序代码在执行时是按照一定顺序的。代码按什么样的顺序执行取决于编写程序时使用的控制流结构。Python 中包含顺序结构、选择结构与循环结构三种控制流。

2.6.1　输出语句

Python 中使用 print 语句输出程序运行结果。在使用 print 输出时可以使用参数格式化输出结果。表 2-12 列出了部分常用的 print 语句格式化符号。

表 2-12   部分常用的 print 语句格式化符号

符　号	描　　述	符　号	描　　述
%d	格式化整数	%u	格式化无符号整型
%c	格式化字符及其 ASCII 码	%o	格式化无符号八进制数
%s	格式化字符串	%x	格式化无符号十六进制数
%f	格式化浮点数字,可指定小数点后的精度	—	—

【实例 2-27】   print 格式化输出。

```
a=99
print(a)
print('%d' %a)
print('%c' %a)
b=3.56789
print(b)
print('%f' %b)
print("b=%f" %b)
print('%10.3f' %b)
print('%-10.3f' %b)
str1 ="Welcome to Qufu Normal University"          #类型为字符串
#直接按默认格式输出字符串
print(str1)
#指定按%s格式输出字符串
print("%s" %str1)
#添加辅助提示信息
print("string=%s" %str1)
#%10s 指定字符串长度为 10,但当实际长度超出指定长度时,按实际长度输出
print("string=%10s" %str1)
#指定输出长度为 50,实际长度不够 50,在字符串前(左)添加空格补够 50
print("string=%50s" %str1)
#+表示实际长度不足指定长度时,左补空格
print("string=%+50s" %str1)
#-表示实际长度不足指定长度时,右补空格
print("string=%-50s" %str1)
#同时输出多个变量值
print("a=%d,b=%f,c=%s" %(a,b,str1))
```

本实例运行后在 Console 中显示的结果如下所示。

```
runfile('D:/code/2/li2_27.py', wdir='D:/code/2')
99
99
c
3.56789
3.567890
```

```
b=3.567890
      3.568
3.568
Welcome to Qufu Normal University
Welcome to Qufu Normal University
string=Welcome to Qufu Normal University
string=Welcome to Qufu Normal University
string=                      Welcome to Qufu Normal University
string=                      Welcome to Qufu Normal University
string=Welcome to Qufu Normal University
a=99,b=3.567890,c=Welcome to Qufu Normal University
```

从实例运行结果可以看出,对于整数变量 a,默认输出格式与加了%d 格式符之后输出的结果是一样的,而%c 格式符输出了整数值作为 ASCII 码值对应的字符 c。对于浮点型变量 b,默认输出格式和加了%f 格式符的输出结果是不一样的,默认输出 print(b)语句输出的结果为 3.56789,而 print('%f' %b)语句输出的结果为 3.567890。第 8 行代码中给%f 格式符前加了说明字符,得到的结果为 b=3.567890,加了说明字符"b="后的输出结果更明确地表达了输出的是 b 变量的值,但数值和直接加%f 是一样的。第 9 行代码 print('%10.3f' %b)规定了数值在输出时占位长度为 10 个字符,小数点保留 3 位,当数值的实际长度不足指定的长度时前边补空格,所以得到的结果前有一些空格。第 10 行代码格式符前加了负号,作用就是当数值位数不足指定的长度时在后边补空格。

print 格式符前加数字表示输出时的长度,如果是正号则表示当指定的输出长度小于实际长度时,左补空格,默认就是左补空格,所以一般不加正号。例如,实例中第 21 行代码 print("string=%50s" %str1)与第 23 行代码 print("string=%+50s" %str1)的运行结果是完全一样的。负号则规定当指定的输出长度小于实际长度时,右补空格。

要注意使用格式符控制 print 语句的输出格式时,要按照 Python 的语法格式来使用。例如,将实例 2-27 中的第 7 行代码 print('%f' %b) 改为 print('%f',%b),则会提示此句错误,如图 2-29 所示。

如果将变量名的%去掉,也会提示语法错误,如图 2-30 所示。

⊗ 7 print('%f',%b)	⊗ 7 print('%f'b)
图 2-29　print 格式输出语法错误 1	图 2-30　print 格式输出语法错误 2

<small>小 提 示</small>

使用 print 格式符控制输出格式时,格式符可以用单引号或多引号括起来,变量名前必须加一个%;同时,输出多个变量值时,可以把多个变量名放在一个元组里,前边加一个%符号。

当格式化多个变量值时,格式符的个数要与变量名的个数一致。

2.6.2 顺序结构

顺序结构是 Python 三种控制流中最简单的一种,直接按照程序中所写的代码顺序逐条执行。

【实例 2-28】 上下句有关联的顺序结构实例。

```
shu1=5
shu2=7
shu3=shu1 * shu2
print("shu1=%d,shu2=%d,shu3=%d" % (shu1,shu2,shu3))
```

本实例运行后在 Console 中显示的结果如下所示。

```
shu1=5,shu2=7,shu3=35
```

顺序结构的程序语句顺序执行,每一句之间可以有关联,也可以没有关联。本实例中的 shu3 变量的值是与 shu1 和 shu2 变量值有关系,如果没有定义 shu1、shu2 变量,就不能执行第 3 句代码,进而不能进行计算。第 3 句与前边两句的顺序是不能调整的。

【实例 2-29】 上下句没有关系的顺序结构实例。

```
a="全面准确学习领会党的二十大精神"
b=123
c=pow(2,3)
print("a=%s,b=%d,c=%d" % (a,b,c))
```

本实例运行后在 Console 中显示的结果如下所示。

```
a=全面准确学习领会党的二十大精神,b=123,c=8
```

本实例代码之间没有任何关联,谁在前谁在后都可以,只需按顺序逐句执行即可。

2.6.3 分支结构

分支结构也称为选择结构,是在执行程序代码时根据给定条件的值来决定哪些语句执行,哪些语句跳过。

Python 中提供了单分支选择结构、双分支选择结构及多分支选择结构三种形式的选择结构。

1. 单分支选择结构

if 语句是一种单分支选择结构。

【语法格式】

```
if   条件表达式:
     语句块
```

当条件表达式的结果为真时,程序将执行语句块,否则跳过语句块,执行下一条语句。

【实例 2-30】 if 语句实例。

```
print('请从键盘上输入任意一个数给 a 变量:')
a=input()
print('请从键盘上输入任意一个数给 b 变量:')
b=input()
if a>b:
        print("大的数为: ",a)
```

本实例运行后在 Console 中显示的结果如下所示。

```
runfile('D:/code/2/li2_30.py', wdir='D:/code/2')
请从键盘上输入任意一个数给 a 变量:
3
请从键盘上输入任意一个数给 b 变量:
1
大的数为: 3
runfile('D:/code/2/li2_30.py', wdir='D:/code/2')
请从键盘上输入任意一个数给 a 变量:
1
请从键盘上输入任意一个数给 b 变量:
3
```

本实例中使用了 input()函数,可以在程序运行时随机得到不同的变量值,使整个程序具有通用性,每一次运行都可以输入不同的变量值,得到不同的结果。如果直接使用赋值号"="给变量赋值,则每次程序的运行结果都是固定的。

上边给出的是本实例两次运行结果:使 a 变量值为 3,b 变量值为 1,则条件表达式的结果为真,所以运行了第 6 行代码,输出结果 3;第二次运行时,输入 a 变量值为 1,b 变量值为 3,a 变量值小于 b 变量值,条件表达式为假,跳过第 6 行代码,整个程序没有输出结果。

使用 input()函数从键盘接收输入值时,要在 Console 窗口中输入变量值。

2. 双分支选择结构

【语法格式】

```
if 条件表达式:
    语句块 1
else:
    语句块 2
```

对于双分支选择结构,如果条件表达式的值为真,执行语句块 1,否则执行语句块 2。

【实例 2-31】 双分支选择结构实例。

```
print('请从键盘上输入任意一个数给 a 变量:')
a=input()
print('请从键盘上输入任意一个数给 b 变量:')
b=input()
if a>b:
    print("大的数为: ",a)
else:
    print("大的数为: ",b)
```

本实例运行后在 Console 中显示的结果如下所示。

```
runfile('D:/code/2/li2_31.py', wdir='D:/code/2')
请从键盘上输入任意一个数给 a 变量:
5
请从键盘上输入任意一个数给 b 变量:
2
大的数为: 5
runfile('D:/code/2/li2_31.py', wdir='D:/code/2')
请从键盘上输入任意一个数给 a 变量:
2
请从键盘上输入任意一个数给 b 变量:
5
大的数为: 5
```

上边给出了本实例的两次运行结果,可以看到将 if 语句改为双分支选择结构后,不管输入的 a、b 变量的值谁大谁小,都能根据条件表达式输出一个结果,不会出现没有输出结果的情况。

3. 多分支选择结构

【语法格式】

```
if 条件表达式 1:
    语句块 1
elif 条件表达式 2:
    语句块 2
elif 条件表达式 3:
    语句块 3
...
else:
    语句块 n
```

【实例 2-32】 多分支选择结构实例: 从键盘获得一个百分制分数,输出对应的成绩等级。

```
print('从键盘输入一个分数：')
fenshu=input()
cj=int(fenshu)
if cj>=90 and cj<=100:
        print('优秀')
elif cj>=80:
        print('良好')
elif cj>=70:
        print('中等')
elif cj>=60:
        print('及格')
else:
        print('不及格')
```

本实例运行后在 Console 中显示的结果如下所示。

```
runfile('D:/code/2/li2_32.py', wdir='D:/code/2')
从键盘输入一个分数：
96
优秀
runfile('D:/code/2/li2_32.py', wdir='D:/code/2')
从键盘输入一个分数：
87
良好
runfile('D:/code/2/li2_32.py', wdir='D:/code/2')
从键盘输入一个分数：
75
中等
runfile('D:/code/2/li2_32.py', wdir='D:/code/2')
从键盘输入一个分数：
66
及格
runfile('D:/code/2/li2_32.py', wdir='D:/code/2')
从键盘输入一个分数：
38
不及格
```

　　上边给出了本实例的几次运行结果，可以看出，程序每次运行输入的分数不同，显示的对应等级结果也不同。

　　因为 input()函数接收的结果为字符类型，所以在本实例的代码中添加了 cj＝int(fenshu)语句，作用是将 input()函数输入的结果转换为整数型，以便和数值型数据进行比较。

在 Python 编程中使用选择结构时要严格控制好不同语句块的缩进量,属于同一个语句块的各条语句缩进量要相同。

2.6.4 循环结构

循环结构是在实际应用编程中最常用的结构,对于一些重复处理的情况,一般都要通过循环结构实现。Python 提供了 while 语句和 for 语句两种形式的循环结构。

1. while 语句

【语法格式】

```
while 条件表达式:
    循环体
```

while 语句的执行流程如图 2-31 所示。

当条件表达式的值为真时,执行循环体中的语句,执行完一次所有的循环体内的语句后,再次判断条件表达式的值,如果为真,再执行一遍,直到条件表达式为假时,结束 while 语句,继续执行下面的语句。

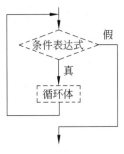

图 2-31　while 语句的执行流程

【实例 2-33】　求 $1+2+3+\cdots+100$ 的和。

```
t=0
sum=0
while t<=100:
    sum=sum+t
    t=t+1
print("1~100 的和为: ")
print(sum)
```

本实例运行后在 Console 中显示的结果如下所示。

```
1~100 的和为:
5050
```

很多情况下,可以通过在循环体内添加一个选择结构(例如 if 语句)去控制只有满足某些条件时循环语句才能执行。选择结构与循环结构结合的实例如实例 2-34 所示。

【实例 2-34】　求 $1\sim100$ 的所有奇数的和。

```
t=0
sum=0
while t<=100:
```

```
    if t%2==1:
        sum=sum+t
    t=t+1
print("1~100的奇数和为: ")
print(sum)
```

本实例运行后在 Console 中显示的结果如下所示。

```
1~100的奇数和为:
2500
```

在本实例的循环体中,循环变量 t 每一次循环都加 1,但是求和变量 sum 不会每次都改变,只在当条件表达式为真时才会执行求和语句。

(1) 一定要控制好各语句的缩进层次,在本例中如果把 t=t+1 语句也同 sum=sum+t 一样缩进,程序就会出错。

(2) 有时还会在一个 while 语句的循环体内再出现一次 while 语句,这种情况称为 while 语句的嵌套。

2. for 语句

【语法格式】

```
for 循环变量 in 集合:
    循环体
```

【实例 2-35】　求 1~100 所有数的和的 for 语句实现。

```
sum=0
for t in range(1,101):
    sum=sum+t
print("1~100的和为: ")
print(sum)
```

本实例运行后在 Console 中显示的结果如下所示。

```
1~100的和为:
5050
```

【实例 2-36】　求 1~100 所有奇数和的 for 语句实现。

```
sum=0
for t in range(1,101):
    if t%2==1:
        sum=sum+t
```

```
print("1～100 的奇数和为：")
print(sum)
```

本实例运行后在 Console 中显示的结果如下所示。

```
1～100 的奇数和为：
2500
```

Python 提供的内置 range()函数可以生成一个数字序列，用在 for 循环中。

【语法格式】

```
range(start, end, step=1)
```

range 会返回一个整数序列，其中 start 为整数序列的起始值；end 为整数序列的结束值，在生成的整数序列中不包含结束值；step 为整数序列中递增的步长，默认为 1。

例如，有以下一句简单的代码：

```
for x in range(1,5):
    print(x)
```

则运行后在 Console 中显示的结果如下所示。

```
1
2
3
4
```

可以看到运行结果没有 5，默认步骤是每次增长 1。
将代码修改为

```
for x in range(1,9,2):
    print(x)
```

则运行后在 Console 中显示的结果如下所示。

```
1
3
5
7
```

可以看到运行结果每次增长的步长为 2，没有结束值 9。

　　在使用 range 时一定要想好到哪里结束，如在实例 2-36 中的"range(1,101)"就可以包含 100 这个值，如果改为"range(1,100)"就不包含 100 这个值。

【实例 2-37】 求有名的 Fibonacci 数列前 40 个数。Fibonacci 数列的特点为第 1 个数为 1，第 2 个数为 1，从第 3 个数开始，该数是其前面两个数的和。

```
f1=1
f2=1
for t in range(1,21):
    print(f1,f2)
    f1=f1+f2
    f2=f2+f1
```

本实例运行后在 Console 中显示的结果如下所示。

```
runfile('D:/code/2/li2_37.py', wdir='D:/code/2')
1 1
2 3
5 8
13 21
34 55
89 144
233 377
610 987
1597 2584
4181 6765
10946 17711
28657 46368
75025 121393
196418 317811
514229 832040
1346269 2178309
3524578 5702887
9227465 14930352
24157817 39088169
63245986 102334155
```

使用 for 语句和 while 语句运行的结果是完全一样的，而使用 for 语句实现的代码看起来比 while 语句更简洁。特别是在一些需要循环嵌套的情况下，使用 for 语句更方便。

【实例 2-38】 使用 1、2、3、4 分别组成互不相同且无重复数字的三位数，输出所有数及个数。

```
jishu=0                                    #统计满足条件的数的个数
for bai in range(1,5):
    for shi in range(1,5):
        for ge in range(1,5):
            if bai!=shi and bai!=ge and shi!=ge:
                print(bai*100+shi*10+ge,end=" ")
```

```
                jishu=jishu+1
                if jishu%6==0:
                    print("\n")
print("使用1,2,3,4能组成的无重复数字的三位数的个数: ")
print(jishu)
```

本实例运行后在 Console 中显示的结果如下所示。

```
runfile('D:/code/2/li2_38.py', wdir='D:/code/2')
123 124 132 134 142 143

213 214 231 234 241 243

312 314 321 324 341 342

412 413 421 423 431 432

使用1,2,3,4能组成的无重复数字的三位数的个数:
24
```

在 Python 中,每一个 print 语句默认输出结果后换行。为了使多个输出放在同一行,可以通过设定 end 的内容实现。例如,本实例的第 6 行代码"print(bai * 100+shi * 10+ge, end=" ")"规定了输出这一个数后用空格结束,而不是换行,这样循环中所有的 print 语句的结果就可以都输出在同一行。为了结果显示整齐美观,本实例中添加了第 8 行代码"if jishu%6==0:"和第 9 行代码"print("\n")",使用一个 if 语句控制当某一行显示的个数为 6 个时就换一行。

【实例 2-39】 使用嵌套的 for 语句输出九九乘法表。

```
for a in range(1,10):
    for b in range(1,a+1):
        print(a,' * ',b,'=',a * b,end=" ")
    print("\n")
```

本实例运行后在 Console 中显示的结果如下所示。

```
runfile('D:/code/2/li2_39.py', wdir='D:/code/2')
1 * 1 =1

2 * 1 =2 2 * 2 =4

3 * 1 =3 3 * 2 =6 3 * 3 =9

4 * 1 =4 4 * 2 =8 4 * 3 =12 4 * 4 =16

5 * 1 =5 5 * 2 =10 5 * 3 =15 5 * 4 =20 5 * 5 =25
```

```
6 * 1 = 6 6 * 2 = 12 6 * 3 = 18 6 * 4 = 24 6 * 5 = 30 6 * 6 = 36

7 * 1 = 7 7 * 2 = 14 7 * 3 = 21 7 * 4 = 28 7 * 5 = 35 7 * 6 = 42 7 * 7 = 49

8 * 1 = 8 8 * 2 = 16 8 * 3 = 24 8 * 4 = 32 8 * 5 = 40 8 * 6 = 48 8 * 7 = 56 8 * 8 = 64

9 * 1 = 9 9 * 2 = 18 9 * 3 = 27 9 * 4 = 36 9 * 5 = 45 9 * 6 = 54 9 * 7 = 63 9 * 8 = 72 9 * 9 =
81
```

本实例中的第4行代码与内层循环 for 语句缩进相同,这样才能保证输出同一行后再换行。如果控制不好缩进,将得到完全不同的结果。

3. break 和 continue

在循环结构中可以使用 break 提前结束整个循环,使用 continue 语句结束本次循环。

【实例 2-40】 break 语句应用实例。

```
for t in range(1,9):
    if t==5:
        break
    print(t,end=" ")
```

本实例运行后在 Console 中显示的结果如下所示。

```
1 2 3 4
```

从本实例的运行结果中可以看出,循环只执行了 5 次,当 t==5 时即结束整个循环。本实例运行结果只输出了 4 个数;如果没有加 break 语句,循环应该输出 1~8 共 8 个数。

 小提示

第 2 行代码必须要使用两个"=",如果只使用一个"="则表示赋值,而不是判断是否相等。

【实例 2-41】 continue 语句应用实例。

```
for t in range(1,9):
    if t==5:
        continue
    print(t,end=" ")
```

本实例运行后在 Console 中显示的结果如下所示。

```
1 2 3 4 6 7 8
```

从本实例的运行结果可以看出,加了 continue 语句的循环只结束了 t==5 的那一次循环,所以输出结果中没有 5 这个数值,5 之后的循环继续,最终输出了 1~8 除了 5 之外的所有数值。

习　　题

一、单选题

1. 表达式 3==5 的结果为(　　)。
   A. false　　　　　　B. False　　　　　　C. true　　　　　　D. True
2. 表达式(3>5) and (3<5)的结果为(　　)。
   A. false　　　　　　B. False　　　　　　C. true　　　　　　D. True
3. 表达式(3>5) or (3<5)的结果为(　　)。
   A. false　　　　　　B. False　　　　　　C. true　　　　　　D. True
4. 表达式 round(5.456)的结果为(　　)。
   A. 5　　　　　　　　B. −5　　　　　　　C. 0　　　　　　　D. −1
5. 表达式 math.sqrt(9)的结果为(　　)。
   A. 3　　　　　　　　B. −5　　　　　　　C. 0　　　　　　　D. −1
6. 表达式 math.floor(5.999999)的结果为(　　)。
   A. 3　　　　　　　　B. 5　　　　　　　　C. 0　　　　　　　D. −1
7. 表达式 pow(3,2)的结果为(　　)。
   A. 3　　　　　　　　B. 9　　　　　　　　C. 0　　　　　　　D. −1
8. a="welcome to qsd",表达式 a.count('o')的结果为(　　)。
   A. 3　　　　　　　　B. 2　　　　　　　　C. 0　　　　　　　D. −1
9. a="welcome to qsd",表达式 type(a)的结果为(　　)。
   A. <class 'float'>　　　　　　　　B. <class 'str'>
   C. None　　　　　　　　　　　　　D. <class 'int'>
10. 表达式 5%3 的结果为(　　)。
    A. 1　　　　　　　B. 0　　　　　　　C. 2　　　　　　　D. −1
11. 表达式 5/3 的结果为(　　)。
    A. 1　　　　　　　　　　　　　　B. 0
    C. 1.6666666666666667　　　　　D. −1
12. 表达式 5//3 的结果为(　　)。
    A. 1　　　　　　　　　　　　　　B. 0
    C. 1.6666666666666667　　　　　D. −1
13. 关于 Python 语言数值操作符,以下选项中描述错误的是(　　)。
    A. x//y表示 x 与 y 的整数商,即不大于 x 与 y 的商的最大整数
    B. x * * y 表示 x 的 y 次幂,其中 y 必须是整数
    C. x%y表示 x 与 y 的商的余数,也称为模运算
    D. x/y表示 x 与 y 的商
14. 以下关于字符串类型的操作的描述,错误的是(　　)。
    A. a.replace(x,y)方法把字符串 a 中所有的 x 子串都替换成 y

B. 想把一个字符串 a 所有的字符都大写,用 a.upper()

C. 想把一个字符串 a 所有的字符都小写,用 a.lower()

D. 想把一个字符串 a 所有的字符都大写,用 a.swapcase()

15. 以下关于 Python 程序语法元素的描述,错误的选项是( )。

A. 段落格式有助于提高代码的可读性和可维护性

B. 虽然 Python 支持中文变量名,但从兼容性角度考虑还是不要用中文名

C. true 并不是 Python 的保留字

D. 并不是所有的 if 、while、def、class 语句后面都要用“:”结尾

16. 以下关于字典类型的描述,正确的是( )。

A. 字典类型可迭代,即字典的值还可以是字典类型的对象

B. 表达式 for x in d：中,假设 d 是字典,则 x 是字典中的键值对

C. 字典类型的键可以是列表和其他数据类型

D. 字典类型的值可以是任意数据类型的对象

17. 以下程序的运行结果为( )。

```
a =[1,2,3,4,5,6,7,8,9]
b =a[3:5]
print(b)
```

A. [3，4，5]   B. [4，5，6]

C. [1,2,3,4,5,6,7,8,9]   D. [4，5]

18. 以下程序的运行结果为( )。

```
dict ={'姓名': '王晨', '年龄': 17}
print(dict.items())
```

A. ['姓名': '王晨', '年龄': 17]

B. ('姓名': '王晨', '年龄': 17)

C. '姓名': '王晨', '年龄': 17

D. dict_items([('姓名', '王晨'), ('年龄', 17)])

19. 已经定义了字典 d={'姓名': '王晨', '学号': '2019001', '年龄': '20'},则表达式 len(d)
的值为( )。

A. 12   B. 9   C. 6   D. 3

20. 关于 Python 的列表,描述错误的选项是( )。

A. Python 列表是包含 0 个或者多个对象引用的有序序列

B. Python 列表用中括号[]表示

C. Python 列表是一个可以修改数据项的序列类型

D. Python 列表的长度是不可变的

21. s = "Welcome to rizhao",表达式 print(s[-6:], s[:-6])的结果为( )。

A. Welcome to rizhao   B. rizhao to Welcome

C. to Welcome rizhao   D. rizhao Welcome to

22. 以下程序的运行结果为(　　)。

```
s = "Welcome\n to\t ri\t zhao\t"
print(s)
```

    A. Welcome to ri　　　zhao

    B. Welcome to　　　ri　　　zhao

    C. Welcome to rizhao

    D. Welcome

        to　　　ri　　　zhao

23. 定义 x＝7.8,表达式 int(x)的结果为(　　)。

    A. 8　　　　　　　　B. 7.8　　　　　　　　C. 7.0　　　　　　　　D. 7

24. 以下关于字典类型的描述,错误的是(　　)。

    A. 字典类型是一种无序的对象集合,通过键来存取

    B. 字典类型可以在原来的变量上增加或缩短

    C. 字典类型可以包含列表和其他数据类型,支持嵌套的字典

    D. 字典类型中的数据可以进行分片和合并操作

25. 以下关于字典操作的描述,错误的是(　　)。

    A. del 用于删除字典或者元素

    B. clear 用于清空字典中的数据

    C. len 方法可以计算字典中键值对的个数

    D. keys 方法可以获取字典的值视图

26. 同时去掉字符串左边和右边空格的函数是(　　)。

    A. center()　　　　B. count()　　　　C. fomat()　　　　D. strip()

27. 以下关于程序控制结构描述错误的是(　　)。

    A. 单分支结构是用 if 保留字判断满足一个条件,就执行相应的处理代码

    B. 二分支结构是用 if-else 根据条件的真假,执行两种处理代码

    C. 多分支结构是用 if-elif-else 处理多种可能的情况

    D. 在 Python 的程序流程图中可以用处理框表示计算的输出结果

28. 以下关于分支和循环结构的描述,错误的是(　　)。

    A. Python 在分支和循环语句里使用如 $x<=y<=z$ 的表达式是合法的

    B. 分支结构中的代码块是用冒号来标记的

    C. while 循环如果设计不仔细可能会出现死循环

    D. 二分支结构的 ＜表达式 1＞ if ＜ 条件＞ else ＜表达式 2＞ 形式适合用来控制程序分支

29. 以下选项中,不是 Python 语言基本控制结构的是(　　)。

    A. 分支结构　　　　B. 循环结构　　　　C. 跳转结构　　　　D. 顺序结构

30. 关于 Python 循环结构,以下选项中描述错误的是(　　)。

    A. 遍历循环中的遍历结构可以是字符串、文件、组合数据类型和 range()函数等

    B. break 用来跳出最内层 for 或者 while 循环,脱离该循环后程序从循环代码后继

续执行

C. 每个 continue 语句只能跳出当前层次的循环

D. Python 通过 for、while 等保留字提供遍历循环和无限循环结构

31. 以下程序的运行结果为(　　)。

```
str1=""
a=[1,2,3,4,5]
for k in a:
    str1=str1+str(k)
print(str1)
```

　　A. 1,2,3,4,5　　　B. 54321　　　　　C. 5,4,3,2,1　　　D. 12345

32. 以下程序的运行结果为(　　)。

```
a = 15
b = 5
if a >=15:
    a = 10
else:
    b = 0
print('a=%d, b=%d'%(a,b))
```

　　A. a＝15，b＝5　　　　　　　B. a＝10，b＝5

　　C. a＝15，b＝0　　　　　　　D. a＝10，b＝0

33. 以下程序的运行结果为(　　)。

```
a=[]
for i in range(1, 10, 2):
    a.append(i)
print(a)
```

　　A. [1,2,3,4,5,6,7,8,9]　　　　B. [1,3,5,7,9]

　　C. [2,4,6,8,10]　　　　　　　D. None

34. 表达式 print("%.2f"%3.56789)的结果为(　　)。

　　A. 3.56　　　B. 3.56789　　　C. 3.5　　　　D. 3.57

35. 以下程序的运行结果为(　　)。

```
x=10
while x:
    x=x-1
    if not x%2:
        print(x,end=' ')
```

　　A. 9 7 5 3 1　　　　　　　　B. 10 8 6 4 2 0

　　C. 10 9 8 7 6 5 4 3 2 1　　　D. 8 6 4 2 0

36. 以下程序的运行结果为(　　　)。

```
for x in range(400,500):
    i =x//100
    j =x//10%10
    k =x%10
    if x==i* * 3 +j* * 3 +k* * 3:
        print(x)
```

    A. 407   B. 408   C. 153   D. 159

37. 当通过键盘输入 3 时,以下程序的运行结果为(　　　)。

```
r =input("请输入半径: ")
s=3.1415 * r * r
print("%.2f" % s)
```

    A. 28   B. 28.27   C. 29   D. Type Error

38. 以下程序的运行结果为(　　　)。

```
for i in "Welcome to rizhao":
    if i =='t':
        break
    else:
        print( i, end=" ")
```

    A. Welcome to rizhao   B. Welcome to ri
    C. Welcome to   D. Welcome

39. 以下程序的运行结果为(　　　)。

```
for i in range(5):
    for s in "rizhao":
        if s=="a":
            break
        print (s,end="")
```

    A. rizhrizhrizhrizhrizh   B. rizhaorizhaorizhaorizhaorizhao
    C. riririri   D. None

40. 以下语句执行后 a、b、c 的值分别为(　　　)。

```
a ="Welcome"
b ="to"
c ="rizhao"
if a>b:
    c =a
    a =b
```

```
    b = c
print(a,b,c)
```

A. Welcome to rizhao　　　　　　B. rizhao to Welcome

C. to Welcome rizhao　　　　　　D. to rizhao Welcome

41. 以下语句执行后 a、b、c 的值分别为(　　)。

```
a = 5
b = 3
c = 1
if a>b:
    c = a
    a = b
    b = c
print(a,b,c)
```

A. 3 5 5　　　　　B. 3 5 1　　　　　C. 5 3 1　　　　　D. 5 1 3

二、编程题

1. 编写一个 Python 程序,实现从键盘输入 3 个整数并将这 3 个数由小到大输出。

2. 编写一个 Python 程序,判断 1~100 有多少个素数,并输出所有素数。

3. 编写一个 Python 程序,输出所有的"水仙花数"。"水仙花数"是指一个三位数,其各位数字的立方和等于该数本身。例如,153 是一个"水仙花数",因为 $153=1^3+5^3+3^3$。

4. 编写一个 Python 程序,输出 1000 以内的所有完数。一个数如果恰好等于它的因子之和,则该数就称为完数。例如,6=1+2+3。

5. 编写一个 Python 程序,输出如下图案(菱形)。

```
      *
    * * *
  * * * * *
* * * * * * *
  * * * * *
    * * *
      *
```

6. 编写一个 Python 程序,求 1+2! +3! +…+20! 的和。

7. 编写一个 Python 程序,求一个 3×3 矩阵对角线元素之和。

第3章 函数与模块

3.1 函 数

现实生活中的问题通常不是一个简单的小程序就能够解决的,一般都是较大的程序。另外,所有的代码都放在一个很长的程序里不利于人们理解,也会出现许多重复语句。为了使程序更易读通用,往往会将一个大程序分解为若干个小程序,每一个小程序只实现一个功能,在用到这种功能时直接调用对应的小程序,不需要重复编写代码,而这一个小程序就是用函数来完成的。一个 Python 程序可以由一个主函数和若干个子函数构成。在主函数中调用其他子函数,其他子函数之间也可以互相调用,同一个子函数可以被一个或多个函数调用,一个函数可以被调用多次。图 3-1 所示为一个 Python 程序函数调用示意图。

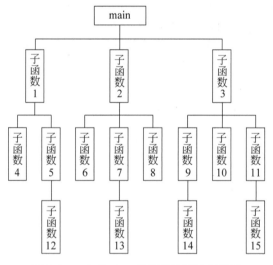

图 3-1　一个 Python 程序函数调用示意图

在 Python 程序开发中,通常一些常用功能被编写成一个函数,放在公共库里供大家选择使用,即模块。Python 中内置了大量的编写好的模块,给 Python 程序开发带来了很大的便利。读者在编写 Python 程序时要善于利用函数和模块,从而减少重复工作量。

3.1.1　自定义函数

函数定义的语法格式如下。

【语法格式】

```
def 函数名(参数列表):
    函数体
```

在 Python 中定义函数使用 def 关键字,然后是函数名,中间用空格隔开。函数名通常用小写字母来定义,一般在起函数名时最好能"见名知义",可以使用英文单词或拼音字母,如果名字中出现多个单词或多个字的拼音,可以使用下画线"_"连接。定义函数可以有参数也可以没有参数,如果没有参数,函数名后也要加一对空的小括号;如果有参数,则把参数放在一对小括号内。小括号后面跟一个冒号":",表示下边的内容是函数体。函数体语句可以使用 3 种基本结构及所有函数等语句,在编写函数体语句时要严格控制好缩进层次。函数体内可以加返回语句,也可以不加返回语句,根据实际需要决定。

1. 无参函数

【实例 3-1】 无参函数的定义及调用。

```
#定义无参函数
def print2():
    print("zrzrzrzrzr")
#调用函数
print2()
print2()
```

本实例运行后在 Console 中显示的结果如下所示。

```
zrzrzrzrzr
zrzrzrzrzr
```

2. 有参函数

【实例 3-2】 有参函数的定义及调用。

```
#定义有参函数
def max1(a,b):
    if a>b:
        c=a
    else:
        c=b
    return c
#调用有参函数
print("求 3,5 最大值: ",max1(3,5))
print("求 1,9 最大值: ",max1(9,1))
```

本实例运行后在 Console 中显示的结果如下所示。

```
求 3,5 最大值: 5
求 1,9 最大值: 9
```

在 Python 程序开发中可以定义 main()函数,也可以不定义 main()函数。例如,实例 3-1 与实例 3-2 都没有定义 main()函数,而是直接调用了自定义的子函数。

main()函数的定义及调用格式如下。

【语法格式】

```
def main(args):
    函数体
if __name__=="__main__":
    main(args)
```

如果在一个 Python 程序中定义了 main()函数和子函数,那么只有当__name__值是__main__时,才会执行 main()函数。

也可以不定义 main()函数体,直接使用调用格式,把子函数调用语句放在"if __name__==" __main__":"语句后的调用语句里。

【实例 3-3】 main()函数直接调用方法。

```
def print1():
    print("zrzrzrzrzrzrzrzrzrzrzrzrzrzr")
def print2():
    print("欢迎来到曲师大!")
if __name__=="__main__":
    print1()
    print2()
    print1()
```

本实例运行后在 Console 中显示的结果如下所示。

```
zrzrzrzrzrzrzrzrzrzrzrzrzrzr
欢迎来到曲师大!
zrzrzrzrzrzrzrzrzrzrzrzrzrzr
```

【实例 3-4】 先定义 main()函数再调用。

```
def print1():
    print("zrzrzrzrzrzrzrzrzrzrzrzrzrzr")
def print2():
    print("欢迎来到曲师大!")
def main():
    print1()
    print2()
    print1()

if __name__=="__main__":
    main()
```

本实例运行后在 Console 中显示的结果如下所示。

```
zrzrzrzrzrzrzrzrzrzrzrzrzr
欢迎来到曲师大!
zrzrzrzrzrzrzrzrzrzrzrzrzr
```

3.1.2　实参与形参

在编写 Python 程序时一般需要调用函数,大部分主调函数与被调函数之间都会由数据传递关系,这种情况要定义为有参函数。在定义函数时函数名后面圆括号内的参数名称为形式参数,简称形参。在主调函数中调用此函数时,会在函数名后边的圆括号内给出参数的具体值(也可以是一个表达式,但要必须能求出一个对应的具体值),这时调用函数名后圆括号内的参数就称为实际参数,简称实参。

例如,实例 3-2 第 2 行代码"def max1(a,b):"中的 a、b 就是形参,第 9 行代码"print("求 3,5 最大值:　　",max1(3,5))"中的 3、5 就是实参。在调用函数时,实参的值传递给形参,形参用接收到的值带入相应的函数体执行函数体内语句,最后得到运行结果。

在 Python 编程中定义函数时允许定义默认值参数,就是在定义函数时可以为形参设置一个默认值,在调用函数时可以不给带默认值的形参传递实参值,直接使用默认值。但是,如果实参中也给带默认值的形参传递了一个新值,则使用实参传递的新值进行计算。

【语法格式】

```
def 函数名(...,形参名=默认值):
    函数体
```

【实例 3-5】　使用默认值参数实例。

```
def max1(a,b,c=8):
    if a>b and a>c:
        max=a
    if b>a and b>c:
        max=b
    if c>a and c>b:
        max=c
    return max
print("求 3,5,10 最大值: ",max1(3,5,10))
print("求 1,5,8 最大值: ",max1(5,1))
```

本实例运行后在 Console 中显示的结果如下所示。

```
求 3,5,10 最大值:　10
求 1,5,8 最大值:　8
```

从以上实例可以看出,形参变量 c 定义了默认值 8,在第一次调用函数时实参给了 c 一个新值 10,所以要以 c＝10 运行函数体,得到最大值的结果为 10;第二次调用函数时没有给 c 传递实参值,所以以默认值 8 进行计算,最终得到最大值的结果为 8。

在 Python 函数调用时,如果没有指定默认参数值,调用时实参值的个数必须与定义时形参的个数一致,否则就会运行出错。例如,把实例 3-5 中的第 1 行代码"def max1(a,b, c＝8):"改为"def max1(a,b,c):",则运行时会出现图 3-2 所示的错误提示,告诉我们第 10 行代码出错,找不到参数 c 的值。

```
 File "D:/code/3/untitled1.py", line
10, in <module>
    print("求1,5,8最大值: ",max1(5,1))

TypeError: max1() missing 1 required
positional argument: 'c'
```

图 3-2　形参与实参个数不匹配错误提示

在 Python 函数体中添加 return 语句,可以将函数体的执行结果带回主调函数。当然, return 语句不是必需的,可以根据需要选择添加与否。例如,可以将实例 3-5 改为不加 return 语句的程序,如实例 3-6 所示。

【实例 3-6】　不加 return 语句实例。

```
def max1(a,b,c):
    if a>b and a>c:
        print("最大值为a: ",a)
    if b>a and b>c:
        print("最大值为b: ",b)
    if c>a and c>b:
        print("最大值为c: ",c)
max1(3,5,10)
```

本实例运行后在 Console 中显示的结果如下所示。

```
最大值为c:  10
```

3.1.3　变量的作用域

在一个函数体内部定义的变量称为局部变量,只在本函数体内有效,在此函数体外不能使用局部变量。在函数体之外定义的变量称为全局变量,全局变量可以在本程序中的所有函数中使用。当在同一个程序中有全局变量和局部变量同名时,在局部变量所在的函数体内运行时,使用局部变量的值执行计算。简单来说,就是在某个函数体内,自己有变量值就用自己的,自己没有变量值时才使用全局变量。

【实例 3-7】　全局变量与局部变量应用实例。

```
a=1
b=6
```

```
c=2
def fun1(a,b,c):
    a=0
    b=1
    m=a+b+c
    return m
print("和为:    ",fun1(a,b,c))
```

本实例运行后在 Console 中显示的结果如下所示。

```
和为:    3
```

本实例的运行结果为 3,程序在计算 a+b+c 的值时,因为 fun1 内有自己的 a、b 的值,所以使用自己的值参与计算;因为没有 c 的值,所以需要全局变量 c=2 参与计算,因此最终运行结果为 3。如果把 fun1 函数体内的 a=0 和 b=1 代码删除,则程序运行时要使用全局变量的值进行计算,所以要计算 1+6+2,运行结果为 9。

3.1.4 lambda 表达式

在 Python 编程中可以使用 lambda 表达式声明一个没有函数名的函数,通常是在临时使用时才用。

【语法格式】

```
变量名=lambda   参数:表达式
```

通常 lambda 表达式只可以包含一个表达式,不能包含其他语句,但是在表达式中可以调用其他函数,不能使用带默认值参数的函数。lambda 表达式的计算结果就是函数的返回值。

【实例 3-8】 lambda 表达式应用实例。

```
a=lambda b:b+1
print(a(1))
print(a(3))
b=lambda x,y:x+y
print(b(2,3))
print(b(3,5))
```

本实例运行后在 Console 中显示的结果如下所示。

```
2
4
5
8
```

从本实例可以看出,定义了 lambda 表达式后,可以把 a 和 b 看作函数名来调用。其实可以认为 lambda 表达式就是一个函数的简单表示形式。例如,本实例中的第一个 lambda 表达式可以表示为以下正常的函数定义格式。

```
def a(b):
    return b+1
```

3.1.5　案例精选

【实例 3-9】　编写一个 Python 程序,运行时从键盘输入两个整数,输出较大值。

```
a=int(input("请输入第一个数: "))
b=int(input("请输入第二个数: "))
def max1(a,b):
    if (a>b):
        c=a
    else:
        c=b
    return c
print("输出较大值:  ",max1(a,b))
```

本实例运行后在 Console 中显示的结果如下所示。

```
runfile('D:/code/3/li3_9.py', wdir='D:/code/3')
请输入第一个数: 8
请输入第二个数: 5
输出较大值:   8
runfile('D:/code/3/li3_9.py', wdir='D:/code/3')
请输入第一个数: 1
请输入第二个数: 6
输出较大值:   6
```

本实例给出了两组不同数值的运行结果。在本实例中要注意,使用 input()函数从键盘获取的值默认为字符类型,要使用 int(变量名)将其转换为整型。

【实例 3-10】　用 Python 编写程序,从键盘输入一个年份,判断该年份是否是闰年并输出结果。

```
year =int(input("请输入一个年份: "))
def bdrunnian(year):
    if year%4==0 and year%100!=0 or year%400==0:
        print(year,"是闰年!")
    else:
        print(year,"不是闰年!")
bdrunnian(year)
```

本实例运行后在 Console 中显示的结果如下所示。

```
runfile('D:/code/3/li3_10.py', wdir='D:/code/3')
请输入一个年份: 2020
2020 是闰年!
runfile('D:/code/3/li3_10.py', wdir='D:/code/3')
请输入一个年份: 2019
2019 不是闰年!
```

【实例 3-11】 将一个正整数分解质因数。例如，输入正整数 90，输出 90＝2 * 3 * 3 * 5。

```python
def main():
    n =int(input('请输入一个数'))
    print(n,"=",end=" ")
    k=2
    while k<=n:
        while n%k==0:
            print(k,end=" ")
            n=n/k
            if n!=1:
                print(" * ",end=" ")
        k=k+1
if __name__ =="__main__":
    main()
```

本实例运行后在 Console 中显示的结果如下所示。

```
请输入一个数 90
90 =2 * 3 * 3 * 5
```

【实例 3-12】 求 1! ＋2! ＋3! ＋…＋20! 的和。

```python
def jc(n):
    j=1
    for k in range(1,n+1):
        j=j * k
    return j
s=0
for m in range(1,21):
    s=s+jc(m)
print("s: ",s)
```

本实例运行后在 Console 中显示的结果如下所示。

```
s:    2561327494111820313
```

【实例 3-13】 对 10 个数从小到大排序。

```
def main():
    a =[1,3,5,7,8,2,4,0,6,9]
    print("排序前的 a: ",a)
    for i in range(9):
        for j in range(i+1,10):
            if a[j]<a[i]:
                temp =a[j]
                a[j] =a[i]
                a[i] =temp
    print("排序后的 a: ",a)

if __name__ =="__main__":
    main()
```

本实例运行后在 Console 中显示的结果如下所示。

```
排序前的 a: [1, 3, 5, 7, 8, 2, 4, 0, 6, 9]
排序后的 a: [0, 1, 2, 3, 4, 5, 6, 7, 8, 9]
```

3.2　模　　块

在 Python 中可以把一个".py"文件称为一个模块,也可以把一组不同功能的".py"文件组合成一个模块,每一个模块在 Python 中都被看作一个独立的文件。在 Python 中编写好一个模块后,可以在其他模块中直接调用,相同功能的代码不需要重复编写,有效地节约了时间、人力等资源。在 Python 中已经内置了许多功能模块,所以使用 Python 编程要比其他高级语言更方便快捷。自己定义编写模块时一定要注意起的模块名不要和系统内置的模块名相同。

3.2.1　导入模块的方法

在 Python 中要想使用模块,首先需要将模块导入。

【语法格式】

```
import XXX
from XXX import YYY
```

其中,XXX 表示模块名,YYY 表示方法名。

使用 import 格式导入模块名为 XXX 的模块时会读取整个模块,在后续使用时要先定义后才能读取相关变量名;而使用 from 格式可以直接访问模块中的名字而不需要加模块名前缀。

例如,math 数学函数库中的一些函数在调用时,要先导入 math 库。下面分别使用 import 和 from 格式导入 math 库中的 fabs()函数。

```
import math
print(math.fabs(-5))
from math import fabs
print(fabs(-5))
```

在 Python 中使用模块时,有时模块名太长,使用不太方便,所以经常会在导入模块的同时给模块起一个别名,在后续使用时直接使用别名即可。

【语法格式】

```
import XXX as MMM
```

其中,XXX 表示模块名,MMM 表示别名。

在导入 numpy 模块时,通常会给该模块起一个别名 np,完整的代码为"import numpy as np",后续在使用时就可以直接使用"np.方法名"的格式调用 numpy 模块中的各种方法。例如:

```
import numpy as np
a=np.array([1,2,3])
```

在 Python 中,模块在使用前必须已经安装成功。如果编写的程序在运行时出现错误提示"Import Error No module named 'XXX'",就说明此模块没有安装成功,可以使用以下命令进行安装。

```
pip install XXX
pip3 install XXX
```

在 Python 使用过程中经常会遇到有些模块使用以上命令安装时不成功的情况,可以使用安装模块的离线包文件"∗.whl"来解决。安装"∗.whl"文件的操作步骤如下。

(1) 到网页(http://www.lfd.uci.edu/~gohlke/Pythonlibs)上下载需要的对应版本的"∗.whl"文件。例如,需要下载 scipy 的安装包文件,可以在网上查找 scipy,结果如图 3-3 所示。

(2) 下载对应已安装 Python 的版本的"∗.whl"文件。例如,本机安装的 Python 版本是 3.7,使用的操作系统是 Windows 64 位,则需要下载"scipy-1.4.1-cp37-cp37m-win_amd64.whl"文件。在此文件名上单击,则出现图 3-4 所示的下载提示条,选择"保存"下拉列表中的"另存为"命令,把此文件保存到指定的本地文件夹下,这里选择 D 盘根目录。

(3) 打开"管理员:Anaconda Prompt"窗口,在窗口中可以输入以下命令进行安装。

```
pip install wheel
pip install D:\scipy-1.4.1-cp37-cp37m-win_amd64.whl
```

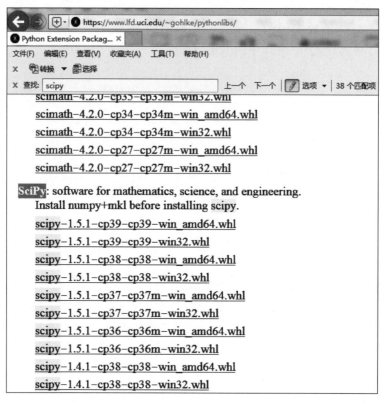

图 3-3　搜索需要模块的"＊.whl"安装包文件

图 3-4　下载"＊.whl"文件提示条

3.2.2　常用的几个内置模块

1. os 模块

os 模块中常用的几个方法如表 3-1 所示。

表 3-1　os 模块中常用的几个方法

名　　称	含　　义
os.getcwd()	获取当前工作目录,即当前 Python 脚本工作的目录路径
os.chdir("…")	改变当前脚本工作目录。例如,os.chdir("D:/code/3")
os.curdir	返回当前目录: ('.')

在使用表中的方法时首先要导入 os 模块,一般的用法如下所示。

```
import os
os.chdir('D:/code/3')
```

2. time 模块

在 Python 中有 3 种时间表示形式。

(1) 时间戳：表示自 1970-01-01 00:00:00 到当前时间，单位为 s。

(2) 格式化的时间：用一个时间的字符串表示。

(3) 元组：用 9 个值分别表示年、月、日、时、分、秒、一周中第几天、一年中的第几天及夏令时。

【实例 3-14】 3 种时间表示形式应用实例。

```
import time
#获取时间戳
print("时间戳: ",time.time())
#获取字符串格式化时间
time_str =time.strftime('%Y-%m-%d %H:%M:%S')
print("字符串格式化时间: ",time_str)
#获取元组格式时间对象
time1 =time.localtime()
print("元组格式时间: ",time1)
#可以分别显示元组格式时间对象中的各项
print("年: ",time1.tm_year)
print("月: ",time1.tm_mon)
print("日: ",time1.tm_mday)
print("时: ",time1.tm_hour)
print("分: ",time1.tm_min)
print("秒: ",time1.tm_sec)
#时间对象-->字符串格式化时间
time_str2=time.strftime('%Y-%m-%d %H:%M:%S',time1)
print("转字符串格式: ",time_str2)
#字符串格式化的时间-->时间对象
time2 =time.strptime('2019-01-01','%Y-%m-%d')
print("转元组格式: ",time2)
```

本实例运行后在 Console 中显示的结果如下所示。

```
时间戳:   1597803397.62491
字符串格式化时间:   2020-08-19 10:16:37
元组格式时间:   time.struct_time(tm_year=2020, tm_mon=8, tm_mday=19, tm_hour=
10, tm_min=16, tm_sec=37, tm_wday=2, tm_yday=232, tm_isdst=0)
年:   2020
月:   8
日:   19
时:   10
分:   16
秒:   37
转字符串格式:   2020-08-19 10:16:37
```

转元组格式:　　time.struct_time(tm_year=2019, tm_mon=1, tm_mday=1, tm_hour=0, tm
_min=0, tm_sec=0, tm_wday=1, tm_yday=1, tm_isdst=-1)

注意,时间戳的返回值格式为 float 浮点型,可以使用 type(time.time())命令查看返回
值结果。

3. datetime 模块

【实例 3-15】 **datetime 模块应用实例。**

```
import datetime
#获取当前年月日
print("今天日期")
print(datetime.date.today())
#获取当前年月日时分秒
print("今天日期时间")
print(datetime.datetime.today())
print(datetime.datetime.now())
print(datetime.datetime.utcnow())          #格林尼治时间
#当前时间+5天
print("今天+5天")
print(datetime.datetime.now() +datetime.timedelta(5))
#当前时间-5天
print("今天-5天")
print(datetime.datetime.now() +datetime.timedelta(-5))
```

本实例运行后在 Console 中显示的结果如下所示。

```
今天日期
2020-08-19
今天日期时间
2020-08-19 10:17:21.998789
2020-08-19 10:17:21.998789
2020-08-19 02:17:21.998789
今天+5天
2020-08-24 10:17:21.998789
今天-5天
2020-08-14 10:17:21.998789
```

4. random 模块

【实例 3-16】 **random 模块应用实例。**

```
import random
print('随机生成 0、1之间一个浮点数 float')
print(random.random())
```

```
print('随机生成1～9中的整数')
print(random.randint(1, 9))
#随机选择给定列表中的任意一个值,每次运行结果可能不同
print('随机选择一个列表元素值')
print(random.choice([1, '3',6,7,9]))
#随机选择任意两个数字
print('随机选择两个值输出')
print(random.sample([1,2,3,4,5,6,7], 2))
```

本实例运行后在 Console 中显示的结果如下所示。

```
随机生成 0、1 之间一个浮点数 float
0.43960469406233993
随机生成 1～9 中的整数
8
随机选择一个列表元素值
3
随机选择两个值输出
[1, 4]
```

3.2.3   创建自己的模块

使用 Python 可以方便地创建自己的模块,在 Python 中编写的所有 ∗.py 文件都被可以被当作一个模块。定义好自己的模块后,可以使用"import 文件名"的方式导入使用,要注意导入时文件名不加".py"。

通常大家在写代码时都习惯把需要的文件保存在同一级目录下,在同一级目录下的自定义模块引用非常方便,只需要"import 文件名"即可。

例如,在 zr 同一目录下有两个 Python 文件 zr1.py 和 zr2.py,zr1.py 需要调用 zr2.py 中的函数。

zr1.py 的代码内容如下:

```
import zr2
zr2.print1(2020)
```

zr2.py 的代码内容如下:

```
def print1( can1 ):
    print("打印输出一个数: ", can1)
    return
```

zr1.py 程序的运行结果如下所示。

```
runfile('D:/code/3/zr/zr1.py', wdir='D:/code/3/zr')
打印输出一个数: 2020
```

也可以使用 from 格式导入模块。例如,zr1.py 的代码修改为

```
from zr2 import print1
print1(2020)
```

上述代码运行结果与修改前的运行结果完全一样。

3.3 数值计算模块 numpy

数值计算模块 numpy 是一个 Python 的第三方扩展库,不仅可以进行各种科学计算,而且可以高效存储和处理多种数据。numpy 在数组和矩阵计算等方面的计算速度比列表快得多,是在大数据分析应用时经常使用的一个包,是大数据分析应用的基础。在使用 numpy 前要先使用"pip install numpy"命令进行安装。

3.3.1 创建 ndarray 数组

Python 中提供了一个 array 模块,可以直接保存数值,类似 C 语言中的一维数组。但是,array 不支持多维数组,也不提供运算函数,而现实应用中的大数据通常是多维数据,所以 array 不适用于大数据分析应用。numpy 中提供了两种基本对象 ndarray 和 ufunc,数组处理对象 ndarray 可以处理多维数组,所以非常适用于大数据的处理。

使用 numpy 模块创建数组前,首先要导入 numpy 模块。为了后续使用方便,在导入模块时为其定义别名,导入语句如下所示。

```
import numpy as np
```

1. 从列表中创建数组

【语法格式】

```
np.array(list)
np.array(list, dytpe)
```

其中,参数 dtype 用于指定数据类型。表 3-2 所示为参数 dtype 部分常用的数据类型。

表 3-2 参数 dtype 部分常用的数据类型

类　　型	说　　明
int8	有符号的 8 位整型
uint8	无符号的 8 位整型
int16	有符号的 16 位整型
uint16	无符号的 16 位整型
float16	半精度浮点数
float32	标准的单精度浮点数
float64	标准的双精度浮点数

类　型	说　明
string	固定长度的字符串类型(每个字符1个字节)

【实例3-17】 从列表中创建数组实例。

```python
import numpy as np
a=[1,2,3,4,5]
b=np.array(a)
print("默认数组:    ",b)
b1=np.array(a, np.int32)
print("指定 int32 型数组:    ",b1)
b2=np.array(a, np.float16)
print("指定 float16 型数组:    ",b2)
```

本实例运行后在 Console 中显示的结果如下所示。

```
默认数组:    [1 2 3 4 5]
指定 int32 型数组:    [1 2 3 4 5]
指定 float16 型数组:    [1. 2. 3. 4. 5.]
```

2. 使用函数创建数组

表3-3所示为部分常用的创建数组函数。

表3-3 部分常用的创建数组函数

函　数　名	功　能
arange(start，stop[，step])	根据 start 与 stop 指定的范围及 step 设定的步长生成一个 ndarray。从 start 开始,到 stop 结束,但不包括 stop。默认从 0 开始。step 指定步长,默认为 1。例如,arange(5)等价于 arange(0,5,1)
linspace(start，stop，num = 50,endpoint=True)	创建等差数列,即在指定的间隔范围内返回均匀间隔的数字。在[start, stop]范围内计算,返回 num 个(默认为 50)均匀间隔的样本。可以通过 endpoint 规定是否包含结束点。其默认值为 true,包含结束点
ones(n)或 ones((n,m))	返回指定维数的全 1 数组
zeros(n)或 ones((n,m))	返回指定维数的全 0 数组
eye(n)	创建一个对角线为 1,其余为 0 的正方形 n 维矩阵
empty(n)或 empty(n,m))	创建一个空数组,只分配内存空间,不填充任何值

【实例3-18】 使用函数创建数组实例。

```python
import numpy as np
a=np.arange(5)
print("a:\n",a)
b=np.ones((3,5))
print("b:\n",b)
```

```
c=np.zeros((3,5))
print("c:\n",c)
d=np.eye(5)
print("d:\n",d)
```

本实例运行后在 Console 中显示的结果如下所示。

```
a:
 [0 1 2 3 4]
b:
 [[1. 1. 1. 1. 1.]
 [1. 1. 1. 1. 1.]
 [1. 1. 1. 1. 1.]]
c:
 [[0. 0. 0. 0. 0.]
 [0. 0. 0. 0. 0.]
 [0. 0. 0. 0. 0.]]
d:
 [[1. 0. 0. 0. 0.]
 [0. 1. 0. 0. 0.]
 [0. 0. 1. 0. 0.]
 [0. 0. 0. 1. 0.]
 [0. 0. 0. 0. 1.]]
```

【实例 3-19】 arange 和 linspace 的区别。

```
import numpy as np
#arange: 第一个参数为开始值、第二个参数为结束值(不包括)、第三个参数为步长(每个元素间的
#间隔)
print(np.arange(1, 10, 2))
#linspace: 第一个参数为开始值、第二个参数为结束值(默认包括)、第三个参数为元素个数
print(np.linspace(1, 10, 2))
#linspace 的 endPoint 属性设置是否包括结束值
print(np.linspace(1, 10, 10, endpoint=False))
print(np.linspace(1, 10, 10, endpoint=True))
```

本实例运行后在 Console 中显示的结果如下所示。

```
[1 3 5 7 9]
[ 1. 10.]
[1.  1.9 2.8 3.7 4.6 5.5 6.4 7.3 8.2 9.1]
[ 1.  2.  3.  4.  5.  6.  7.  8.  9. 10.]
```

从本实例运行结果可以看出,这两个函数的运行结果是完全不同的。arange()函数的第一个参数是开始值,第二个参数是结束值且不包括结束值,第三个参数是指定步长。而

linspace()函数的第一个参数是开始值;第二个参数是结束值且默认包括结束值,可以通过endpoint 参数指定是否包括结束值;第三个参数指定返回的列表的元素个数。linspace()函数会根据开始值、结束值及元素个数 3 个参数自动计算步长。在本实例中的最后两行代码,虽然给定的 3 个参数值是相同的,但是一个包含结束值,一个不包含结束值,所以计算出来的步长不一样,最后返回的结果也不一样。

3.3.2 数组的基本索引和切片

【语法格式】

```
数组名[x,y]
数组名[x1:x2, y1:y2]
```

使用以上语法格式可以引用已经定义的数组中的某个元素或某些元素。":"代表某个维度的连续的取值范围。

【实例 3-20】 单个数组元素的引用实例。

```
import numpy as np
a=np.array([[1,2,3],[4,5,6],[7,8,9]])
print("a:\n",a)
print("a[0]:        ",a[0])
print("a[0][1]:      ",a[0][1])
print("a[0,1]:       ",a[0,1])
a[0,0]=0
print("a:\n",a)
```

本实例运行后在 Console 中显示的结果如下所示。

```
a:
 [[1 2 3]
  [4 5 6]
  [7 8 9]]
a[0]:        [1 2 3]
a[0][1]:      2
a[0,1]:       2
a:
 [[0 2 3]
  [4 5 6]
  [7 8 9]]
```

从本实例的运行结果可以看到,a[0][1]与 a[0,1]的运行结果是一样的,使用哪一种格式都可以。

【实例 3-21】 数组切片引用实例。

```
import numpy as np
#切片
b=np.arange(10)
print("b:\n",b)
print("b[1:3]:              ",b[1:3])
print("b[:3]:               ",b[:3])              #左边默认为 0
print("b[1:]:               ",b[1:])              #右边默认为元素个数
print("b[0:4:2]:            ",b[0:4:2])           #下标递增 2
a=np.array([[1,2,3],[4,5,6],[7,8,9]])
print("a[:2]:               ",a[:2])
print("a[:2,:1]:            ",a[:2,:1])
a[:2,:1]=0
print("a:\n",a)
```

本实例运行后在 Console 中显示的结果如下所示。

```
b:
  [0 1 2 3 4 5 6 7 8 9]
b[1:3]:              [1 2]
b[:3]:               [0 1 2]
b[1:]:               [1 2 3 4 5 6 7 8 9]
b[0:4:2]:            [0 2]
a[:2]:               [[1 2 3]
  [4 5 6]]
a[:2,:1]:            [[1]
  [4]]
a:
  [[0 2 3]
  [0 5 6]
  [7 8 9]]
```

3.3.3 数组的转置

在 numpy 中可以使用"数组名.T"对 ndarray 数组进行转置操作,但是操作结果只会返回源数据的一个视图,不会对源数据进行修改。如果需要保存数组转置结果,可以使用"新数组名=数组名.T"的格式把转置结果赋给一个新数组并保存。

【实例 3-22】 数组转置实例。

```
import numpy as np
a=np.arange(6)
b=np.array([[1,2,3],[4,5,6],[7,8,9]])
print("a:     ",a)
print("b:\n",b)
```

```
#转置(矩阵)数组
print("b 的转置: \n",b.T)
print("b:\n",b)
c=b.T
print("c:\n",c)
```

本实例运行后在 Console 中显示的结果如下所示。

```
a:      [0 1 2 3 4 5]
b:
 [[1 2 3]
 [4 5 6]
 [7 8 9]]
b 的转置:
 [[1 4 7]
 [2 5 8]
 [3 6 9]]
b:
 [[1 2 3]
 [4 5 6]
 [7 8 9]]
c:
 [[1 4 7]
 [2 5 8]
 [3 6 9]]
```

3.3.4 常用的统计方法

创建好 ndarray 数组后,可以通过一些统计方法对数组数据进行统计计算。表 3-4 所示为 ndarray 部分常用的统计方法。

表 3-4 ndarray 部分常用的统计方法

方 法 名	功　　能	方 法 名	功　　能
sum	对数组中的元素求和	var	求方差
mean	求平均值	min	求最小值
std	求标准差	max	求最大值

【实例 3-23】 几个 ndarray 常用的统计方法应用实例。

```
import numpy as np
a =np.array([[1,2],[3,4],[5,6]])
print("a:\n",a)
print("均值:    ",a.mean())
```

```
print("每列元素的平均值:      ",a.mean(0))
print("每列元素的平均值:      ",a.mean(axis=0))
print("每行元素的平均值:      ",a.mean(1))
print("每行元素的平均值:      ",a.mean(axis=1))
print("和:",a.sum())
print("每列元素的和:      ",a.sum(0))
print("每列元素的和:      ",a.sum(axis=0))
print("每行元素的和:      ",a.sum(1))
print("每行元素的和:      ",a.sum(axis=1))
print("标准差:",a.std())
print("方差:",a.var())
```

本实例运行后在 Console 中显示的结果如下所示。

```
a:
 [[1 2]
  [3 4]
  [5 6]]
均值:        3.5
每列元素的平均值:      [3. 4.]
每列元素的平均值:      [3. 4.]
每行元素的平均值:      [1.5 3.5 5.5]
每行元素的平均值:      [1.5 3.5 5.5]
和: 21
每列元素的和:      [ 9 12]
每列元素的和:      [ 9 12]
每行元素的和:      [ 3 7 11]
每行元素的和:      [ 3 7 11]
标准差: 1.7078251127659933
方差: 2.9166666666666665
```

从本实例的运行结果可以看出,在求平均值及和时,可以指定只求行或列元素的平均值及和,只需要加上参数"axis=n",其中 n 的值根据求行还求列,可以分别设置为 0 和 1,也可直接简化参数条件,只在方法调用时直接使用 n 的值,例如实例中第 5 行代码"print("每列元素的平均值: ",a.mean(0))"与第 6 行代码"print("每列元素的平均值: ",a.mean(axis=0))"的运行结果是完全一样的。

参数"axis=n"的作用是指定求统计值的方向,对于一维数组,只有 axis=0,表示按行计算统计值,没有 axis=1,输入 axis=1 会报错;对于二维数组,axis=0 表示按列计算统计值,axis=1 表示按行计算统计值。

3.3.5 数组的去重及集合运算

表 3-5 列出了部分常用的 ndarray 数组的去重及集合运算方法。

表 3-5 部分常用的 ndarray 数组的去重及集合运算方法

方 法	功 能
unique(数组名)	计算指定数组中的唯一元素,返回有序结果
inld(a,b)	判断 a 的元素是否包含在 b 中,返回布尔值
intersectld(a,b)	求两个数组的交集,返回两个数组中的公共元素,返回有序结果
unionld(a,b)	求两个数组的并集,返回有序结果
setdiffld(a,b)	求两个数组的差集,即返回在 a 中但不在 b 中的元素

【实例 3-24】 ndarray 数组的去重及集合运算应用实例。

```
import numpy as np
a =np.array([[1,2,1],[3,4,3],[5,6,5]])
print("a:\n",a)
b =np.array([1,2,3,6,5,3,2,1])
print("b:\n",b)
print("a 去重: ",np.unique(a))
print("b 去重: ",np.unique(b))
print("a 是否包含于 b: ",np.in1d(a,b))
print("交集: ",np.intersect1d(a,b))
print("并集: ",np.union1d(a,b))
print("差集,在 a 不在 b 中: ",np.setdiff1d(a,b))
```

本实例运行后在 Console 中显示的结果如下所示。

```
a:
 [[1 2 1]
 [3 4 3]
 [5 6 5]]
b:
 [1 2 3 6 5 3 2 1]
a 去重: [1 2 3 4 5 6]
b 去重: [1 2 3 5 6]
a 是否包含于 b: [ True True True True False True True True True]
交集: [1 2 3 5 6]
并集: [1 2 3 4 5 6]
差集,在 a 不在 b 中: [4]
```

3.3.6 生成随机数

在 numpy 中提供了强大的生成随机数功能,表 3-6 所示为部分常用的生成随机数的函数。

表 3-6　部分常用的生成随机数的函数

函　数　名	功　　能
np.random.random(n)	生成随机数,每次代码运行生成的结果都可能不同
np.random.rand(m,n)	生成服从均匀分布的随机数
np.random.randn(m,n)	生成服从正态分布的随机数
np. random. randint (low, high = None, size＝None,dtype='1')	生成给定上下限范围的随机数。其中 low 为最小值,high 为最大值,size 为数组的 shape
numpy. random. normal(loc＝0.0, scale＝1.0, size＝None)	正态分布,loc 表示概率分布的均值,对应整个分布的中心 center;scale 表示概率分布的标准差,对应于分布的宽度。scale 越大越矮胖,scale 越小越瘦高;size 表示输出的 shape,默认为 None,只输出一个值

【实例 3-25】　生成随机数的函数应用实例。

```
import numpy as np
print("随机生成 5 个数:    ",np.random.random(5))
print("生成 2 行 3 列均匀分布的数组: \n",np.random.rand(2,3))
print("生成 2 行 3 列正态分布的数组: \n",np.random.randn(2,3))
print("生成值在 2～5 的 2 行 3 列的数组:\n",np.random.randint(2,5,size=[2,3]))
```

本实例运行后在 Console 中显示的结果如下所示。

```
随机生成 5 个数:    [0.00240808 0.46961415 0.06543249 0.82868763 0.07041968]
生成 2 行 3 列均匀分布的数组:
[[0.22879249 0.69293623 0.99601843]
 [0.84023442 0.77263637 0.3461286 ]]
生成 2 行 3 列正态分布的数组:
[[-1.31377528  0.31662047 -0.190173 ]
 [-0.52082746  1.58035673 0.04556176]]
生成值在 2～5 的 2 行 3 列的数组:
[[2 2 4]
 [3 2 4]]
runfile('D:/code/3/li3_25.py', wdir='D:/code/3')
随机生成 5 个数:    [0.64248482 0.708157   0.42372279 0.59427705 0.55348509]
生成 2 行 3 列均匀分布的数组:
[[0.92249423 0.9185702  0.77161464]
 [0.05003216 0.34189588 0.09921879]]
生成 2 行 3 列正态分布的数组:
[[-0.4642178   0.1007044 -0.14406983]
 [-0.75352992 -0.13100337 -1.16815659]]
生成值在 2～5 的 2 行 3 列的数组:
[[3 3 4]
 [2 2 3]]
```

上边给出了本实例运行两次的结果,可以看出两次运行的结果是不同的。

3.3.7　改变数组形态

创建数组后可以使用一些函数改变数组的维度形态,表 3-7 所示为常用的改变数组形态的函数。

表 3-7　常用的改变数组形态的函数

函　　数	功　　能
reshape(维度值)	改变数组的维度,其中参数值是一个正整数元组,指定改变后数组各维度的值
ravel()	将数组展开,无参数
flatten()	将数组展开,无参时横向展开,加参数 F 时则纵向展开

【实例 3-26】　改变数组形态应用实例。

```
import numpy as np
a=np.arange(6)
b=a.reshape((2,3))
print('a: ',a)
print('b:\n',b)
c=np.array([[1,2,3],[4,5,6],[7,8,9]])
print('c:\n',c)
print('展平 c 数组: ',c.ravel())
print('横向展平 c 数组: ',c.flatten())
print('纵向展平 c 数组: ',c.flatten('F'))
```

本实例运行后在 Console 中显示的结果如下所示。

```
a:    [0 1 2 3 4 5]
b:
 [[0 1 2]
 [3 4 5]]
c:
 [[1 2 3]
 [4 5 6]
 [7 8 9]]
展平 c 数组:    [1 2 3 4 5 6 7 8 9]
横向展平 c 数组:    [1 2 3 4 5 6 7 8 9]
纵向展平 c 数组:    [1 4 7 2 5 8 3 6 9]
```

本实例中使用了 reshape()函数改变数组的维度,将一维数组 a 改为 2 行 3 列的二维数组 b。在使用 reshape()函数改变数组维度时要保持元素不变,在改变数组维度的同时保持原始数据的值不改变。如果指定的维度与原数组的个数不同,程序运行时会报错。例如,将本实例中第 3 行代码改为"b=a.reshape((3,3))",则运行时会提示出错,如图 3-5 所示。

```
File "D:/code/3/untitled2.py", line 3, in <module>
  b= a.reshape((3,3))

ValueError: cannot reshape array of size 6 into shape (3,3)
```

图 3-5　维度不一致错误提示

3.3.8　数组的组合和分割

表 3-8 所示为常用的数组组合和分割函数。

表 3-8　常用的数组组合和分割函数

函　　数	功　　能
vstack((a,b))	纵向组合
hstack((a,b))	横向组合
concatenate((a,b),axis＝n)	根据参数选择横向组合还是纵向组合
hsplit(a,n)	横向分割
vsplit(a,n)	纵向分割
split(a,n,axis＝m)	根据参数选择横向分割还是纵向分割

【实例 3-27】　**vstack()函数与 hstack()函数组合应用实例。**

```
import numpy as np
t=np.arange(9)
a=t.reshape((3,3))
b=np.array([[1,2,3],[4,5,6],[7,8,9]])
print("a:\n",a)
print("b:\n",b)
print("横向组合\n",np.hstack((a,b)))
print("纵向组合\n",np.vstack((a,b)))
```

本实例运行后在 Console 中显示的结果如下所示。

```
a:
 [[0 1 2]
 [3 4 5]
 [6 7 8]]
b:
 [[1 2 3]
 [4 5 6]
 [7 8 9]]
横向组合
 [[0 1 2 1 2 3]
 [3 4 5 4 5 6]
 [6 7 8 7 8 9]]
```

纵向组合

```
  [[0 1 2]
  [3 4 5]
  [6 7 8]
  [1 2 3]
  [4 5 6]
  [7 8 9]]
```

【实例 3-28】 concatenate()函数应用实例。

```
import numpy as np
t=np.arange(9)
a=t.reshape((3,3))
b=np.array([[1,2,3],[4,5,6],[7,8,9]])
print("a:\n",a)
print("b:\n",b)
print("横向组合 \n",np.concatenate((a,b),axis=1))
print("纵向组合 \n",np.concatenate((a,b),axis=0))
```

本实例运行后在 Console 中显示的结果如下所示。

```
a:
  [[0 1 2]
  [3 4 5]
  [6 7 8]]
b:
  [[1 2 3]
  [4 5 6]
  [7 8 9]]
横向组合
  [[0 1 2 1 2 3]
  [3 4 5 4 5 6]
  [6 7 8 7 8 9]]
纵向组合
  [[0 1 2]
  [3 4 5]
  [6 7 8]
  [1 2 3]
  [4 5 6]
  [7 8 9]]
```

【实例 3-29】 分割应用实例。

```
import numpy as np
a=np.array([[0,1,2,3],[7,4,5,6],[7,8,9,1],[2,3,5,6]])
print("a:",a)
```

```
print("横向分割:",np.hsplit(a,2))
print("纵向分割:",np.vsplit(a,2))
print("横向分割:",np.split(a,2,axis=1))
print("纵向分割:",np.split(a,2,axis=0))
```

本实例运行后在 Console 中显示的结果如下所示。

```
a:[[0 1 2 3]
 [7 4 5 6]
 [7 8 9 1]
 [2 3 5 6]]
横向分割: [array([[0, 1],
      [7, 4],
      [7, 8],
      [2, 3]]), array([[2, 3],
      [5, 6],
      [9, 1],
      [5, 6]])]
纵向分割: [array([[0, 1, 2, 3],
      [7, 4, 5, 6]]), array([[7, 8, 9, 1],
      [2, 3, 5, 6]])]
横向分割: [array([[0, 1],
      [7, 4],
      [7, 8],
      [2, 3]]), array([[2, 3],
      [5, 6],
      [9, 1],
      [5, 6]])]
纵向分割: [array([[0, 1, 2, 3],
      [7, 4, 5, 6]]), array([[7, 8, 9, 1],
      [2, 3, 5, 6]])]
```

3.3.9　创建矩阵

在 numpy 中可以用 dnarray 创建二维数组,实现矩阵的一些操作。在 numpy 中还提供了 mat()、matrix()和 bmat()函数专门进行相关的矩阵操作。其中 mat()、matrix()函数的功能是创建矩阵,而 bmat()函数可以将小矩阵合并成大矩阵。

【实例 3-30】　创建矩阵应用实例。

```
import numpy as np
t=np.arange(9)
t1=t.reshape((3,3))
```

```
a=np.mat(t1)
print('矩阵 a:\n',a)
b=np.matrix([[1,2,3],[4,5,6],[7,8,9]])
print('矩阵 b:\n',b)
print("bmat 应用\n",np.bmat("a;b"))
print("bmat 应用\n",np.bmat("a b"))
```

本实例运行后在 Console 中显示的结果如下所示。

```
矩阵 a:
 [[0 1 2]
 [3 4 5]
 [6 7 8]]
矩阵 b:
 [[1 2 3]
 [4 5 6]
 [7 8 9]]
bmat 应用
 [[0 1 2]
 [3 4 5]
 [6 7 8]
 [1 2 3]
 [4 5 6]
 [7 8 9]]
bmat 应用
 [[0 1 2 1 2 3]
 [3 4 5 4 5 6]
 [6 7 8 7 8 9]]
```

在创建矩阵时要注意矩阵元素的输入格式,使用 matrix()函数创建矩阵时要求每一行元素用一个中括号括起来,每个元素之间用逗号隔开,每个中括号之间也用逗号隔开。例如,本实例第 6 行代码"b=np.matrix([[1,2,3],[4,5,6],[7,8,9]])"如果改为"b=np.matrix([[1 2 3],[4 5 6],[7 8 9]])",则在运行时会出现错误提示,说明不能使用空格隔开矩阵元素值,如图 3-6 所示。

```
File "D:/code/3/untitled6.py", line 6
  b=np.matrix([[1 2 3],[4 5 6],[7 8 9]])
              ^
SyntaxError: invalid syntax
```

图 3-6　创建矩阵时输入格式错误提示

3.3.10 矩阵乘法

【实例 3-31】 矩阵乘法应用实例。

```
import numpy as np
a=np.matrix([[1,1],[2,2],[3,3]])
b=np.matrix([[1,2,3],[4,5,6]])
print("a:\n",a)
print("2 * a:\n",2 * a)
print("a * b:\n",a * b)
print("a * b:\n",np.dot(a,b))
print("b * a:\n",b * a)
print("b * a:\n",np.dot(b,a))
c=np.eye(3)
print("c * a:\n",c * a)
```

本实例运行后在 Console 中显示的结果如下所示。

```
a:
 [[1 1]
 [2 2]
 [3 3]]
2 * a:
 [[2 2]
 [4 4]
 [6 6]]
a * b:
 [[ 5 7 9]
 [10 14 18]
 [15 21 27]]
a * b:
 [[ 5 7 9]
 [10 14 18]
 [15 21 27]]
b * a:
 [[14 14]
 [32 32]]
b * a:
 [[14 14]
 [32 32]]
c * a:
 [[1. 1.]
 [2. 2.]
 [3. 3.]]
```

numpy 中提供了 dot()函数用于矩阵乘法，对于二维数组，它计算的是矩阵乘积；对于一维数组,它计算的是内积。从本实例的运行结果可以看出,np.dot(a,b)与 np.dot(b,a)的运算结果是不同的。在本实例中还进行了单位矩阵与矩阵的乘法计算,可以看出一个矩阵与单位矩阵相乘后,原矩阵的内容没有改变。

3.3.11 矩阵的转置和逆

矩阵的转置是将矩阵的行列互换的一种操作,在 numpy 中使用属性 T 得到某个矩阵的转置矩阵,使用属性 H 得到某个矩阵的共轭转置,使用 np.linalg.inv()方法来得到矩阵的逆。

【实例 3-32】 矩阵的转置与逆实例。

```
import numpy as np
b=np.matrix([[1,2,3],[4,5,6],[7,8,9]])
print("b:\n",b)
print("b 转置:\n",b.T)
print("b 共轭转置:\n",b.H)
a=np.linalg.inv(b)
print("b 的逆:\n",a)
```

本实例运行后在 Console 中显示的结果如下所示。

```
b:
 [[1 2 3]
 [4 5 6]
 [7 8 9]]
b 转置:
 [[1 4 7]
 [2 5 8]
 [3 6 9]]
b 共轭转置:
 [[1 4 7]
 [2 5 8]
 [3 6 9]]
b 的逆:
 [[ 3.15251974e+15 -6.30503948e+15 3.15251974e+15]
 [-6.30503948e+15 1.26100790e+16 -6.30503948e+15]
 [ 3.15251974e+15 -6.30503948e+15 3.15251974e+15]]
```

通常共轭转置考虑的对象是复数域,而本实例中的数值没有涉及复数,所以与普通转置的结果是一样的。一个矩阵转置的转置结果为原始矩阵。

3.3.12 方阵的迹

如果一个矩阵是方阵,则可以通过 trace()方法计算方阵的迹,方阵的迹返回的是主对角元素之和。

【实例 3-33】 计算方阵的迹。

```
import numpy as np
b=np.matrix([[1,2,3],[4,5,6],[7,8,9]])
print("b:\n",b)
print("迹:      ",np.trace(b))
print("转置的迹:    ",np.trace(b.T))
```

本实例运行后在 Console 中显示的结果如下所示。

```
b:
 [[1 2 3]
 [4 5 6]
 [7 8 9]]
迹:     15
转置的迹:    15
```

通过以上实例可以看到,一个矩阵的迹和一个矩阵的转置的迹是相同的。

3.3.13　计算矩阵的秩

numpy 中的 linalg.matrix_rank()方法可以计算矩阵的秩。

【实例 3-34】 计算矩阵的秩实例。

```
import numpy as np
b=np.matrix([[1,2,3],[4,5,6],[7,8,9]])
print("b:\n",b)
print("矩阵的秩: _ _",np.linalg.matrix_rank(b))
```

本实例运行后在 Console 中显示的结果如下所示。

```
b:
 [[1 2 3]
 [4 5 6]
 [7 8 9]]
矩阵的秩:    2
```

3.3.14　计算矩阵的特征值和特征向量

numpy 中的 np.linagl.eig()方法可以计算矩阵的特征值和特征向量,结果为一个特征值数组和一个特征向量矩阵。

【实例 3-35】 计算矩阵的特征值和特征向量。

```
import numpy as np
b=np.matrix([[1,2,3],[4,5,6],[7,8,9]])
```

```
print("b:\n",b)
print("特征值及特征向量: \n",np.linalg.eig(b))
```

本实例运行后在 Console 中显示的结果如下所示。

```
b:
  [[1 2 3]
  [4 5 6]
  [7 8 9]]
特征值及特征向量:
(array([ 1.61168440e+01, -1.11684397e+00, -9.75918483e-16]), matrix([[
        -0.23197069, -0.78583024, 0.40824829],
        [-0.52532209, -0.08675134, -0.81649658],
        [-0.8186735 , 0.61232756, 0.40824829]]))
```

3.4 类的定义与使用

在面向对象的程序设计中要理解两个关键术语。一是对象,对象是现实世界中实际存在的事物,是构成世界的一个独立单位,它是由数据(描述事物的属性)和作用于数据的操作(体现事物的行为)构成的一个独立整体;二是类,类是具有相同属性和行为的一组对象的集合,它提供一个抽象的描述,其内部包括属性和行为两个主要部分。

面向对象的程序设计描述的是客观世界中的事物,用对象代表一个具体的事物,把数据和数据的操作方法放在一起而形成一个相互依存又不可分割的整体。例如,一个学生早上起来去上学之前要进行一系列的事件,通常要经历起床、洗漱、吃早饭后才上学,那么根据面向对象程序设计的思想就可以建立一个"学生实体",把这一系列的事件封装在这一实体内。对象描述的是现实生活中的事物,而类描述的是一系列对象的共同属性和方法。

类与对象之间的关系可以描述为:类是对某一类事物的抽象描述,是对象的模板;对象用于表示现实中事物的个体,是类的实例。

封装是面向对象的核心思想,将对象的属性和行为封装起来,外界不需要知道具体实现细节。封装就是隐藏对象的属性和实现细节,仅对外提供公开接口。例如,现在家庭中使用的洗衣机基本上是全自动洗衣机,只要把衣服放进去,放好洗衣液,按洗衣按钮,洗衣机就可以有步骤地洗衣服,人们并不需要了解洗衣机内部的步骤是如何设置的,只需要了解按哪个按钮可以洗衣服即可。

继承主要描述的是类与类之间的关系,通过继承,可以在无须重新编写原有类的情况下,对原有类的功能进行扩展。

多态是指在一个类中定义的属性和方法被其他类继承后,它们可以具有不同的数据类型或表现出不同的行为。例如,我们定义了一个人的类,那么老师、学生、公务员、医生等都属于人类。

Python 是一种完全面向对象的编程语言。Python 中的类提供了面向对象编程的所有标准特性,如封装、继承、多态及对基类方法的覆盖或重写等。Python 中的字符串、列表、字典及元组等都是作为对象处理的,在使用时不要求必须是类的实例,可以直接使用。创建类时直接定义的变量称为类的属性,定义的函数称为类的方法。

类定义语法格式如下。

【语法格式】

```
class ClassName:
    定义类的属性和方法
```

在 Python 中使用关键字 class 定义类,其后的 ClassName 是类的名称,class 关键字与类名之间用空格隔开,类名后加一个冒号,换行缩进后再开始类的内部属性和方法的定义。

类定义与函数定义一样,只有在被执行时才会起作用。在 Python 编程中,类定义内的语句通常都是函数定义,但也允许有其他语句。

Python 中定义好的类中属性和方法的引用格式为"类名.属性"与"类名.方法"。

【实例 3-36】　Python 类的定义与引用实例。

```
class ZrClass1:
    g = 1
    def fun1():
        print("欢迎来到曲师大")
print("引用属性:     ",ZrClass1.g)
print("引用方法:     ")
ZrClass1.fun1()
```

本实例运行后在 Console 中显示的结果如下所示。

```
引用属性:     1
引用方法:
欢迎来到曲师大
```

本实例代码中 ZrClass1.g 引用了类定义中的属性,输出了属性值;ZrClass1.fun1()引用了类中定义的方法,其与普通函数的引用一样,要带圆括号,只是比普通函数多了前边的"类名.",表示引用是某个类中的方法。

以上实例中类中定义的方法是无参函数,也可以定义有参的方法。

类中定义有参方法的语法格式如下。

【语法格式】

```
def   方法名(self, 参数列表):
方法体
```

在类中定义有参的方法时与普通的函数相比多定义了一个参数 self,Python 中要求类中的有参方法的第一个形参必须是 self,用来表示对象本身。当然,该形参名 self 只是 Python 编程中的一个习惯,其实只要定义的方法的第一个形参用来表示对象本身即可,并非必须采用 self 形参名,也可以起其他的名字。

在类中有参方法中的 self 是非常有用的,在对象内只有通过 self 才能调用其他实例变量或方法。

在 Python 编程中的类定义还会经常包含一个名为 __init__() 的特殊方法。

__init__()方法定义格式如下。

【语法格式】

```
def __init__(self):
    self.data =[]
```

当在 Python 的某个类中定义了 __init__() 方法时,__init__()方法在创建实例对象时会自动调用。

【实例 3-37】 Python 类中有参方法的定义与实例引用。

```
class ZrClass2:
    def __init__(self, a, b):
        self.x=a
        self.y=b
shili1=ZrClass2(3,5)
print("类中 x,y 的值:__",shili1.x,shili1.y)
```

本实例运行后在 Console 中显示的结果如下所示。

```
类中 x,y 的值:    3 5
```

习　　题

一、单选题

1. 以下关于 Python 函数使用的描述,错误的是(　　)。

　　A. 函数定义是使用函数的第一步

　　B. 函数被调用后才能执行

　　C. 函数执行结束后,程序执行流程会自动返回函数被调用的语句之后

　　D. Python 程序里一定要有一个主函数

2. 以下关于函数参数和返回值的描述,正确的是(　　)。

　　A. 采用名称传参时,实参的顺序需要和形参的顺序一致

　　B. 可选参数传递指的是没有传入对应参数值时,就不使用该参数

　　C. 函数能同时返回多个参数值,需要形成一个列表来返回

　　D. Python 中可以指定默认参数值

3. 以下程序的运行结果为(　　)。

```
def fun1(x = 2, y = 4, z = 6):
    return(x ** y * z)
a=1
```

```
b=3
print(fun1(a,b))
```

    A. 9   B. 7   C. 6   D. 8

4. 以下程序的运行结果为(　　　)。

```
def fun1(x =2, y =4, z =6):
    return(x * * y * z)
print(fun1())
```

    A. 9   B. 7   C. 96   D. 8

5. 用于安装 Python 模块的命令是(　　　)。

    A. jieba   B. yum   C. loso   D. pip

6. 以下关于 Python 内置库、标准库和第三方库的描述,错误的是(　　　)。

    A. 第三方库需要单独安装才能使用

    B. 内置库里的函数不需要 import 就可以调用

    C. 第三方库有 3 种安装方式,最常用的是 pip 工具

    D. 标准库和第三方库发布方法不一样,其是与 Python 安装包一起发布的

7. 以下选项中关于 import 保留字描述错误的是(　　　)。

    A. import 可以用于导入函数库或者库中的函数

    B. 可以使用 from jieba import lcut 引入 jieba 库

    C. 使用 import jieba as jb 引入函数库 jieba,取别名为 jb

    D. 使用 import jieba 引入 jieba 库

8. Python 中的函数不包括(　　　)。

    A. 标准函数   B. 第三库函数   C. 内置函数   D. 参数函数

9. 在 Python 中,函数定义可以不包括(　　　)。

    A. 函数名   B. 关键字 def   C. 一对圆括号   D. 可选参数列表

10. 以下程序的运行结果为(　　　)。

```
def fun1(num):
    num * =2
x =20
fun1(x)
print(x)
```

    A. 40   B. 出错   C. 无输出   D. 20

11. Python 语言中用来定义函数的关键字是(　　　)。

    A. return   B. def   C. function   D. define

12. 关于函数作用的描述,以下选项中错误的是(　　　)。

    A. 复用代码   B. 增强代码的可读性

    C. 降低编程复杂度   D. 提高代码执行速度

13. 关于形参和实参的描述,以下选项中正确的是(　　　)。

A. 参数列表中给出要传入函数内部的参数,这类参数称为形式参数,简称形参

B. 函数调用时,实参默认采用按照位置顺序的方式传递给函数,Python 也提供了按照形参名称输入实参的方式

C. 程序在调用时,将形参复制给函数的实参

D. 函数定义中参数列表中的参数是实际参数,简称实参

14. 关于 time 库的描述,以下选项中错误的是(　　)。

A. time 库提供获取系统时间并格式化输出功能

B. time.sleep(s)的作用是休眠 s 秒

C. time.perf_counter()返回一个固定的时间计数值

D. time 库是 Python 中处理时间的标准库

15. 关于 Python 函数,以下选项中描述错误的是(　　)。

A. 函数是一段可重用的语句组

B. 函数通过函数名进行调用

C. 每次使用函数需要提供相同的参数作为输入

D. 函数是一段具有特定功能的语句组

二、编程题

1. 创建一个长度为 8 的一维全为 0 的 ndarray 对象,然后让第 3 个元素等于 1。

2. 创建一个元素为从 15～29 的 ndarray 对象。

3. 创建一个元素为从 15～29 的 ndarray 对象,再将所有元素位置反转。

4. 使用 np.random.random 随机生成一个 5×5 的 ndarray 对象,输出其中的最大和最小元素。

5. 创建一个边界全为 1,里面全为 0 的 6×6 的矩阵。

6. 创建一个每一行都是从 0～5 的 6×6 矩阵,如下所示。

```
[[0. 1. 2. 3. 4. 5.]
 [0. 1. 2. 3. 4. 5.]
 [0. 1. 2. 3. 4. 5.]
 [0. 1. 2. 3. 4. 5.]
 [0. 1. 2. 3. 4. 5.]
 [0. 1. 2. 3. 4. 5.]]
```

7. 利用 np.zeros()函数先构造 0 矩阵,再给某些元素赋值,构造出如下所示的一个矩阵。

```
[[0 1 0 1 0 1 0 1]
 [1 0 1 0 1 0 1 0]
 [0 1 0 1 0 1 0 1]
 [1 0 1 0 1 0 1 0]
 [0 1 0 1 0 1 0 1]
 [1 0 1 0 1 0 1 0]
 [0 1 0 1 0 1 0 1]
 [1 0 1 0 1 0 1 0]]
```

8. 创建一个范围在(0,1)的长度为 12 的等差数列。

9. 创建一个值在 0～9 的 5×3 随机矩阵和一个值在 0～5 的 3×2 随机矩阵,求矩阵的积。

10. 定义一个 min1() 函数,从键盘获取 3 个数,输出最小值。

11. 编写函数,创建一个随机的 3 行 3 列的二维数组,输出每一行的最大值。

12. 编写函数,创建一个随机的 3 行 3 列的二维数组,输出每一列的最大值。

13. 编写函数,创建一个随机的 3 行 3 列的二维数组,输出整个数组的最大值。

第 4 章 数据处理基础

数据是大数据分析的基础,在网络发达的今天,人们可以从网络上获取到各种各样的数据。把这些数据分门别类地整理在一起,构成不同的数据集。通常一组记录的集合称为一个数据集,数据集中的每一条记录称为一个样本(sample),每一列称为一个属性或者特征。例如,一个学生成绩表共包含姓名、学号、性别、IT 成绩和英语成绩 5 列,表中有 209 个学生的相关信息。在该学生成绩表中,就可以认为有姓名、学号、性别、IT 成绩和英语成绩 5 个特征,每一行的一个学生的信息就是一个样本,共有 209 个样本。

4.1 获 取 数 据

数据分析是大数据分析应用技术的重要组成部分,而数据的获取又是数据分析的前提基础。目前数据获取通常有两种方式,一是通过各种手段获取网络数据(如利用爬虫技术爬取网页上的数据);二是已有的本地数据,直接导入进行分析研究即可。

4.1.1 爬虫简介

爬虫是一种按照一定的规则自动获取网页上一些指定信息的程序。爬虫程序的功能是下载网页数据,主要由控制器、解析器及资源库 3 个部分组成。Python 爬虫的实现功能包含在 urllib 库中。urllib 库是 Python 标准库中自带的一个库,使用时不需要安装,可以直接使用。urllib 库主要提供了 http 请求、响应获取、URL 解析、代理和 cookie 设置及异常处理等功能。

urllib 主要使用表 4-1 所示的几个模块来处理请求。

表 4-1 urllib 处理请求模块

模　　块	功　　能
urllib.request	发送 http 请求
urllib.parse	解析 URL
urllib.error	处理请求过程中出现的异常
urllib.robotparser	解析 robots.txt 文件

Python 爬虫的基本工作流程如图 4-1 所示。

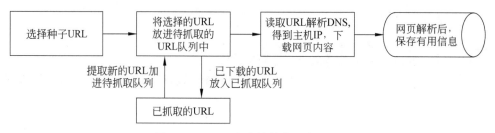

图 4-1   Python 爬虫的基本工作流程

【实例 4-1】 爬取曲阜师范大学网页，输出页面信息。

```
#导入爬虫库
import requests
#生成一个 response 对象
response =requests.get("https://www.qfnu.edu.cn")
#设置编码格式
response.encoding =response.apparent_encoding
#输出状态码
print("状态码:"+str( response.status_code ) )
#输出爬取的信息
print(response.text)
```

本实例运行结果如图 4-2 所示。

```
<UL><!--#begineditable clone="0" namechanged="0" order="14"
ispublic="0" tagname="校园传真-标题列表" viewid="225252"
contentviewid="" contype="" stylesysid="" layout="" action="" name="校
园传真-标题列表"--><LI><A href="info/1036/14935.htm" target="_blank"
title="共克时艰，曲园学子青春战"疫"在路上">
<DIV class="pic"><IMG alt="" src="/__local/6/81/51/
F8EB4C4C6B891CB8BAFF8D6C239_3C81785C_16D7B.jpg"> </DIV>
<DIV class="txt">共克时艰，曲园学子青春战"疫"在路上
<DIV class="arrow"></DIV></DIV></A></LI>
<LI><A href="info/1036/14934.htm" target="_blank" title="文学院召开2020
年研究生导师培训会">
<DIV class="pic"><IMG alt="" src="/__local/E/5C/7C/
6467F5E4789A1F8245120AC77C1_28D3B719_2DB59.jpg"> </DIV>
<DIV class="txt">文学院召开2020年研究生导师培训会
<DIV class="arrow"></DIV></DIV></A></LI>
<LI><A href="info/1036/14904.htm" target="_blank" title="教育学院召开研
究生导师工作会议暨专题培训会">
<DIV class="pic"><IMG alt="" src="/__local/9/A7/0B/
2F9D3369D45F50D25B2FA58232D_5A12336F_26C83.jpg"> </DIV>
<DIV class="txt">教育学院召开研究生导师工作会议暨专题培训会
<DIV class="arrow"></DIV></DIV></A></LI>
<LI><A href="info/1036/14901.htm" target="_blank" title="地理与旅游学院
专题部署统战工作">
<DIV class="pic"><IMG alt="" src="/__local/D/20/4C/
894FC0B42B075FCCB4117DA4422_1B18DBE4_54146.png"> </DIV>
<DIV class="txt">地理与旅游学院专题部署统战工作
<DIV class="arrow"></DIV></DIV></A></LI>
```

图 4-2   实例 4-1 运行结果

图 4-2 中只截取了部分运行结果,因为网页上内容很多,需要滚动滚动条才能查看所有的运行结果。

【实例 4-2】 get()方法实例。

```
#导入爬虫库
import requests
#调用 get()方法
response = requests.get("http://httpbin.org/get")
#输出状态码
print( response.status_code )
#输出爬取的信息
print( response.text )
```

本实例运行结果如图 4-3 所示。

```
200
{
  "args": {},
  "headers": {
    "Accept": "*/*",
    "Accept-Encoding": "gzip, deflate",
    "Host": "httpbin.org",
    "User-Agent": "python-requests/2.9.2",
    "X-Amzn-Trace-Id": "Root=1-5f12359b-5df962735daaaa3b5869ef4f"
  },
  "origin": "222.174.155.27",
  "url": "http://httpbin.org/get"
}
```

图 4-3 实例 4-2 运行结果

【实例 4-3】 get()方法传参实例。

```
import requests
#get()方法传参
response = requests.get("http://httpbin.org/get?name=wang&age=18")
#状态码
print( response.status_code )
#输出爬取的信息
print( response.text )
```

本实例运行结果如图 4-4 所示。

对比图 4-3 与图 4-4,可以明显看出带参数的 get()方法抓取的结果与不带参数的 get()方法抓取的结果是不同的。如果需要使用 get()方法传递多个参数,可以使用"&"符号将不同的参数连接起来,如本实例第 3 行代码中的"name=wang&age=18";也可以使用定义字典的方法给 get()方法传递多个参数,如实例 4-4 所示。

```
200
{
  "args": {
    "age": "18",
    "name": "wang"
  },
  "headers": {
    "Accept": "*/*",
    "Accept-Encoding": "gzip, deflate",
    "Host": "httpbin.org",
    "User-Agent": "python-requests/2.9.2",
    "X-Amzn-Trace-Id": "Root=1-5f123cdb-0dc3601c87be7aa27f8299fc"
  },
  "origin": "222.174.155.27",
  "url": "http://httpbin.org/get?name=wang&age=18"
}
```

图 4-4   实例 4-3 运行结果

【实例 4-4】   get()方法使用字典传参实例。

```
import requests
data = {
    "name":"wang",
    "age":18
}
#get()方法使用字典传参
response = requests.get( "http://httpbin.org/get" , params=data )
#输出状态码
print( response.status_code )
#输出爬取的信息
print( response.text )
```

本实例运行结果如图 4-5 所示。

```
200
{
  "args": {
    "age": "18",
    "name": "wang"
  },
  "headers": {
    "Accept": "*/*",
    "Accept-Encoding": "gzip, deflate",
    "Host": "httpbin.org",
    "User-Agent": "python-requests/2.9.2",
    "X-Amzn-Trace-Id": "Root=1-5f123d15-2a62f9b83be395d20aa61be4"
  },
  "origin": "221.2.52.52",
  "url": "http://httpbin.org/get?name=wang&age=18"
}
```

图 4-5   实例 4-4 运行结果

【实例 4-5】   post()方法实例。

```
#导入爬虫库
import requests
```

```
#post()方法访问
response = requests.post("http://httpbin.org/post")
#状态码
print( response.status_code )
#输出爬取的信息
print( response.text )
```

本实例运行结果如图 4-6 所示。

```
200
{
  "args": {},
  "data": "",
  "files": {},
  "form": {},
  "headers": {
    "Accept": "*/*",
    "Accept-Encoding": "gzip, deflate",
    "Content-Length": "0",
    "Host": "httpbin.org",
    "User-Agent": "python-requests/2.9.2",
    "X-Amzn-Trace-Id": "Root=1-5f123ed0-e36dac67a59f216e1b53181f"
  },
  "json": null,
  "origin": "221.2.52.52",
  "url": "http://httpbin.org/post"
}
```

图 4-6 实例 4-5 运行结果

【实例 4-6】 post()传参方法实例。

```
import requests
data = {
    "name":"wang",
    "age":18
}
#post()方法传参
response = requests.post( "http://httpbin.org/post" , params=data )
print( response.status_code )    #状态码
print( response.text )               #输出爬取的信息
```

本实例运行结果如图 4-7 所示。

【实例 4-7】 put()方法实例。

```
import requests
#put()方法访问
response = requests.put("http://httpbin.org/put")
#状态码
print( response.status_code )
#输出爬取的信息
print( response.text )
```

```
200
{
  "args": {
    "age": "18",
    "name": "wang"
  },
  "data": "",
  "files": {},
  "form": {},
  "headers": {
    "Accept": "*/*",
    "Accept-Encoding": "gzip, deflate",
    "Content-Length": "0",
    "Host": "httpbin.org",
    "User-Agent": "python-requests/2.9.2",
    "X-Amzn-Trace-Id": "Root=1-5f123f84-c0b5048228e2f65748a97840"
  },
  "json": null,
  "origin": "221.2.52.52",
  "url": "http://httpbin.org/post?name=wang&age=18"
}
```

图 4-7   实例 4-6 运行结果

本实例运行结果如图 4-8 所示。

```
200
{
  "args": {},
  "data": "",
  "files": {},
  "form": {},
  "headers": {
    "Accept": "*/*",
    "Accept-Encoding": "gzip, deflate",
    "Content-Length": "0",
    "Host": "httpbin.org",
    "User-Agent": "python-requests/2.9.2",
    "X-Amzn-Trace-Id": "Root=1-5f124089-079c4ad7d07ac8213a63bf6f"
  },
  "json": null,
  "origin": "222.174.155.27",
  "url": "http://httpbin.org/put"
}
```

图 4-8   实例 4-7 运行结果

【实例 4-8】   爬取曲阜师范大学首页并将其保存为一个 html 文件。

```
import requests
url = "https://www.qfnu.edu.cn"
response = requests.get( url )
# 设置接收编码格式
response.encoding = "utf-8"
print("\nr 的类型" + str( type(response) ) )
print("\n 状态码是:" + str( response.status_code ) )
print("\n 头部信息:" + str( response.headers ) )
print("\n 响应内容:")
```

```
print( response.text )
#保存文件
#打开一个文件,w参数的作用是若文件不存在则新建一个
file =open(".\\qsd1.html","w",encoding="utf")
file.write( response.text )
file.close()
```

本实例运行后会在当前文件夹内生成一个 qsd1.html 文件,可以在本地打开查看。

【实例 4-9】 保存网页图片到本地。

```
import requests
#get()方法得到的图片响应
response =requests.get("https://it.qfnu.edu.cn//img/action.JPG")
file =open(".\\qsdtu1.jpg","wb")              #使用 wb 参数打开一个文件并写入
#写入文件
file.write(response.content)
#关闭操作
file.close()
```

本实例运行后,可以在当前代码所在文件夹内保存一个 qsdtu1.jpg 图片文件。该文件可以在资源管理器中查看,如图 4-9 所示。

图 4-9　实例 4-9 运行结果

4.1.2　数据抓取实践

【实例 4-10】 抓取豆瓣排名前 250 部电影的信息。

```python
#导入需要的数据库
from bs4 import BeautifulSoup
import re
import urllib.request
import xlwt
import sqlite3
def main():
    baseurl = "https://movie.douban.com/top250?start="
    datalist = getData(baseurl)
    savepath = ".\\豆瓣电影 1.xls"
    saveData(datalist, savepath)
#影片详情链接的规则
findLink = re.compile(r'<a href="(.*?)">')        #创建正则表达式对象,表示规则
#影片图片链接
findImgSrc = re.compile(r'<img.* src="(.*?)"', re.S)
                                                    #re.S 的作用是让换行符包含在字符中
#影片片名
findTitle = re.compile(r'<span class="title">(.*?)</span>')
#影片评分
findRating = re.compile(r'<span class="rating_num" property="v:average">(.*)
</span>')
#影片评价人数
findJudge = re.compile(r'<span>(\d*)人评价</span>')
#找到概况
findInq = re.compile(r'<span class="inq">(.*)</span>')
#找到影片的相关内容
findBd = re.compile(r'<p class="">(.*?)</p>', re.S)
#爬取网页
def getData(baseurl):
    datalist = []                                   #定义为列表
    for i in range(0,10):  #调用获取页面信息的函数 10 次,得到 250 条电影信息
        url = baseurl + str(i * 25)
        html = askURL(url)                          #保存获取到的网页源码
        #逐一解析数据,soup 就是被解析出来的一个树形结构的对象
        soup = BeautifulSoup(html, "html.parser")   #用 html.parser 解释器进行解析
        for item in soup.find_all('div', class_="item"):
                                                    #查找符合要求的字符串,形成列表
            print(item)                             #输出电影全部信息
            data = []                               #保存一部电影的全部信息
            item = str(item)
            #获取影片详情链接
            link = re.findall(findLink, item)[0]    #通过正则表达式查找指定的字符串
            data.append(link)                       #添加链接
            imgSrc = re.findall(findImgSrc, item)[0]
            data.append(imgSrc)                     #添加图片
```

```python
        titles = re.findall(findTitle, item)        #片名可能只有一个中文名
        if(len(titles) == 2):                        #有可能一个英文名一个中文名,两个都要保存起来
            ctitle = titles[0]                       #添加中文名
            data.append(ctitle)
            otitle = titles[1].replace("/", "")      #去掉无关的符号
            data.append(otitle)                      #添加英文名
        else:
            data.append(titles[0])
            data.append(' ')                         #没有英文名要留空
        rating = re.findall(findRating, item)[0]
        data.append(rating)                          #添加评分
        jugeNum = re.findall(findJudge, item)[0]
        data.append(jugeNum)                         #添加评分人数
        inq = re.findall(findInq, item)
        if len(inq) != 0:
            inq = inq[0].replace("。", " ")           #去掉句号
            data.append(inq)                         #添加概述
        else:
            data.append(" ")                         #没有概述的要留空
        bd = re.findall(findBd, item)[0]
        bd = re.sub('<br(\s+)?/>(\s+)?', " ", bd)    #去掉<br/>
        bd = re.sub('/', " ", bd)                    #替换"\"
        data.append(bd.strip())                      #去掉前后的空格
        datalist.append(data)                        #把处理好的一部电影信息放入 datalist
    return datalist
#得到指定一个 URL 的网页内容
def askURL(url):
    #模拟浏览器头部信息,向豆瓣发送消息
    head = {"User-Agent":" Mozilla/5.0 (Windows NT 10.0; Win64; x64) AppleWebKit/
    537.36
        (KHTML, like Gecko) Chrome/81.0.4044.122 Safari/537.36"
    }
    request = urllib.request.Request(url, headers = head)      #发送请求
    html = ""
    try:
        response = urllib.request.urlopen(request)
        html = response.read().decode("utf-8")
    except urllib.error.URLError as e:
        if hasattr(e, "code"):      #hasattr 是标签,如果返回信息 e 里有 code 对象,就输出
            print(e.code)
        if hasattr(e, "reason"):
            print(e.reason)
```

```
        return html
#保存数据
def saveData(datalist,savepath):
    book =xlwt.Workbook(encoding ="utf-8")       #创建 workbook 对象(文件)
    sheet =book.add_sheet('豆瓣电影 1',cell_overwrite_ok=True)
                                                 #每个单元格可以覆盖之前的内容
    col =("电影详情链接","图片链接","影片中文名","影片外国名","评分","评价数","概
    况","相关信息")
    #列的设定定义了一个元组
    for i in range(0,8):
        sheet.write(0,i,col[i])                  #将列名写入第一行
    for i in range(0,250):
        data =datalist[i]
        for j in range(0,8):
            sheet.write(i+1,j,data[j])           #数据写入
    book.save(savepath)                          #保存
if __name__ =="__main__":
    main()
    print("爬取完毕!")
```

本实例运行结果如图 4-10 所示。

```
In [15]: runfile('D:/code/4/li4_10.py',
wdir='D:/code/4')
爬取完毕!
```

图 4-10 实例 4-10 运行结果

同时,在代码所在的当前文件夹下生成了"豆瓣电影 1.xls"文件,文件里就存放了爬取到的电影信息。如图 4-11 所示为爬取到的部分电影信息。

图 4-11 爬取到的部分电影信息

4.2 pandas 模块

在 Python 中可以通过 pandas 数据分析包进行数据的导入及分析。pandas 是基于 numpy 构建的,为大数据的分析提供了很好的支持。pandas 数据分析包中包含大量的库和标准数据模型,大量函数和方法可以快速地处理数据。Python 中所有的数据类型都可以在 pandas 中使用。

在 Python 中使用 pandas 包前需要先进行安装,安装命令如下。

```
pip install pandas
```

安装好 pandas 包后,还需要引入才能使用。通常在引入 pandas 包时会指定 pandas 的别名,引入命令如下。

```
import pandas as pd
```

pandas 中有两个主要的数据结构,分别是 Series 和 DataFrame。

4.2.1 Series 类型

Series 类型是由一组数据和一组与数据相对应的索引组成的。一般将 Series 类型的索引作为行索引。

【实例 4-11】 **pandas** 的 Series 类型应用实例。

```
import pandas as pd
#用 Series()创建 Series 类型对象
a=pd.Series([11,12,13,np.nan,15,18,19])
print(a)
```

在本实例中使用 Series()创建 Series 类型对象,其中 np.nan 的值为 NaN,表示数据值缺失。使用 print()函数输出 a 的值,系统默认显示为一列,自动添加索引号,元素值的类型默认为 float64。

本实例运行后在 Console 中显示的结果如下所示。

```
runfile('D:/code/4/li4_11.py', wdir='D:/code/4')
0    11.0
1    12.0
2    13.0
3     NaN
4    15.0
5    18.0
```

```
6    19.0
dtype: float64
```

4.2.2 DataFrame 类型

DataFrame 类型是一种表格型的数据结构,内容为一组有序的列,每列可以是不同的值类型,并且行和列都索引。DataFrame 类型通常可以看作由 Series 类型组成的字典类型。

【实例 4-12】 DataFrame 类型应用实例。

```
import numpy as np
import pandas as pd
a=np.random.randn(3,5)
print(a)
date1=pd.date_range('20200701',periods=3)
print(date1)
b=pd.DataFrame(a,index=date1)
print(b)
```

在本实例中,使用二维数组值作为 DataFrame 类型的输入创建了一个二维表格,应用 np.random.randn() 函数随机生成一个 3 行 5 列的二维数组,作为 DataFrame 数据的创建基础。

本实例运行后在 Console 中显示的结果如下所示。

```
runfile('D:/code/4/li4_12.py', wdir='D:/code/4')
[ 0.70698964  -0.53574759   0.31573379  -0.37223277   1.43544144]
[[ 0.26126187  -1.41032316  -0.56794938  -2.3946786    0.35538749]
 [-0.62492279   0.08458416   1.89153466   1.31047918  -1.16542997]]
DatetimeIndex(['2020-07-01', '2020-07-02', '2020-07-03'], dtype='datetime64
[ns]', freq='D')
                    0         1         2         3         4
2020-07-01   0.706990 -0.535748  0.315734 -0.372233  1.435441
2020-07-02   0.261262 -1.410323 -0.567949 -2.394679  0.355387
2020-07-03  -0.624923  0.084584  1.891535  1.310479 -1.165430
```

也可以先定义一个字典,然后将定义好的字典作为 DataFrame() 的输入来创建二维表格。

【实例 4-13】 字典作为 DataFrame() 的输入来创建二维表格实例。

```
import pandas as pd
a=pd.DataFrame({"xh":[2018416127,2018416129,2018416130,2018416131,2018416132],
                "xm":['赵临千','呼俞真','侯亚超','翟蓉青','张婷婷'],
                "cj":[90,89,78,88,78]})
print(a)
```

本实例运行后在 Console 中显示的结果如下所示。

```
runfile('D:/code/4/li4_13.py', wdir='D:/code/4')
   cj    xh          xm
0  90  2018416127  赵临千
1  89  2018416129  呼俞真
2  78  2018416130  侯亚超
3  88  2018416131  翟蓉青
4  78  2018416132  张婷婷
```

定义好 DataFrame()对象后,可以通过一些函数查看数据表的相关信息。如表 4-2 所示为几个常用的信息查看函数。

表 4-2　几个常用的信息查看函数

函　数　名	功　能
对象名.shape	显示数据的维度信息
对象名.info()	显示数据表的维度、列名称、数据格式、所占空间等基本信息
对象名.dtypes	显示每一列数据的格式信息
对象名.values	显示数据表的值
对象名.columns	显示数据的列名称信息
对象名.describe	显示数据每列的基本描述统计

【实例 4-14】　几个常用的信息查看函数用法。

```
import pandas as pd
a=pd.DataFrame({"xh":[2018416127,2018416129,2018416130,2018416131,2018416132],
                "xm":['赵临千', '呼俞真', '侯亚超','翟蓉青', '张婷婷'],
                "cj":[90,89,78,88,78]})
print('维度信息: ')
print(a.shape)
print('数据表基本信息:')
print(a.info())
print('每一列数据的格式信息:')
print(a.dtypes)
print('查看数据表的值:')
print(a.values)
print('查看列名称:')
print(a.columns)
print("输出 a 的每列的基本描述统计:  \n",a.describe())
```

本实例运行后在 Console 中显示的结果如下所示。

```
runfile('D:/code/4/li4_14.py', wdir='D:/code/4')
维度信息:
(5, 3)
```

```
数据表基本信息：
<class 'pandas.core.frame.DataFrame'>
RangeIndex: 5 entries, 0 to 4
Data columns (total 3 columns):
cj     5 non-null int64
xh     5 non-null int64
xm     5 non-null object
dtypes: int64(2), object(1)
memory usage: 200.0+bytes
None
每一列数据的格式信息：
cj     int64
xh     int64
xm     object
dtype: object
查看数据表的值：
[[90 2018416127 '赵临千']
 [89 2018416129 '呼俞真']
 [78 2018416130 '侯亚超']
 [88 2018416131 '翟蓉青']
 [78 2018416132 '张婷婷']]
查看列名称：
Index(['cj', 'xh', 'xm'], dtype='object')
输出 a 的每列的基本描述统计：
            cj          xh
count   5.0000   5.000000e+00
mean   84.6000   2.018416e+09
std     6.0663   1.923538e+00
min    78.0000   2.018416e+09
25%    78.0000   2.018416e+09
50%    88.0000   2.018416e+09
75%    89.0000   2.018416e+09
max    90.0000   2.018416e+09
```

4.3　导入外部数据

　　使用 pandas 可以读取与存取.csv、.xlsx、.txt 格式的本地数据文件及数据库文件。数据库文件这里不再具体介绍。下面介绍 3 种常用的本地数据文件的用法。

4.3.1　导入.csv 文件

　　【实例 4-15】　本地文件夹中有一个 iris.csv 文件，编写一个 Python 程序导入 iris.csv 文件内容并输出。

```
import pandas as pd
a=pd.read_csv('./iris.csv')
print(a)
```

本实例运行结果如图 4-12 所示。

```
In [2]: runfile('D:/code/4/li4_15.py', wdir='D:/code/4')
    sepal_length  sepal_width  petal_length  petal_width   species
0            5.1          3.5           1.4          0.2    setosa
1            4.9          3.0           1.4          0.2    setosa
2            4.7          3.2           1.3          0.2    setosa
3            4.6          3.1           1.5          0.2    setosa
4            5.0          3.6           1.4          0.2    setosa
5            5.4          3.9           1.7          0.4    setosa
6            4.6          3.4           1.4          0.3    setosa
7            5.0          3.4           1.5          0.2    setosa
8            4.4          2.9           1.4          0.2    setosa
9            4.9          3.1           1.5          0.1    setosa
10           5.4          3.7           1.5          0.2    setosa
11           4.8          3.4           1.6          0.2    setosa
12           4.8          3.0           1.4          0.1    setosa
13           4.3          3.0           1.1          0.1    setosa
14           5.8          4.0           1.2          0.2    setosa
15           5.7          4.4           1.5          0.4    setosa
16           5.4          3.9           1.3          0.4    setosa
17           5.1          3.5           1.4          0.3    setosa
18           5.7          3.8           1.7          0.3    setosa
```

图 4-12　实例 4-15 运行结果

图 4-12 中只截取了部分运行结果，iris.csv 文件共包含 150 行 5 列内容。
本实例中只给出了导入 .csv 文件的简单用法，详细的语法格式如下。

【语法格式】

```
pd.read_csv(filepath_or_buffer, sep=',', delimiter=None, header='infer',
names=None, index_col=None, usecols=None, squeeze=False,
prefix=None, mangle_dupe_cols=True, dtype=None, engine=None,
converters=None, true_values=None, false_values=None, skipinitialspace=False,
skiprows=None, nrows=None, na_values=None, keep_default_na=True,
na_filter=True, verbose=False, skip_blank_lines=True, parse_dates=False,
infer_datetime_format=False, keep_date_col=False, date_parser=None,
dayfirst=False, iterator=False, chunksize=None, compression='infer',
thousands=None, decimal=b'.', lineterminator=None, quotechar='"', quoting=0,
escapechar=None, comment=None, encoding=None, dialect=None,
tupleize_cols=False, error_bad_lines=True, warn_bad_lines=True,
skipfooter=0, skip_footer=0, doublequote=True, delim_whitespace=False,
as_recarray=False, compact_ints=False, use_unsigned=False,
low_memory=True, buffer_lines=None, memory_map=False, float_precision=None)
```

语法格式中的参数很多，其中比较常用的参数如表 4-3 所示。

表 4-3   比较常用的参数

参　　数	功　　能
filepath_or_buffer	指定文件所在的路径。这是读入.csv 文件时必须指定的参数,其他参数都可以不加,可以按需选用
sep	指定分隔符,默认为逗号','
header	指定哪一行作为表头。默认设置为 0(第一行作为表头),如果没有表头则需修改参数,设置 header=None
names	指定列的名称,用列表表示。当 header=None 时,可以用该参数添加列名
index_col	指定哪一列数据作为行索引,可以是一列,也可以多列。如果为多列,会看到一个分层索引
nrows	需要读取的行数(从文件头开始算)

4.3.2　导入.xls 文件

【实例 4-16】　本地文件夹中有一个 **cj.xls** 文件,编写一个 **Python** 程序导入 **cj.xls** 文件内容并输出。

```
import pandas as pd
a =pd.read_excel('./cj.xls')
print(a)
```

本实例运行后在 Console 中显示的结果如下所示。

```
runfile('D:/code/4/li4_16.py', wdir='D:/code/4')
        学号        姓名    总成绩
0  2018416127   赵临千    优
1  2018416129   呼俞真    中
2  2018416130   侯亚超    优
3  2018416131   翟蓉青    优
4  2018416132   张婷婷    良
5  2018416133   赵九锟    良
6  2018416135   赵泽靖    优
7  2018416136   李涵宇    中
```

4.3.3　导入.txt 文件

【实例 4-17】　本地文件夹中有一个 **cj2.txt** 文件,编写一个 **Python** 程序导入 **cj2.txt** 文件内容并输出。

```
import pandas as pd
a=pd.read_table('./cj2.txt')
print(a)
```

本实例运行后在 Console 中显示的结果如下所示。

```
runfile('D:/code/4/li4_17.py', wdir='D:/code/4')
       学号         姓名    总成绩
0  2018416127   赵临千    优
1  2018416129   呼俞真    中
2  2018416130   侯亚超    优
3  2018416131   翟蓉青    优
4  2018416132   张婷婷    良
5  2018416133   赵九锟    良
6  2018416135   赵泽靖    优
7  2018416136   李涵宇    中
```

Python 中还可以导入数据库文件,这里不再介绍,读者如有需要可以查阅其他参考资料。

【实例 4-18】 导入.txt 文件与 DataFrame 对象操作结合使用实例。

```
import pandas as pd
a=pd.read_table('./cj2.txt')
df =pd.DataFrame(a)
print("列名")
print(df.columns)
print("只输出学号列")
print(df['学号'])
del df['学号']
print("输出删除学号列后内容")
print(df)
```

本实例运行后在 Console 中显示的结果如下所示。

```
runfile('D:/code/4/li4_18.py', wdir='D:/code/4')
列名
Index(['学号', '姓名', '总成绩'], dtype='object')
只输出学号列
0  2018416127
1  2018416129
2  2018416130
3  2018416131
4  2018416132
5  2018416133
6  2018416135
7  2018416136
Name: 学号, dtype: int64
输出删除学号列后内容
```

```
     姓名  总成绩
0   赵临千    优
1   呼俞真    中
2   侯亚超    优
3   翟蓉青    优
4   张婷婷    良
5   赵九锟    良
6   赵泽靖    优
7   李涵宇    中
```

在利用 pandas 对数据进行统计分析或相关分析时,对于定义好的 Series 或 DataFrame 对象,可以通过一些计算函数来进行相应的计算。如表 4-4 所示为部分 pandas 数据处理时常用的计算函数。

表 4-4　部分 pandas 数据处理时常用的计算函数

函数名	功　　能
对象名.describe()	针对各列的多个统计汇总,用统计学指标快速描述数据的概要
对象名.sum()	计算各列数据的和
对象名.count()	计算非 NaN 值的数量
对象名.mean()	计算数据的算术平均值
对象名.var()	计算数据的方差
对象名.std()	计算数据的标准差
对象名.corr()	计算相关系数矩阵。Series 的 corr() 方法用于计算两个 Series 中重叠的、非 NA 的、按索引对齐的值的相关系数。DataFrame 的 corr() 方法将以 DataFrame 的形式返回完整的相关系数矩阵
对象名.cov()	计算协方差矩阵。DataFrame 的 cov() 方法将以 DataFrame 的形式返回完整的协方差矩阵
对象名.min()	计算数据的最小值
对象名.max()	计算数据的最大值

4.3.4　利用 head 预览前几行

在用 pandas 读取数据之后,可以使用 head() 函数读取前 5 行数据。

【实例 4-19】　使用 head() 函数读取前 5 行数据。

```
import pandas as pd
a=pd.read_csv('./iris.csv')
print(a.head())
```

本实例运行后在 Console 中显示的结果如下所示。

```
runfile('D:/code/4/li4_19.py', wdir='D:/code/4')
   sepal_length sepal_width petal_length petal_width species
```

0	5.1	3.5	1.4	0.2 setosa
1	4.9	3.0	1.4	0.2 setosa
2	4.7	3.2	1.3	0.2 setosa
3	4.6	3.1	1.5	0.2 setosa
4	5.0	3.6	1.4	0.2 setosa

也可以使用 tail()函数查询数据的末尾 5 行,其用法与 head()函数相似。

4.4　数据预处理

在实际应用中进行大数据分析和建模的过程中,需要花费相当多的时间在加载数据、清理数据、转换数据及重塑数据等准备工作上。使用 pandas 可以高效快速地进行数据清洗和准备。

4.4.1　查看缺失值

在获取数据时,缺失数据是经常发生的问题。在 pandas 中通常使用 NaN(np.nan)表示缺失的数值数据。可以使用"变量名.isnull()"查看哪些值是缺失的。

【实例 4-20】　查看缺失值。

```
import pandas as pd
import numpy as np
a=pd.Series(['信息', '科学', np.nan,'工程'])
print(a)
print(a.isnull())
```

本实例运行后在 Console 中显示的结果如下所示。

```
runfile('D:/code/4/li4_20.py', wdir='D:/code/4')
0    信息
1    科学
2    NaN
3    工程
dtype: object
0    False
1    False
2    True
3    False
dtype: bool
```

4.4.2　删除缺失值

可以使用 dropna()函数删除缺失数据。对于 Series 对象，dropna()函数返回一个仅含非空数据和索引值的 Series。对于 DataFrame 对象，dropna()函数默认删除含有缺失值的行。如果想删除含有缺失值的列，需传入"axis ＝ 1"作为参数；如果想删除全部为缺失值的行或者列，需传入"how＝'all'"作为参数。

【实例 4-21】　缺失值删除用法。

```python
import pandas as pd
import numpy as np
a=pd.DataFrame([[1,2,3],[4,5,np.nan],[np.nan,7,8]])
print(a)
a.dropna()
```

本实例运行后在 Console 中显示的结果如下所示。

```
runfile('D:/code/4/li4_21.py', wdir='D:/code/4')
     0  1    2
0  1.0  2  3.0
1  4.0  5  NaN
2  NaN  7  8.0
```

本实例第 5 行代码运行结果如下所示。

```
a.dropna()
Out[17]:
     0  1    2
0  1.0  2  3.0
```

本实例中使用 a.dropna()函数实现删除缺失值功能，但是要注意整个程序运行时并没有显示出删除缺失值后的结果，而单独运行 a.dropna()这一句可以显示出删除缺失值后的结果。

4.4.3　填充缺失值

可以使用"对象名.fillna()"填充缺失值。在实际处理数据时通常会用数字 0 填充缺失值或者使用数据均值填充缺失值。

1. 用数字 0 填充

【实例 4-22】　用数字 0 填充缺失值。

```python
import pandas as pd
import numpy as np
a=pd.DataFrame([[1,2,3],[4,5,np.nan],[np.nan,7,8]])
print(a)
a.fillna(value=0)
```

本实例使用数字 0 填充缺失值,本实例运行后在 Console 中显示的结果如下所示。

```
runfile('D:/code/4/li4_22.py', wdir='D:/code/4')
     0  1    2
0  1.0  2  3.0
1  4.0  5  NaN
2  NaN  7  8.0
a.fillna(value=0)
Out[19]:
     0  1    2
0  1.0  2  3.0
1  4.0  5  0.0
2  0.0  7  8.0
```

单独运行 a.fillna(value=0)这一句代码,可以看到所有的缺失值都被用 0 替换。

2. 用均值对缺失值进行填充

将代码 a.fillna(value=0)替换为如下代码,可以实现用均值替换缺失值。

```
a.fillna(a.mean())
```

对实例 4-22 中的对象 a 用均值对缺失值进行填充,运行结果如下所示。

```
a.fillna(a.mean())
Out[20]:
     0  1    2
0  1.0  2  3.0
1  4.0  5  5.5
2  2.5  7  8.0
```

4.4.4　重复值处理

可以使用"对象名.drop_duplicates()"删除重复行,默认只保留重复内容的第一行,其他行将被删除;也可以使用"keep='last'"参数指定保留重复内容的最后一行,其他行删除。

【实例 4-23】　删除重复行实例。

```
import pandas as pd
a=pd.DataFrame({"xh":[2018416127,2018416129,2018416130,2018416131,2018416127],
                "xm":['赵临千', '呼俞真', '侯亚超','翟蓉青', '张婷婷'],
                "cj":[90,89,78,88,78]})
print(a)
a['xh'].drop_duplicates()
a['xh'].drop_duplicates(keep='last')
```

本实例在定义对象 a 时,将第一个 xh 和最后一个 xh 定义为同样的值。

本实例运行后在 Console 中显示的结果如下所示。

```
runfile('D:/code/4/li4_23.py', wdir='D:/code/4')
   cj     xh        xm
0  90  2018416127  赵临千
1  89  2018416129  呼俞真
2  78  2018416130  侯亚超
3  88  2018416131  翟蓉青
4  78  2018416127  张婷婷
```

只单独执行"a['xh'].drop_duplicates()"这一句代码的运行结果如下所示。

```
a['xh'].drop_duplicates()
Out[22]:
0    2018416127
1    2018416129
2    2018416130
3    2018416131
Name: xh, dtype: int64
```

只单独执行"a['xh'].drop_duplicates(keep＝'last')"这一句代码后的运行结果如下所示，实现了删除重复值时保留最后一行。

```
a['xh'].drop_duplicates(keep='last')
Out[23]:
1    2018416129
2    2018416130
3    2018416131
4    2018416127
Name: xh, dtype: int64
```

4.4.5 合并数据

可以使用 pandas 库的 pd.merge() 函数将两个数据对象的数据合并。

【语法格式】

```
pd.merge(left, right, how='inner', on=None, left_on=None, right_on=None,
        left_index=False, right_index=False, sort=True,
        suffixes=('_x', '_y'), copy=True, indicator=False,
        validate=None)
```

通常在使用 pd.merge() 函数时只设置 how 参数的值。how 参数可以有 4 种类型值：inner(内连接)、outer(外连接)、left(左连接)、right(右连接)。how 参数默认为 inner 内连接，按照相同的字段进行匹配合并，结果为两个数据对象的交集。当采用 outer 外连接时，会取并集，并用 NaN 填充。外连接可以认为是左连接和右连接的并集。left 是左侧 DataFrame 取全部数据，右侧 DataFrame 匹配左侧 DataFrame。right 是右侧 DataFrame 取全部数据，左侧 DataFrame 匹配右侧 DataFrame。

【实例 4-24】 有两个.xls 表格，行数和列数有些内容相同，有些内容不同，使用合并命令合并两个表格的数据。

```
import pandas as pd
a =pd.read_excel('./cj.xls')
print("输出 cj.xls 内容:  \n",a)
df1=pd.DataFrame(a)
b=pd.read_excel('./cj2.xls')
print("输出 cj2.xls 内容:  \n",b)
df2=pd.DataFrame(b)
df_inner=pd.merge(df1,df2,how='inner')    #匹配合并,交集
print("输出 inner 合并的结果:  \n",df_inner)
df_left=pd.merge(df1,df2,how='left')
print("输出 left 合并的结果:  \n",df_left)
df_right=pd.merge(df1,df2,how='right')
print("输出 right 合并的结果:  \n",df_right)
df_outer=pd.merge(df1,df2,how='outer')    #并集
print("输出 outer 合并的结果:  \n",df_outer)
```

表格 cj.xls 的内容如图 4-13 所示。

表格 cj2.xls 的内容如图 4-14 所示。

```
In [51]: a = pd.read_excel('./cj.xls')

In [52]: print(a)

In [53]:  学号        姓名    总成绩
0  2018416127  赵临千    优
1  2018416129  呼俞真    中
2  2018416130  侯亚超    优
3  2018416131  翟蓉青    优
4  2018416132  张婷婷    良
5  2018416133  赵九锟    良
6  2018416135  赵泽靖    优
7  2018416136  李涵宇    中
df1=pd.DataFrame(a)
```

图 4-13 表格 cj.xls 的内容

```
In [54]: b= pd.read_excel('./cj2.xls')

In [55]: print(b)

In [56]:  学号        姓名    分数
0   2018416127  赵临千  90
1   2018416129  呼俞真  70
2   2018416130  侯亚超  90
3   2018416131  翟蓉青  90
4   2018416132  张婷婷  88
5   2018416133  赵九锟  88
6   2018416135  赵泽靖  90
7   2018416136  李涵宇  70
8   2018416137  柳双龙  70
9   2018416138    刘克  70
10  2018416139  赵筱然  88
11  2018416141  孙璐瑶  90
12  2018416142  洒龙煜  70
13  2018416143    张爽  88
14  2018416144  任恩龙  88
15  2018416145  王玥鸽  90
16  2018416146    张晴  90
17  2018416147  王靖瑶  70
```

图 4-14 表格 cj2.xls 的内容

使用 inner 合并两个数据对象的运行结果如图 4-15 所示。

```
df_inner=pd.merge(df1,df2,how='inner')   # 匹配合并，交集

In [57]: print(df_inner)
        学号       姓名   总成绩  分数
0   2018416127   赵临千     优    90
1   2018416129   呼俞真     中    70
2   2018416130   侯亚超     优    90
3   2018416131   翟蓉青     优    90
4   2018416132   张婷婷     良    88
5   2018416133   赵九锟     良    88
6   2018416135   赵泽靖     优    90
7   2018416136   李涵宇     中    70
```

图 4-15　使用 inner 合并两个数据对象的运行结果

使用 left 合并两个数据对象的运行结果如图 4-16 所示。

```
In [58]: df_left=pd.merge(df1,df2,how='left')

In [59]: print(df_left)
        学号       姓名   总成绩  分数
0   2018416127   赵临千     优    90
1   2018416129   呼俞真     中    70
2   2018416130   侯亚超     优    90
3   2018416131   翟蓉青     优    90
4   2018416132   张婷婷     良    88
5   2018416133   赵九锟     良    88
6   2018416135   赵泽靖     优    90
7   2018416136   李涵宇     中    70
```

图 4-16　使用 left 合并两个数据对象的运行结果

使用 right 合并两个数据对象的运行结果如图 4-17 所示。

```
In [60]: df_right=pd.merge(df1,df2,how='right')

In [61]: print(df_right)
         学号       姓名   总成绩  分数
0    2018416127   赵临千     优    90
1    2018416129   呼俞真     中    70
2    2018416130   侯亚超     优    90
3    2018416131   翟蓉青     优    90
4    2018416132   张婷婷     良    88
5    2018416133   赵九锟     良    88
6    2018416135   赵泽靖     优    90
7    2018416136   李涵宇     中    70
8    2018416137   柳双龙    NaN    70
9    2018416138   刘克     NaN    70
10   2018416139   赵筱然    NaN    88
11   2018416141   孙璐瑶    NaN    90
12   2018416142   洒龙煜    NaN    70
13   2018416143   张爽     NaN    88
14   2018416144   任恩龙    NaN    88
15   2018416145   王玥鸽    NaN    90
16   2018416146   张晴     NaN    90
17   2018416147   王靖瑶    NaN    70
```

图 4-17　使用 right 合并两个数据对象的运行结果

使用 outer 合并两个数据对象的运行结果如图 4-18 所示。

```
In [62]: df_outer=pd.merge(df1,df2,how='outer')    #并集

In [63]: print(df_outer)
        学号         姓名     总成绩   分数
0    2018416127    赵临千     优      90
1    2018416129    呼俞真     中      70
2    2018416130    侯亚超     优      90
3    2018416131    翟蓉青     优      90
4    2018416132    张婷婷     良      88
5    2018416133    赵九锟     良      88
6    2018416135    赵泽靖     优      90
7    2018416136    李涵宇     中      70
8    2018416137    柳双龙     NaN     70
9    2018416138     刘克     NaN     70
10   2018416139    赵筱然     NaN     88
11   2018416141    孙璐瑶     NaN     90
12   2018416142    洒龙煜     NaN     70
13   2018416143     张爽     NaN     88
14   2018416144    任恩龙     NaN     88
15   2018416145    王玥鸽     NaN     90
16   2018416146     张晴     NaN     90
17   2018416147    王靖瑶     NaN     70
```

图 4-18 使用 outer 合并两个数据对象的运行结果

4.4.6 数据统计

在进行大数据分析时需要对数据进行采样,并进行一些统计分析,如计算数据的标准差、协方差及相关系数等。下面通过一个实例演示数据采样并进行一些统计分析的简单操作。

【实例 4-25】 数据采样并进行简单的统计分析。

```python
import pandas as pd
#读入数据
b=pd.read_excel('./cj2.xls')
print(b)
#统计分析
b.sample(n=3)
b.sample(n=3, replace=False)
b.sample(n=3, replace=True)
b['分数'].std()
b.cov()
b.corr()
```

在对一些大型数据进行分析前,通常要先进行数据采样,一般采用随机欠采样方式随机采样数据,使用随机欠采样方式进行随机采样数据又分为有放回和不放回两种类型,不放回

欠采样在对数据采样后不会再被重复采样,有放回采样则有可能会重复地采样数据。

在 Python 中可以使用代码"b.sample(n＝3)"实现最简单的数据随机采样,使用代码"b.sample(n＝3,replace＝False)"设置为随机采样后不放回的进行数据采样,使用代码"b.sample(n＝3,replace＝True)"设置为随机采样后放回的进行数据采样。以上 3 个采样代码的运行结果如图 4-19 所示。

计算数据的标准差、协方差及相关系数的运行结果如图 4-20 所示。

```
In [23]: b.sample(n=3)
Out[23]:
        学号        姓名     分数
0   2018416127   赵临千    90
7   2018416136   李涵宇    70
8   2018416137   柳双龙    70

In [24]: b.sample(n=3, replace=False)
Out[24]:
        学号        姓名     分数
2   2018416130   侯亚超    90
11  2018416141   孙璐瑶    90
13  2018416143   张爽     88

In [25]: b.sample(n=3, replace=True)
Out[25]:
        学号        姓名     分数
0   2018416127   赵临千    90
14  2018416144   任恩龙    88
1   2018416129   呼俞真    70
```

图 4-19　3 行采样代码的运行结果

```
In [26]: b['分数'].std()
Out[26]: 9.334033587176336

In [27]: b.cov()
Out[27]:
           学号           分数
学号   39.205882    -5.117647
分数   -5.117647    87.124183

In [28]: b.corr()
Out[28]:
           学号           分数
学号   1.000000    -0.087564
分数  -0.087564     1.000000
```

图 4-20　计算数据的标准差、协方差及相关系数的运行结果

通过实例可以了解如何对数据进行采样和统计分析计算。这里用了小样本实例数据,对大型数据的统计分析方法是一样的。

4.4.7　保存数据到本地

进行合并等数据分析操作后的数据可以保存为.xlsx、.csv 格式等的本地文件。

【实例 4-26】　将内连接合并的数据保存为本地 cj_inner.xlsx 文件,将外连接合并的数据保存为本地 cj_outer.csv 文件。

```
import pandas as pd
a =pd.read_excel('./cj.xls')
df1=pd.DataFrame(a)
b=pd.read_excel('./cj2.xls')
df2=pd.DataFrame(b)
#连接数据
df_inner=pd.merge(df1,df2,how='inner')
print(df_inner)
```

```
df_outer=pd.merge(df1,df2,how='outer')
print(df_outer)
#保存输出数据
df_inner.to_excel('cj_inner.xlsx', sheet_name='cj_inner')
#df_outer.to_csv('cj_outer.csv')                    #输出的 csv 表中汉字为乱码
df_outer.to_csv('cj_outer.csv',encoding="utf_8_sig") #解决成码问题
```

本实例运行时，直接使用代码“df_inner.to_excel('cj_inner.xlsx', sheet_name='cj_inner')”保存生成的 cj_inner.xlsx 显示正常，但使用代码“df_outer.to_csv('cj_outer.csv')”保存生成的 cj_outer.csv 文件中的中文字符显示为乱码，如图 4-21 所示。

为了解决生成.csv 格式文件里存在的乱码问题，将代码修改为如下代码。

```
df_outer.to_csv('cj_outer.csv',encoding="utf_8_sig")
```

重新运行程序，生成新的 cj_outer.csv 文件，可以看到中文能够正常显示，如图 4-22 所示。

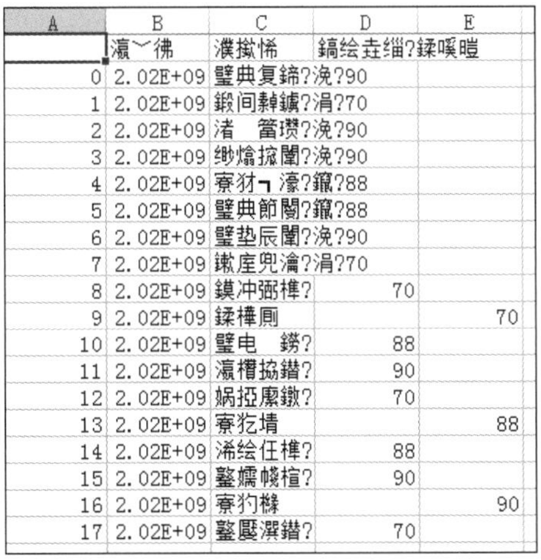

A	B	C	D	E
	瀛︾彿	濮撳悕	鎬绘垚缁?鍒嗘暟	
0	2.02E+09	璧典复鍗?浼?90		
1	2.02E+09	鍛间簬鐪?涓?70		
2	2.02E+09	渚　簹瓒?浼?90		
3	2.02E+09	缈熻搲闈?浼?90		
4	2.02E+09	寮犲┅濠?鑹?88		
5	2.02E+09	璧典節閿?鑹?88		
6	2.02E+09	璧垫辰闈?浼?90		
7	2.02E+09	鏉庢兜瀹?涓?70		
8	2.02E+09	鏌冲弻榫?	70	
9	2.02E+09	鍒樺厠		70
10	2.02E+09	璧电　鐒?	88	
11	2.02E+09	瀛欑挊鐟?	90	
12	2.02E+09	娲掗緳鐓?	70	
13	2.02E+09	寮犵埥		88
14	2.02E+09	浠绘仼榫?	88	
15	2.02E+09	鐜嬬帴楦?	90	
16	2.02E+09	寮犳檾		90
17	2.02E+09	鐜嬮潠鐟?	70	

图 4-21 生成的 cj_outer.csv 文件中的中文字符显示为乱码

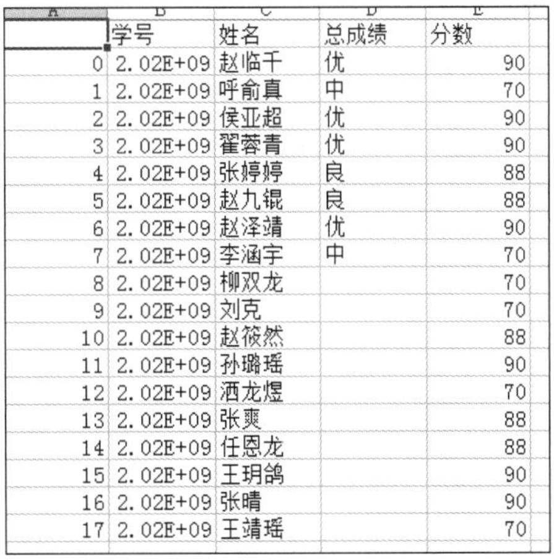

A	B	C	D	E
	学号	姓名	总成绩	分数
0	2.02E+09	赵临千	优	90
1	2.02E+09	呼俞真	中	70
2	2.02E+09	侯亚超	优	90
3	2.02E+09	翟蓉青	优	90
4	2.02E+09	张婷婷	良	88
5	2.02E+09	赵九锟	良	88
6	2.02E+09	赵泽靖	优	90
7	2.02E+09	李涵宇	中	70
8	2.02E+09	柳双龙		70
9	2.02E+09	刘克		70
10	2.02E+09	赵筱然		88
11	2.02E+09	孙璐瑶		90
12	2.02E+09	洒龙煜		70
13	2.02E+09	张爽		88
14	2.02E+09	任恩龙		88
15	2.02E+09	王玥鸽		90
16	2.02E+09	张晴		90
17	2.02E+09	王靖瑶		70

图 4-22 输出无乱码的.csv 格式文件

4.5 sklearn 提供的自带的数据集

扩展库 sklearn 是 scikit-learn 的简写，是一个基于 Python 语言的数据分析与机器学习的开源库。使用 sklearn 库的前提是 Python 环境中已经安装了 numpy、scipy 及 matplotlib 等库，确定这些库已经安装好后，运行 pip install scikit-learn 命令安装 sklearn 库。sklearn 库安装完成后，即可调用 sklearn 库中的功能模块及库中自带的数据集。关于 sklearn 库中的功能模块，本书第 6～9 章会详细介绍。sklearn 库中自带的小数据集可以直接使用，大数据集在第一次使用时先自动下载然后即可使用。sklearn 库中自带的小数据集如表 4-5 所示。

表 4-5　sklearn 库中自带的小数据集

数　据　集	调　用　方　法
鸢尾花数据集	load_iris()
乳腺癌数据集	load_breast_cancer()
手写数字数据集	load_digits()
糖尿病数据集	load_diabetes()
波士顿房价数据集	load_boston()
体能训练数据集	load_linnerud()

sklearn 库中自带的大数据集如表 4-6 所示。

表 4-6　sklearn 库中自带的大数据集

数　据　集	调　用　方　法
新闻分类数据集	fetch_20newgroups()
带标签的人脸数据集	fetch_lfw_people()
路透社新闻语料数据集	fetch_rcv1()
Olivetti 脸部图像数据集	fetch_olivetti_faces()

【实例 4-27】　加载鸢尾花数据集应用实例。

```python
from sklearn.datasets import load_iris
#加载数据集
iris=load_iris()
n_samples,n_features=iris.data.shape
print("鸢尾花数据集样本数量: ",n_samples)
print("特征数量",n_features)
print(iris.data[0])
print(iris.data.shape)
print(iris.target.shape)
print(iris.target)
import numpy as np
print(iris.target_names)
```

本实例运行后在 Console 中显示的结果如下所示。

```
runfile('D:/code/4/li4-27.py', wdir='D:/code/4')
鸢尾花数据集样本数量: 150
特征数量 4
[5.1 3.5 1.4 0.2]
(150, 4)
(150,)
[0 0 0 0 0 0 0 0 0 0 0 0 0 0 0 0 0 0 0 0 0 0 0 0 0 0 0 0 0 0 0 0 0 0 0 0 0
 0 0 0 0 0 0 0 0 0 0 0 0 0 1 1 1 1 1 1 1 1 1 1 1 1 1 1 1 1 1 1 1 1 1 1 1 1
```

```
1 1 1 1 1 1 1 1 1 1 1 1 1 1 1 1 1 1 1 1 1 1 1 1 1 2 2 2 2 2 2 2 2 2 2 2
2 2 2 2 2 2 2 2 2 2 2 2 2 2 2 2 2 2 2 2 2 2 2 2 2 2 2 2 2 2 2 2 2 2 2 2
2 2]
['setosa' 'versicolor' 'virginica']
```

【实例 4-28】 导入新闻分类数据集应用实例。

```
from sklearn.datasets import fetch_20newsgroups
newsgroups_train = fetch_20newsgroups(subset='train')
print(newsgroups_train.filenames.shape)
print(newsgroups_train.target.shape)
print(newsgroups_train.target[:10])
print(newsgroups_train['data'][:2])          #前三篇文章
```

本实例运行后在 Console 中显示的结果如下所示。

```
runfile('D:/code/4/li4-28.py', wdir='D:/code/4')
(11314,)
(11314,)
[ 7 4 4 1 14 16 13 3 2 4]
["From: lerxst@wam.umd.edu (where's my thing) \nSubject: WHAT car is this!?\nNntp
-Posting-Host: rac3.wam.umd.edu\nOrganization: University of Maryland, College
Park\nLines: 15\n\n I was wondering if anyone out there could enlighten me on this
car I saw\nthe other day. It was a 2-door sports car, looked to be from the late 60s/
\nearly 70s. It was called a Bricklin. The doors were really small. In addition,
\nthe front bumper was separate from the rest of the body. This is \nall I know. If
anyone can tellme a model name, engine specs, years\nof production, where this car
is made, history, or whatever info you\nhave on this funky looking car, please e-
mail.\n\nThanks,\n-IL\n   ----brought to you by your neighborhood Lerxst----\n\n
\n\n\n", "From: guykuo@carson.u.washington.edu (Guy Kuo)\nSubject: SI Clock Poll
- Final Call \ nSummary: Final call for SI clock reports \ nKeywords: SI,
acceleration, clock, upgrade\nArticle-I.D.: shelley.1qvfo9INNc3s\nOrganization:
University of Washington\nLines: 11\nNNTP-Posting-Host: carson.u.washington.
edu\n\nA fair number of brave souls who upgraded their SI clock oscillator have
\nshared their experiences for this poll. Please send a brief message detailing\
nyour experiences with the procedure. Top speed attained, CPU rated speed, \nadd on
cards and adapters, heat sinks, hour of usage per day, floppy disk\nfunctionality
with 800 and 1.4 m floppies are especially requested.\n\nI will be summarizing in
the next two days, so please add to the network\nknowledge base if you have done the
clock upgrade and haven't answered this\npoll. Thanks.\n\nGuy Kuo < guykuo@ u.
washington.edu>\n"]
```

习　　题

一、看程序写运行结果题

1. 程序代码如下。

```python
#series 将日期字符串转换为时间
import pandas as pd
a =pd.Series(['01 Jan 2020',
              '02-02-2021',
              '20200803',
              '2020/08/09',
              '2020-05-05',
              '2020-06-06T12:20'])
print(pd.to_datetime(a))
```

2. 程序代码如下。

```python
import numpy as np
import pandas as pd
df=pd.DataFrame(
    {
        'a':range(50),
        'b':np.random.rand(50),
        'c':[1,2,3,4,5]*10
    }
)
print("输出各列的类型为： \n",df.dtypes)
```

3. 程序代码如下。

```python
import numpy as np
import pandas as pd
df=pd.DataFrame(
    {
        'a':range(50),
        'b':np.random.rand(50),
        'c':[1,2,3,4,5]*10
    }
)
print("输出 df 的行数和列数： \n",df.shape)
```

4. 程序代码如下。

```python
import numpy as np
import pandas as pd
df=pd.DataFrame(
    {
        'a':range(50),
        'b':np.random.rand(50),
        'c':[1,2,3,4,5]*10
    }
)
print("输出 df 每列的基本描述统计： \n",df.describe())
```

5. 程序代码如下。

```python
import numpy as np
import pandas as pd
df=pd.DataFrame(
    {
        'a':range(50),
        'b':np.random.rand(50),
        'c':[1,2,3,4,5]*10
    }
)
b=df.loc[df.a==np.max(df.a)]
print("从 df 中找到 a 列最大值对应的行:\n",b)
```

6. 程序代码如下。

```python
import numpy as np
import pandas as pd
df=pd.DataFrame(
    {
        'a':range(50),
        'b':np.random.rand(50),
        'c':[1,2,3,4,5]*10
    }
)
row=8
col=0
print('行 %d 列 %d 的值是： %d ' % (row,col,df.iat[row, col]))
```

二、编程题

1. 通过查看百度贴吧网页元素,爬取所需要的信息。

2. 爬取当当网中的图书信息(包括图书名、作者、评分)。

3. 读入 winequality-red.xlsx 文件中的数据,将其转换为 DataFrame 对象,输出数据集的前 5 行内容,查看数据的缺失值情况,删除数据中的缺失值。删除了缺失值的数据以 .csv 格式存储到本地磁盘。

4. 读入 winequality-red.xlsx 文件中的数据,计算数据的标准差、协方差及相关系数。

5. 读入 iris.csv 文件中的数据,计算数据的标准差、协方差及相关系数。

第5章　Python绘图及数据可视化

5.1　matplotlib 库基础

Python 的扩展库 matplotlib 是一个基于 Python 编程语言的开源库,为 Python 编程提供了一个数据绘图包,可以方便地实现数据的可视化。使用 matplotlib 库前要进行安装,安装语句如下所示。

```
pip install matplotlib
```

安装 matplotlib 库之后就可以调用其中的各种方法进行绘图,但是在使用前要导入 matplotlib 库。为了在绘图时引用方便,通常在导入 matplotlib 库时会为其起一个别名。在使用 matplotlib 库绘制图形时,使用最多的是 matplotlib.pyplot 模块,常用的导入语句如下所示。

```
import matplotlib.pyplot as plt
```

在使用 matplotlib.pyplot 模块进行绘图时,通常先使用 plt.figure() 函数创建一个 figure 对象(也称为画布),然后使用 figure.add_subplot() 函数将创建的 figure 对象划分子图。当然也可以不划分子图,可以根据实际需要进行选择。如果在进行 Python 编程时没有使用 plt.figure() 函数创建 figure 对象,系统默认只自动产生一个 figure 对象,所有绘图都会放进该默认的 figure 对象中。

使用 matplotlib.pyplot 模块绘制图形的一般流程如图 5-1 所示。

5.1.1　创建画布

创建一个 figure 对象也就是创建一个空白画布,并且在 matplotlib.pyplot 模块中支持将一个画布划分为多个部分,实现在同一个画布上显示多幅图片。创建一个画布的语法格式如下所示。

【语法格式】

```
plt.figure(num=None, figsize=None, dpi=None, facecolor=None, edgecolor=None,
frameon=True)
```

plt.figure() 方法中的参数如表 5-1 所示。

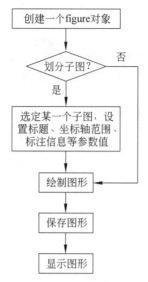

图 5-1　使用 matplotlib.pyplot 模块绘制图形的一般流程

表 5-1　plt.figure()方法中的参数

参 数 名	含　义
num	图像编号或名称，数字为编号，字符串为名称
figsize	指定 figure 的宽和高，单位为 in(1 in＝2.54cm)
dpi	指定绘图对象的分辨率，即每英寸多少个像素，默认值为 80
facecolor	背景颜色
edgecolor	边框颜色
frameon	是否显示边框

例如，"fig＝plt.figure(1,facecolor＝'r')"语句可以绘制一个如图 5-2 所示的空白画布。

图 5-2　创建红色背景色的空白画布

"fig＝plt.figure(3,figsize＝(5,3))"语句绘制的画布如图 5-3 所示。

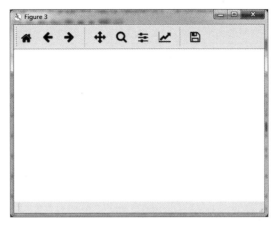

图 5-3　创建指定大小的画布

"fig＝plt.figure( )"语句中没有参数,则创建一个默认大小的背景为白色的画布,如图 5-4 所示。

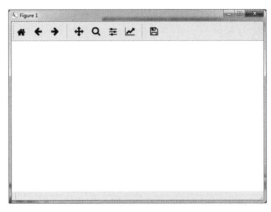

图 5-4　按默认设置创建画布

如果只需要绘制一个图形,则不需要专门创建画布,系统会默认创建一个画布。

在使用 matplotlib.pyplot 模块进行绘图时,可以根据需要设置坐标轴范围、标题值、网络属性等,可以设置的部分参数如表 5-2 所示。

表 5-2　绘图时可以设置的部分参数

函 数 名	功 　 能
title	给当前的图形窗口添加标题
axex	设置坐标轴边界和表面的颜色、坐标刻度值大小和网格的显示
figure	控制 dpi、边界颜色、图形大小和子区(subplot)设置
font	字体集(font family)、字体大小和样式设置
grid	设置网格颜色和线性
line	设置线条(颜色、线型、宽度等)和标记

续表

函　数　名	功　　　能
patch	填充 2D 空间的图形对象,如多边形和圆。控制线宽、颜色和抗锯齿设置等
savefig	可以对保存的图形进行单独设置。例如,设置渲染的文件的背景为白色
verbose	设置 matplotlib 库在执行期间的信息输出,如 silent、helpful、debug 和 debug-annoying
xticks	为 x 轴的主刻度和次刻度设置颜色、大小、方向及标签大小
yticks	为 y 轴的主刻度和次刻度设置颜色、大小、方向及标签大小
xlabel	给当前图形添加 x 轴名称,可以指定位置、颜色、字体大小等参数
ylabel	给当前图形添加 y 轴名称,可以指定位置、颜色、字体大小等参数
legend	指定当前图形的图例,可以指定图例的大小、位置、标签等参数

表 5-2 列出的所有函数的语法格式如下所示。

【语法格式】

```
plt.函数名(设置的参数值)
```

5.1.2　绘制图形函数

matplotlib 库中提供了很多绘图函数,可以完成现实应用中的绝大部分数据分析的绘图需求。如表 5-3 所示为部分绘图函数,这些函数的使用格式都是"plt.绘图函数"。

表 5-3　matplotlib 库中提供的部分绘图函数

绘　图　函　数	说　　　明
acorr()	绘制 x 的自相关图
angle_spectrum()	绘制角度谱图
bar()	绘制条形图
barh()	绘制水平条形图
boxplot()	绘制一个盒子和胡须图
broken_barh()	绘制一个水平的矩形序列图
clabel()	绘制等高线图
cohere()	绘制 x 和 y 之间的一致性图
csd()	绘制交叉谱密度图
eventplot()	绘制相同的平行线
fill()	绘制填充多边形图
hexbin()	绘制六边形分箱图
hist()	绘制直方图
hist2d()	绘制 2D 直方图
magnitude_spectrum()	绘制幅度谱图

续表

绘 图 函 数	说　　明
phase_spectrum()	绘制相位谱图
pie()	绘制饼图
plot()	绘制折线图
plot_date()	绘制包含日期的数据图
quiver()	绘制一个二维箭头场图
scatter()	绘制散点图
specgram()	绘制频谱图
stackplot()	绘制堆积区域图
streamplot()	绘制矢量流的流线型图

5.1.3　保存图形

matplotlib 库中的 savefig()函数可以把绘制的图形保存到本地磁盘,在保存时可以指定图形的保存位置、保存图片的分辨率,还可以指定边缘颜色等参数。通常设置比较多的是保存位置,如"plt.savefig('D:/zr/tu1.jpg')"将程序运行绘制的图形保存到当前 D 盘下的 zr 文件夹下,图形的文件名为 tu1.jpg。

注意,绘制的图形只有添加了 plt.show()后才能显示出来。

5.2　plt.plot()绘图

matplotlib 库中最常用的一个绘制函数就是 plot()函数。

【语法格式】

```
plt.plot(x, y, color="g", linestyle="-", marker="o", markerfacecolor="g",
markersize=20,...)
plt.plot(x, y, c="b",ls="-", lw=2, label="文本串")
```

其中,第二个简单的格式是最常用的格式,参数 x 表示指定的 x 轴上的数值,参数 y 表示指定的 y 轴上的数值,参数 c 指定绘制线条的颜色,参数 ls 指定折线图的线条风格,参数 lw 指定绘制的线条宽度,参数 label 指定标记图内容的标签文本。

这里只列出 plot()函数中常用的几个参数,其他参数用到时读者可自行查看 help 说明。

plt.plot()函数的主要功能是根据给定的点连接成线,通常是根据给定的 x 值(x 值可以是数组或者列表)和给定的 y 值(y 值也可以是数组或者列表)组成(x,y)坐标点,然后将这些点连接成线。plt.plot()函数中可以明确地给出 x、y 的值,然后得到相应的(x,y)坐标点,把这些点再连接成线。当然,plt.plot()函数也允许只给出 y 值的情况,这时系统给自动将 x 值指定为"range(len(y))",然后根据 x、y 的值进行点连线。

　　plt.plot()函数绘制的线型图可以进行线的颜色、线的样式及点的标记样式等格式设置,默认情况下只绘制一条线,默认线的颜色是蓝色,默认线型是实线。如果想绘制多条线,可以通过设置线的颜色、线的样式及点的标记样式去生成不同颜色的实线。

　　plt.plot()函数绘制线条常用的参数如表 5-4 所示。

表 5-4　plt.plot()函数绘制线条常用的参数

参　　数	说　　明
lines.linewidth	指定线条的宽度,取值范围为[0,10],默认值为 1.5
lines.linestyle	指定线条的样式,可用样式如表 5-5 所示
lines.marker	指定线条上点的形状,可用样式如表 5-6 所示
lines.markersize	指定线条上点的大小,取值范围为[0,10],默认值为 1

　　plt.plot()函数可以使用的线的样式如表 5-5 所示。

表 5-5　plt.plot()函数可以使用的线的样式

线条风格 linestyle 或 ls	描　　述	线条风格 linestyle 或 ls	描　　述
—	实线	— —	破折线
:	点线	-.	点划线

　　plt.plot()函数可以使用的点的标记样式如表 5-6 所示。

表 5-6　plt.plot()函数可以使用的点的标记样式

标记 maker	描　　述	标记 maker	描　　述
o	圆圈	8	八边形
.	点	<	一角朝左的三角形
D	菱形	p	五边形
s	正方形	>	一角朝右的三角形
h	六边形 1	,	像素
*	星号	^	一角朝上的三角形
H	六边形 2	+	加号
d	小菱形	\	竖线
—	水平线	None	无
v	一角朝下的三角形	x	X

　　plt.plot()函数可以使用的线条颜色如表 5-7 所示。

表 5-7　plt.plot( )函数可以使用的线条颜色

别　名	颜　色	别　名	颜　色
b	蓝色	c	青色
g	绿色	k	黑色
r	红色	m	洋红色
y	黄色	w	白色

【实例 5-1】　绘制一个简单的折线图。

```
import matplotlib.pyplot as plt
x =[1,2,3,4,5,6]
y =[3,5,1,7,9,12]
plt.plot(x,y)
plt.show()
```

本实例运行结果如图 5-5 所示。

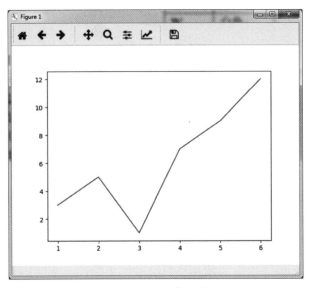

图 5-5　实例 5-1 运行结果

本实例中没有出现创建 figure 对象的语句,但也进行了绘图,这是因为系统在第一次执行 plt.×××( )画图代码时会默认创建一个 figure 对象和一个 axes 坐标系。

【实例 5-2】　使用 **plt.plot( )** 函数设置格式实例。

```
import matplotlib.pyplot as plt
x =[1,2,3,4,5]
y1 =[1, 2, 3, 4, 5]
y2 =[2, 4, 6, 8, 10]
y3 =[3, 6, 9, 12, 15]
```

```
plt.plot(x, y1, color="g", linestyle="-", marker="o", markerfacecolor="g",
markersize=20)
plt.plot(x, y2, color="r", linestyle=":", marker="D", markerfacecolor="r",
markersize=20)
plt.plot(x, y3, color="b", linestyle="-.", marker="s", markerfacecolor="b",
markersize=20)
plt.show()
```

本实例运行结果如图 5-6 所示。

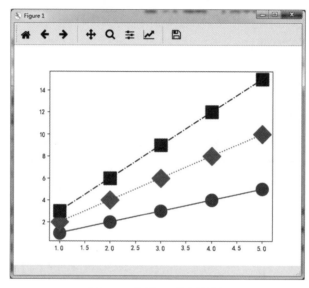

图 5-6　实例 5-2 运行结果

本实例中设置了不同参数值,绘制了 3 条不同的折线。例如,在 plt.plot()函数中使用语句"plt.plot(x, y1, color="g", linestyle="-", marker="o", markerfacecolor="g", markersize=20)"进行了格式设置,其中 color="g"指定线的颜色为绿色,linestyle="-"指定线的样式为实线,marker="o"指定点的标记符号为圆点,markerfacecolor="g"指定标记颜色为绿色,markersize=20 指定点标记的大小为 20。

实例 5-1 和实例 5-2 中没有出现创建 figure 对象的语句代码,所有程序中的图都将绘制在同一个画布里。在实例 5-2 中绘制的 3 条折线使用的是同一个 x 坐标值,所以坐标轴是一样的,绘制的折线没有问题,但是如果想绘制两个不同 x 坐标值的折线,再将其绘制在同一个画布上则不妥。

【实例 5-3】　利用 plot()函数只绘制点。

```
import numpy as np
import matplotlib.pyplot as plt
N=10
y=np.zeros(N)
```

```
x1 = np.linspace(0, 10, N, endpoint=True)
x2 = np.linspace(0, 10, N, endpoint=False)
plt.plot(x1, y, 'or')
plt.plot(x2, y +0.5, '* b')
plt.ylim([-0.5, 1])
plt.show()
```

本实例的运行结果如图 5-7 所示。

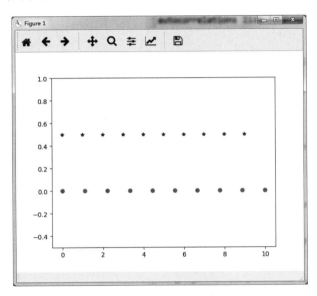

图 5-7　实例 5-3 运行结果

从本实例的运行结果可以看出,当没有指定线型时,plot()函数只绘制了给定数据对应的点。本实例中利用 np.linspace()函数生成等差数列,注意包括结束点和不包括结束点得到的结果是不一样的。

【实例 5-4】　利用 plot()函数绘制一条正弦曲线。

```
import matplotlib.pyplot as plt
import numpy as np
x = np.linspace(0, 2 * np.pi, 100)
y = np.sin(x)
plt.plot(x, y, c='r', ls="-", lw=3, label="sin")
plt.legend()
plt.show()
```

本实例运行结果如图 5-8 所示。

上面实例中绘制图形给定的 x、y 数据都是一维的,plot()函数也可以绘制二维数组或者矩阵图形。

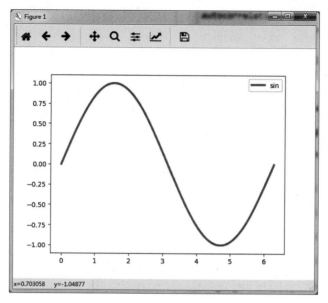

图 5-8　实例 5-4 运行结果

【实例 5-5】　指定的 x、y 数据为 4 行 3 列的矩阵,利用 plot( )函数绘制图形。

```
import numpy as np
import matplotlib.pyplot as plt
t=np.arange(12)
x=t.reshape((4,3))
y=np.random.randint(2,9,size=[4,3])
plt.plot(x,y)
```

本实例运行结果如图 5-9 所示。

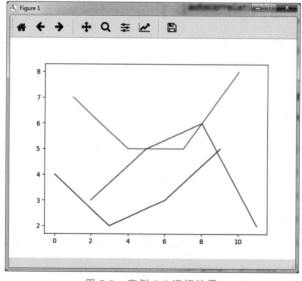

图 5-9　实例 5-5 运行结果

注意,本实例中使用了随机矩阵,所以每次运行的结果的折线形状会有所不同,但是绘制条线的数量都是 3 条。

5.3　划分子图

【实例 5-6】　两组数据的 x 轴数据不同时绘制的图形。

```python
import matplotlib.pyplot as plt
x =[1,2,3,4,5,6]
y =[3,5,1,7,9,12]
plt.plot(x,y)
plt.show()
x =[1,2,3]
y =[2.0,3.5,4.6]
plt.plot(x,y)
plt.show()
```

本实例运行结果如图 5-10 所示。

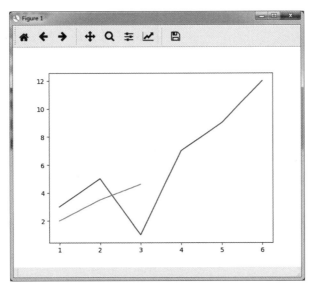

图 5-10　实例 5-6 运行结果

当没有创建 figure 语句时,全部内容都绘制在默认 figure 对象里。通常如果只需要绘制一个图形,直接使用默认的 figure 对象和 axes 坐标系即可;但如果想同时绘制多个图形,可以添加窗口绘制多个图形,也可以在一个图形使用划分子图功能。

例如,想绘制多个不同 x 取值范围的折线时,在同一个画布里绘制就不合适,就如实例 5-6 中,两个图形使用同一个坐标系不合适,最好绘制在两个图形里,这时可以使用 figure＝plot.figure()语句创建多个不同的 figure 对象,在不同的 figure 里绘制不同的图形。

【实例5-7】 创建不同 **figure** 对象绘制不同图形实例。

```
import matplotlib.pyplot as plt
x =[1,2,3,4,5,6]
y =[3,5,1,7,9,12]
figure =plt.figure()
plt.plot(x,y)
plt.show()
x =[1,2,3]
y =[2.0,3.5,4.6]
figure =plt.figure()
plt.plot(x,y)
plt.show()
```

本实例运行结果如图 5-11 所示。

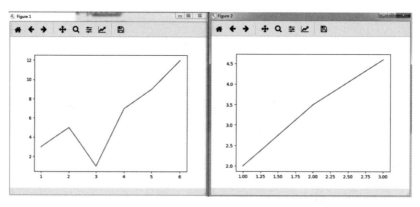

图 5-11　实例 5-7 运行结果

本实例中使用了两次"figure ＝ plt.figure()"语句,创建了两个 figure 对象,所以运行结果有两个图形窗口。有时希望将一些程序的不同绘图结果放在同一个图形窗口中,此时就可以先使用"figure ＝ plt.figure()"语句创建一张空白画布,再使用划分子图的语句将画布划分成几部分,在每个部分上绘制一个图形。

【语法格式一】

```
plt.subplot(nrows,ncols,plot_number)
```

语法格式一将一个画布分成"行×列"个部分,其中 nrows 表示要划分的行数,ncols 表示要划分的列数,plot_number 表示当前子图区。

【语法格式二】

```
figure =plt.figure()
子图坐标轴名 =figure.add_subplot(nrows,ncols,plot_number)
子图坐标轴名.绘图函数()
```

例如,将一个画布分成两个子图,可以先使用"figure = plt.figure()"语句创建一个空白画布,再使用"axes1 = figure.add_subplot(2,1,1),axes2 = figure.add_subplot(2,1,2)"语句将一个图形窗口分为两个子窗口,实现将两个子图形绘制在同一个图形窗口。

【实例 5-8】 一个 figure 对象划分两个子图实例。

```python
import matplotlib.pyplot as plt
x =[1,2,3,4,5,6]
y =[3,5,1,7,9,12]
figure =plt.figure()
axes1 =figure.add_subplot(2,1,1)
plt.plot(x,y)
plt.show()
x =[1,2,3]
y =[2.0,3.5,4.6]
axes2 =figure.add_subplot(2,1,2)
plt.plot(x,y)
plt.show()
```

本实例运行结果如图 5-12 所示。

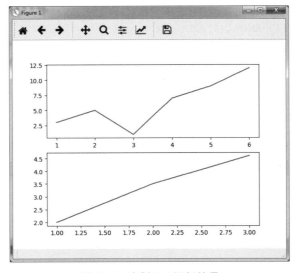

图 5-12 实例 5-8 运行结果

本实例中的"axes2 = figure.add_subplot(2,1,2)"语句决定了将一个 figure 对象分成几个子窗口,在哪个子窗口上绘制图形。本实例中将 figure 对象分为两个子窗口,其中 subplot 中的第一个参数表示行数,第二个参数表示列数,行数和列数的乘积就是总共分的子窗口的个数;第三个参数表示现在是在第几个子窗口上绘图。

使用语法格式一改写实例 5-8 的代码如下所示。

```python
import matplotlib.pyplot as plt
x =[1,2,3,4,5,6]
```

```
y =[3, 5, 1, 7, 9, 12]
figure =plt.figure()
plt.subplot(2, 1, 1)
plt.plot(x, y)
plt.show()
x =[1, 2, 3]
y =[2.0, 3.5, 4.6]
plt.subplot(2, 1, 2)
plt.plot(x, y)
plt.show()
```

改写后的代码运行结果同实例 5-8 的运行结果完全一样,如图 5-12 所示。

【实例 5-9】 设置绘图的各种参数实例。

```
import matplotlib.pyplot as plt
#以下两句代码的作用是显示汉字图标题
plt.rcParams['font.sans-serif']=['SimHei']
plt.rcParams['axes.unicode_minus']=False
#创建 figure 对象,划分子图
figure =plt.figure()
axes1 =figure.add_subplot(1, 2, 1)
axes2 =figure.add_subplot(1, 2, 2)
#指定 x、y 列表值
x =[1, 2, 3, 4, 5, 6]
y =[3, 5, 1, 7, 9, 12]
axes1.plot(x, y)
plt.show()
#设置子图 2 的基本元素
axes2.set_title('图标题')
axes2.set_xlabel('x轴标题')
axes2.set_ylabel('y轴标题')
#设置坐标轴范围
axes2.set_xlim(0, 5)
axes2.set_ylim(0, 10)
#设置绘制的线型和颜色及标注内容
plot1=axes2.plot(x, y, marker='o', color='r', label='点型红色')
plot2=axes2.plot(x, y, linestyle='--', color='b', label='线型蓝色')
axes2.legend(loc='upper left')              #在指定位置显示标注
#显示网格绘制子图 2
axes2.grid(b= True, which = 'major', axis = 'both', alpha = 0.5, color = 'skyblue',
linestyle='--', linewidth=2)
axes2.plot(x, y)
plt.savefig('tu1.jpg', dpi=300)             #保存图形
plt.show()
```

本实例运行结果如图 5-13 所示。

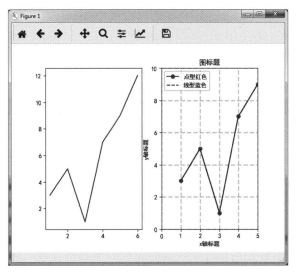

图 5-13　实例 5-9 运行结果

从运行结果中可以看出，图 5-13 的左侧图为第一子图，没有进行参数设置，因此使用默认参数进行绘制，默认的坐标轴范围，默认的线型颜色；图 5-13 的右侧图为第二个子图，进行一些参数设置后，可以显示"图标题""x 轴标题""y 轴标题"及标注信息等，也规定了坐标轴的范围，还设置了显示网格的参数。通常我们在绘制图形时往往会进行一些参数的设置，让图形看起来更清晰明了。

本实例中使用"plt.savefig('tu1.jpg',dpi＝300)"语句将运行结果的图形以分辨率为300，名称为 tu1.jpg 保存到实例所在文件夹的本地磁盘中，如图 5-14 所示。

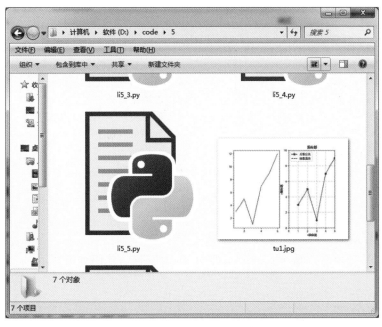

图 5-14　保存结果图形到本地磁盘运行结果

在前边几个实例中,在使用 plt.plot()函数指定线型、线的颜色和标记符号时使用的都是写出详细参数来指定的方法,如代码"plot1=axes2.plot(x,y,marker='o',color='r',label='点型红色')"中使用"color='r'"表明绘制线条的颜色为红色。

 小 提 示

在 Python 绘图中不能直接显示汉字,但是我们经常会希望绘制的图形中的标题及题注等都能以汉字的形式显示。在代码中导入数据库语句后添加以下两句代码,可以正确显示汉字标题。

```
plt.rcParams['font.sans-serif']=['SimHei']
plt.rcParams['axes.unicode_minus']=False
```

其实,在实际应用中,如果在绘图时需要指定线条的线型、标记的符号及线条的颜色,通常会使用将线条的线型、标记的符号及线条的颜色的参数值直接写进一对引号内的简单用法,3 个参数值的前后顺序没有要求,先写哪种都可以,如"axes2.plot(x,y,'r-*')"。

【实例 5-10】 将一个 figure 对象划分为 6 个子图,分别绘制不同线型、不同颜色和标记的线条。

```
import matplotlib.pyplot as plt
x =[1,2,3,4,5,6]
y =[3,5,1,7,9,12]
figure =plt.figure()
axes1 =figure.add_subplot(2,3,1)
axes2 =figure.add_subplot(2,3,2)
axes3 =figure.add_subplot(2,3,3)
axes4 =figure.add_subplot(2,3,4)
axes5 =figure.add_subplot(2,3,5)
axes6 =figure.add_subplot(2,3,6)
axes1.plot(x,y, 'ro')                    #红色圆点
axes2.plot(x,y, 'r-*')                   #红色星花直线
axes3.plot(x,y, 'bs')                    #蓝色方块
#axes4.plot(x,y, 'g^-.')                 #绿色三角点划线
axes4.plot(x,y, '^g-.')
axes5.plot(x,y, 'm8')                    #洋红八边形
axes6.plot(x,y, 'yd:')                   #黄色小菱形虚线
plt.show()
```

本实例运行结果如图 5-15 所示。

可以将实例 5-10 改写成 plt.subplot 划分子图的格式,代码如下所示。

```
import matplotlib.pyplot as plt
x =[1,2,3,4,5,6]
y =[3,5,1,7,9,12]
figure =plt.figure()
```

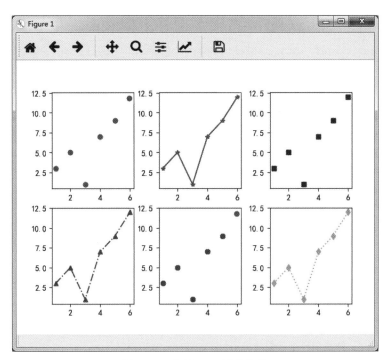

图 5-15 实例 5-10 运行结果

```
plt.subplot(2,3,1)
plt.plot(x,y, 'ro')                  #红色圆点
plt.subplot(2,3,2)
plt.plot(x,y, 'r-*')
plt.subplot(2,3,3)
plt.plot(x,y, 'bs')                  #蓝色方块
plt.subplot(2,3,4)
plt.plot(x,y, '^g-.')
plt.subplot(2,3,5)
plt.plot(x,y, 'm8')                  #洋红八边形
plt.subplot(2,3,6)
plt.plot(x,y, 'yd:')                 #黄色小菱形
plt.show()
```

改写后的代码的运行结果与改写前的代码的运行结果完全一样,如图 5-15 所示。

5.4 条 形 图

条形图是数据分析中使用较多的数据可视化方式之一。在条形图中可以非常直观地通过位置比较数值大小。因为在条形图中条的高度就是数值,所以一眼就可以看出数值的高低。在 matplotlib 库中绘制条形图函数的语法格式如下所示。

【语法格式】

```
bar(x, height, width=0.8, bottom=None, ..., align='center')
```

绘制条形图的 bar()函数的主要参数如表 5-8 所示。

表 5-8　绘制条形图的 bar()函数的主要参数

参　　数	含　　义
x	x 轴数据,无默认值
height	条形的高度,无默认值
width	指定条形的宽度,取值范围为 0~1,默认值为 0.8
bottom	条形的起始位置
align	条形的中心位置,可以取'center'和'lege'
color	条形的颜色,默认为 b(蓝色)
edgecolor	边框的颜色,默认为 b(蓝色)
linewidth	边框的宽度
tick_label	下标的标签
log	y 轴使用科学计数法表示
orientation	是竖直条还是水平条,竖直条为'vertical',水平条为'horizontal',默认为竖直条形图

5.4.1　简单条形图

【实例 5-11】　使用默认值绘制一个简单的条形图。

```
import matplotlib.pyplot as plt
x =[1,2,3,4,5,6]
y =[3,5,1,7,9,12]
figure =plt.figure()
plt.bar(x, y)                          #默认颜色,默认宽度为 0.8
plt.show()
```

本实例运行结果如图 5-16 所示。

【实例 5-12】　绘制横向条形图。

```
import matplotlib.pyplot as plt
x =[1,2,3,4,5,6]
y =[3,5,1,7,9,12]
#x指定起始位置从 0 开始,bottom 指定水平条起始位置为左侧,height 指定绘制的水平条的宽
#度,width 指定绘制的水平条的长度。orientation 指定要绘制的是水平条,color 指定绘制的
#条形为红色
plt.bar(x=0, bottom=y, height=0.5, width=x, orientation="horizontal",color='r')
plt.show()
```

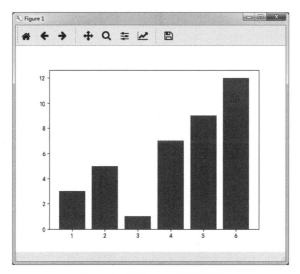

图 5-16　实例 5-11 运行结果

本实例运行结果如图 5-17 所示。

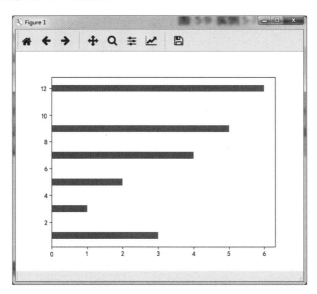

图 5-17　实例 5-12 运行结果

　　通常情况下使用较多的是竖直条形图。本实例只是演示绘制横向条形图的过程,绘制横向条形图时要注意宽和高的值的方向。

5.4.2　多组条形图

　　在实际进行数据分析时,经常会在同一张画布上绘制几组条形图,可以清楚地对比数据分析结果。

　　【实例 5-13】　在同一张画布上同时绘制几组条形图。

```
import numpy as np
import matplotlib.pyplot as plt
x =np.arange(5)
y1=[12, 33, 53, 66,77]
y2 =[22, 43, 65, 55,68]
y3=[23,35,46,57,67]
bar_width =0.3
plt.bar(x, y1, bar_width,color='y')
plt.bar(x+bar_width,y2, bar_width, align="center",color='r')
plt.bar(x+bar_width+bar_width,y3, bar_width, align="center",color='b')
plt.show()
```

本实例运行结果如图 5-18 所示。

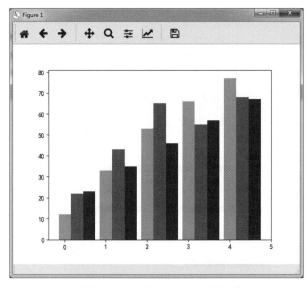

图 5-18　实例 5-13 运行结果

5.4.3　叠加条形图

将两组条形图或多组条形图使用同一个 x 将 y 连接起来,构成叠加条形图。

【实例 5-14】　绘制叠加条形图。

```
import numpy as np
import matplotlib.pyplot as plt
x =np.arange(5)
y1=[12, 33, 53, 66,77]
y2 =[22, 43, 65, 55,68]
bar_width =0.5
plt.bar(x, y1, bar_width,color-'b')
```

```
plt.bar(x, y2, bar_width, bottom=y1,color='r')
plt.show()
```

本实例运行结果如图 5-19 所示。

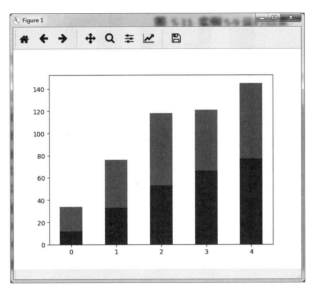

图 5-19 实例 5-14 运行结果

5.4.4 给条形图添加图例

【实例 5-15】 给条形图添加图例。

```
import numpy as np
import matplotlib.pyplot as plt
#设置字体为黑体
matplotlib.rcParams['font.family'] ='SimHei'
x =np.arange(5)
y1=[90, 88, 78, 99, 87]
y2=[98, 77, 86, 85, 67]
bar_width =0.3
str1 =("数学","英语","语文","计算机","体育")
#绘图
plt.bar(x, height=y1, width=bar_width, label="王晨", tick_label=str1,color='b')
plt.bar(x+bar_width, height=y2, width=bar_width, label="刘星", color='r',align
="center")
#添加图例
plt.legend()
plt.show()
```

本实例运行结果如图 5-20 所示。

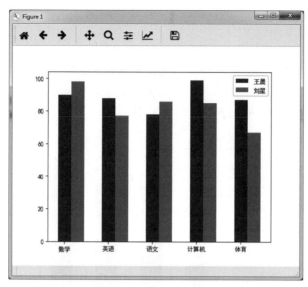

图 5-20　实例 5-15 运行结果

　　本实例对比了两位学生 5 门课程的成绩,从图中可以一目了然地看出各科成绩的情况。本实例中还使用汉字设置 x 轴坐标值,实例中的代码"matplotlib.rcParams['font.family'] = 'SimHei' "必须要加,否则程序运行结果的汉字位置将显示为乱码。

5.4.5　在条形图柱上显示数值

【实例 5-16】　编写一个函数,在条形图柱上显示数值。

```python
import matplotlib.pyplot as plt
#显示汉字设置
plt.rcParams['font.sans-serif']=['SimHei']
plt.rcParams['axes.unicode_minus']=False
#定义函数来显示柱状上的数值
def autolabel(rects):
    for rect in rects:
        height =rect.get_height()
        plt.text(rect.get_x()+rect.get_width()/2.-0.2, 1.03 * height, '%s' %
        float(height))
if __name__ =='__main__':
    l1=[68, 96, 85, 86, 76,87, 95]
    l2=[85, 68, 79, 89, 94, 82,90]
    name=['赵临','呼俞','侯亚','翟蓉','张婷','赵九','赵泽']
    total_width, n =0.8, 2
    width =total_width / n
    x=[0,1,2,3,4,5,6]
    a=plt.bar(x, l1, width=width, label='大学 IT',fc ='b')
```

```
for i in range(len(x)):
    x[i] =x[i] +width
b=plt.bar(x, l2, width=width, label='图像处理',tick_label =name,fc ='r')
autolabel(a)
autolabel(b)
plt.xlabel('姓名')
plt.ylabel('成绩')
plt.title('学生成绩')
plt.legend()
plt.show()
```

本实例运行结果如图 5-21 所示。

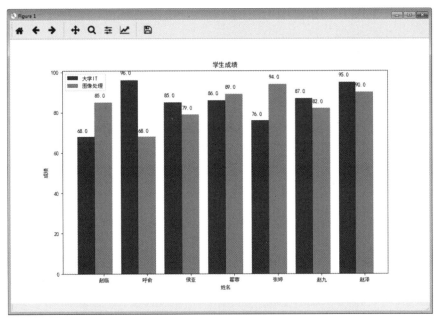

图 5-21　实例 5-16 运行结果

5.5　散　点　图

在实际数据分析应用中,散点图是一种常用于观测数据的相关性的数据可视化方式。数据的相关性通常有正相关、负相关及不相关。

【语法格式】

```
plt.scatter(x, y, s, c ,marker, alpha)
```

绘制散点图的 scatter()函数的主要参数如表 5-9 所示。

表 5-9　绘制散点图的 scatter 函数的主要参数

参　　数	含　　义
x	x 轴的数据
y	y 轴的数据
s	点的面积
c	点的颜色,可以是一个 RGB 颜色,也可以是一组
marker	点的形状
alpha	透明度

【实例 5-17】　绘制散点图。

```python
import matplotlib.pyplot as plt
x =[1, 2,3,4,5,6]
y =[33, 38,55,59, 66, 77]
plt.scatter(x, y,c='r')
plt.show()
```

本实例运行结果如图 5-22 所示。

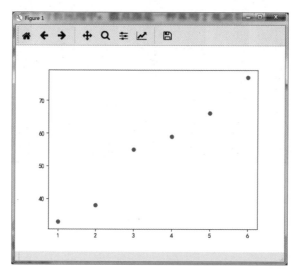

图 5-22　实例 5-17 运行结果

使用 plt.scatter()函数设置点颜色参数 c 的值时,既可以像实例 5-17 那样使用颜色名称,也可以使用颜色的值。颜色名称与值的对应关系如表 5-10 所示。

表 5-10　颜色名称与值的对应关系

颜 色 名 称	颜色值	颜 色 名 称	颜色值	颜 色 名 称	颜色值
'aliceblue'	'＃F0F8FF'	'aquamarine'	'＃7FFFD4'	'bisque'	'＃FFE4C4'
'antiquewhite'	'＃FAEBD7'	'azure'	'＃F0FFFF'	'black'	'＃000000'
'aqua'	'＃00FFFF'	'beige'	'＃F5F5DC'	'blanchedalmond'	'＃8A2BE2'

续表

颜 色 名 称	颜色值	颜 色 名 称	颜色值	颜 色 名 称	颜色值
'brown'	'♯A52A2A'	'ivory'	'♯FFFFF0'	'paleturquoise'	'♯FFEFD5'
'burlywood'	'♯5F9EA0'	'khaki'	'♯F0E68C'	'peachpuff'	'♯B0E0E6'
'chartreuse'	'♯D2691E'	'lavender'	'♯7CFC00'	'purple'	'♯800080'
'coral'	'♯FF7F50'	'lemonchiffon'	'♯ADD8E6'	'red'	'♯FF0000'
'cornflowerblue'	'♯FFF8DC'	'lightcoral'	'♯E0FFFF'	'rosybrown'	'♯4169E1'
'crimson'	'♯DC143C'	'lightgoldenrodyellow'	'♯FAFAD2'	'saddlebrown'	'♯FA8072'
'cyan'	'♯00FFFF'	'lightgreen'	♯D3D3D3'	'sandybrown'	'♯2E8B57'
'darkblue'	'♯008B8B'	'lightpink'	'♯FFA07A'	'seashell'	'♯A0522D'
'darkgoldenrod'	'♯A9A9A9'	'lightseagreen'	'♯87CEFA'	'silver'	'♯C0C0C0'
'darkgreen'	'♯BDB76B'	'lightslategray'	'♯FFFFE0'	'skyblue'	'♯87CEEB'
'darkmagenta'	'♯FF8C00'	'lime'	'♯00FF00'	'slateblue'	'♯708090'
'darkorchid'	'♯8B0000'	'limegreen'	'♯FF00FF'	'snow'	'♯FFFAFA'
'darksalmon'	'♯8FBC8F'	'maroon'	'♯800000'	'springgreen'	'♯4682B4'
'darkslateblue'	'♯9400D3'	'mediumaquamarine'	'♯0000CD'	'tan'	'♯D2B48C'
'deeppink'	'♯00BFFF'	'mediumorchid'	'♯9370DB'	'teal'	'♯008080'
'dimgray'	'♯696969'	'mediumseagreen'	'♯191970'	'thistle'	'♯D8BFD8'
'dodgerblue'	'♯B22222'	'mintcream'	'♯FFE4E1'	'tomato'	'♯FF6347'
'floralwhite'	'♯228B22'	'moccasin'	'♯FFDEAD'	'turquoise'	'♯EE82EE'
'fuchsia'	'♯FF00FF'	'navy'	'♯000080'	'wheat'	'♯F5DEB3'
'gainsboro'	'♯F8F8FF'	'oldlace'	'♯FDF5E6'	'white'	'♯FFFFFF'
'gold'	'♯FFD700'	'olive'	'♯808000'	'whitesmoke'	'♯F5F5F5'
'goldenrod'	'♯ADFF2F'	'olivedrab'	'♯FFA500'	'yellow'	'♯FFFF00'
'honeydew'	'♯FF69B4'	'orangered'	'♯DA70D6'	'yellowgreen'	'♯9ACD32'
'indianred'	'♯4B0082'	'palegoldenrod'	'♯98FB98'		

图5-23所示为颜色名称与颜色的对应关系。

例如，将实例5-17中第4行代码改为"plt.scatter(x，y,c='♯00CED1')"，则运行结果如图5-24所示。

在绘图过程中有些颜色使用得比较多，此时可以使用颜色名称的简写。表5-11所示为常用颜色名称的简写。

表5-11　常用颜色名称的简写

颜　　　色	颜 色 简 写	颜　　　色	颜 色 简 写
red	r	black	k
green	g	magenta	m
blue	b	white	w
cyan	c	yellow	y

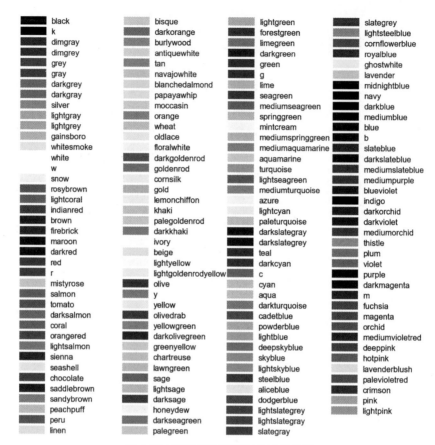

black	bisque	lightgreen	slategrey
k	darkorange	forestgreen	lightsteelblue
dimgray	burlywood	limegreen	cornflowerblue
dimgrey	antiquewhite	darkgreen	royalblue
grey	tan	green	ghostwhite
gray	navajowhite	g	lavender
darkgrey	blanchedalmond	lime	midnightblue
darkgray	papayawhip	seagreen	navy
silver	moccasin	mediumseagreen	darkblue
lightgray	orange	springgreen	mediumblue
lightgrey	wheat	mintcream	blue
gainsboro	oldlace	mediumspringgreen	b
whitesmoke	floralwhite	mediumaquamarine	slateblue
white	darkgoldenrod	aquamarine	darkslateblue
w	goldenrod	turquoise	mediumslateblue
snow	cornsilk	lightseagreen	mediumpurple
rosybrown	gold	mediumturquoise	blueviolet
lightcoral	lemonchiffon	azure	indigo
indianred	khaki	lightcyan	darkorchid
brown	palegoldenrod	paleturquoise	darkviolet
firebrick	darkkhaki	darkslategray	mediumorchid
maroon	ivory	darkslategrey	thistle
darkred	beige	teal	plum
red	lightyellow	darkcyan	violet
r	lightgoldenrodyellow	c	purple
mistyrose	olive	cyan	darkmagenta
salmon	y	aqua	m
tomato	yellow	darkturquoise	fuchsia
darksalmon	olivedrab	cadetblue	magenta
coral	yellowgreen	powderblue	orchid
orangered	darkolivegreen	lightblue	mediumvioletred
lightsalmon	greenyellow	deepskyblue	deeppink
sienna	chartreuse	skyblue	hotpink
seashell	lawngreen	lightskyblue	lavenderblush
chocolate	sage	steelblue	palevioletred
saddlebrown	lightsage	aliceblue	crimson
sandybrown	darksage	dodgerblue	pink
peachpuff	honeydew	lightslategrey	lightpink
peru	darkseagreen	lightslategray	
linen	palegreen	slategray	

图 5-23　颜色名称与颜色的对应关系

In [12]: runfile('D:/code/5/li5_13_2.py',
wdir='D:/code/5')

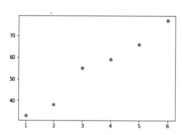

图 5-24　使用颜色值设置绘图颜色运行结果

　　在 Python 中绘制的图形通常有两种输出形式,一是直接在 Console 窗口中输出,如图 5-24 所示;二是在一个新的窗口中输出,如图 5-22 所示。

　　可以通过两种方法设置图形的输出形式。

　　方法一:命令行格式,要求使用 cmd 打开命令行窗口输入语句。

【语法格式】

```
%matplotlib inline
%matplotlib qt5
```

第一个语法命令是指定在命令行窗口中输出绘制的图形,第二个语法命令是指定在单独的图形窗口中显示绘制的图形。

方法二:使用菜单项进行设置。在 spyder 软件中可以通过菜单设置更改默认的图形显示选项。设置步骤为:选择 Tools→Preferences 命令,弹出 Preferences 对话框(见图 5-25),选择 IPython console→Graphics 选项卡,可以看到目前的默认设置是 Inline,则默认绘制的图形显示在 Console 命令行窗口中。

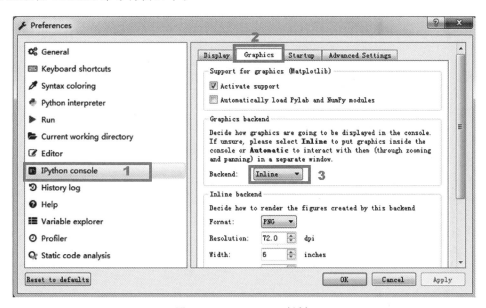

图 5-25　Preferences 对话框

在 Backend 下拉列表中选择 Qt5,单击 OK 按钮完成设置,如图 5-26 所示。

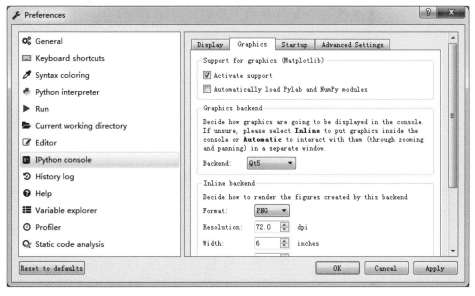

图 5-26　设置单独窗口显示绘制图形

【实例5-18】 绘制正相关、负相关及不相关数据的散点图。

```python
import numpy as np
import matplotlib.pyplot as plt
figure =plt.figure()
axes1 =figure.add_subplot(3,1,1)
axes2 =figure.add_subplot(3,1,2)
axes3 =figure.add_subplot(3,1,3)
#数据
N =500
x =np.random.randn(N)
#正相关
y1 =x +np.random.randn(N) * 0.5
#散点图
axes1.scatter(x, y1)
axes1.set_title('正相关')
#负相关
y2 =-x +np.random.randn(N) * 0.5
axes2.scatter(x, y2)
axes2.set_title('负相关')
#不相关
y3 =np.random.randn(N)
axes3.scatter(x, y3)
axes3.set_title('不相关')
plt.show()
```

本实例运行结果如图5-27所示。

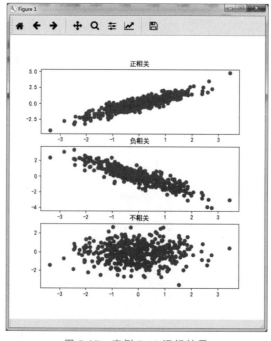

图5-27 实例5-18运行结果

5.6 饼 图

饼图是一种将各项数据的大小与各项数据的总和的比例显示在一张饼中的数据可视化方式。

【语法格式】

```
plt.pie(x, explode=None, labels=None, colors=None, autopct=None, pctdistance=
0.6, shadow = False, labeldistance = 1.1, startangle = None, radius = None,
counterclock= True, wedgeprops = None, textprops = None, center = (0, 0), frame =
False)
```

绘制饼图的 pie()函数的主要参数如表 5-12 所示。

表 5-12 绘制饼图的 pie()函数的主要参数

参 数	含 义
x	指定绘图的数据
explode	指定饼图某些部分突出显示,即呈现爆炸式
labels	为饼图添加标签说明,类似于图例说明
colors	指定饼图的填充色
autopct	自动添加百分比显示,可以采用格式化的方法显示
pctdistance	设置百分比标签与圆心的距离
shadow	是否添加饼图的阴影效果
labeldistance	设置各扇形标签(图例)与圆心的距离
startangle	设置饼图的初始摆放角度
radius	设置饼图的半径大小
counterclock	是否让饼图按逆时针顺序呈现
wedgeprops	设置饼图内外边界的属性,如边界线的粗细、颜色等
textprops	设置饼图中文本的属性,如字体大小、颜色等
center	指定饼图的中心点位置,默认为原点
frame	是否要显示饼图背后的图框,如果设置为 True,则需要同时控制图框 x 轴、y 轴的范围和饼图的中心位置

【实例 5-19】 绘制一个简单的饼图。

```
import matplotlib.pyplot as plt
#添加以下两句代码,显示汉字标题
plt.rcParams['font.sans-serif']=['SimHei']
plt.rcParams['axes.unicode_minus']=False
#数据
labels =["数学", "语文", "英语", "物理","化学"]
```

```
cj =[91, 88, 89, 89,92]
#画图
plt.pie(x=cj, labels=labels)
plt.show()
```

本实例运行结果如图 5-28 所示。

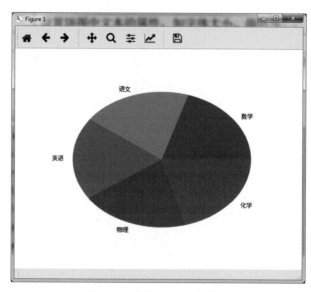

图 5-28　实例 5-19 运行结果

【实例 5-20】　绘制添加阴影和突出部分的饼图。

```
import matplotlib.pyplot as plt
#添加以下两句代码,显示汉字标题
plt.rcParams['font.sans-serif']=['SimHei']
plt.rcParams['axes.unicode_minus']=False
#数据
labels =["数学", "语文", "英语", "物理","化学"]
cj =[91, 88, 89, 89,92]
tuchu=[0, 0.1, 0, 0,0]
#画图
plt.pie(x=cj, labels=labels,explode=tuchu, shadow=True)
plt.show()
```

本实例运行结果如图 5-29 所示。

本实例添加了两个参数的值,explode＝tuchu 用来控制突出显示效果,shadow＝True用来控制添加阴影效果。

【实例 5-21】　在饼图上显示图例和数据标签。

```
import matplotlib.pyplot as plt
#添加以下两句代码,显示汉字标题
```

```
plt.rcParams['font.sans-serif']=['SimHei']
plt.rcParams['axes.unicode_minus']=False
#数据
labels =["数学", "语文", "英语", "物理","化学"]
cj =[91, 88, 89, 89,92]
tuchu =[0, 0.1, 0, 0,0]
#画图
plt.pie(x=cj, labels=labels,explode=tuchu, shadow=True,autopct="%0.1f%%")
plt.legend()
plt.show()
```

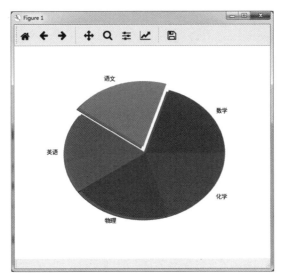

图 5-29 实例 5-20 运行结果

本实例运行结果如图 5-30 所示。

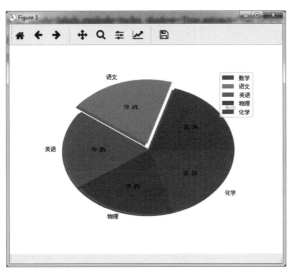

图 5-30 实例 5-21 运行结果

本实例通过控制参数"autopct="％0.1f％％""显示数据标签,其中"％0.1f"指定显示小数点后 1 位的浮点数,后边的两个％用来显示一个％。通过 plt.legend()语句控制显示了图例。

5.7　直　方　图

在数据分析应用中,直方图是一种对数据分布情况进行表达的数据可视化形式,其横坐标通常表示统计样本,纵坐标表示某个样本对应的某个属性的度量值。

【语法格式】

```
plt.hist(x, bins=None, density=None,...)
```

绘制直方图时常用的参数如表 5-13 所示。

表 5-13　绘制直方图时常用的参数

属　　性	说　　　　　明
x	要绘制直方图的数据,通常是数值类型
bins	要绘制的条形数,要求为正整数
color	颜色,如'r' '、'g' 、'y'、'c'
density	是否以密度的形式显示,值为布尔型
range	x 轴的范围,用数值元组指定(起点、终点)
bottom	y 轴的起始位置
histtype	线条的类型。'bar'表示方形,'barstacked'表示柱形,'step'表示未填充线条,'stepfilled'表示填充线条
align	对齐方式。'left'表示左,'mid'表示中间,'right'表示右

【实例 5-22】　绘制直方图。

```
import numpy as np
import matplotlib.pyplot as plt
figure =plt.figure()
axes1 =figure.add_subplot(1,2,1)
axes2 =figure.add_subplot(1,2,2)
x =np.random.randint(0,100,size=50)
axes1.hist(x)
axes2.hist(x,bins=5,range=[0,100],histtype='barstacked',color='r')
```

本实例运行结果如图 5-31 所示。

图 5-31 中的左图为使用默认条件绘制的直方图,默认绘制了 10 条条形;右图则指定了绘制 5 条条形。

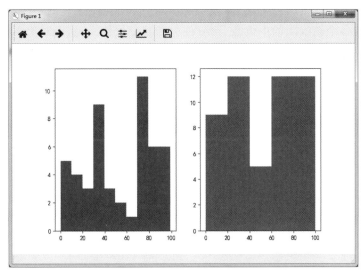

图 5-31 实例 5-22 运行结果

5.8 箱 线 图

箱线图又称为盒式图、盒状图或箱形图,是一种用于显示一组数据分散情况资料的统计图。箱线图一般不受异常值的影响,是一种相对稳定的数据离散分布情况的描述方式。箱线图中显示的是一组数据的最大值、最小值、中位数、上下四分位数及异常值,如图 5-32 所示。

将整组数据等分成 4 份,就是四分位数。四分位数有 3 个,第 1 个四分位数就是通常所说的四分位数,称为下四分位数,通常用 Q1 表示,等于整组数据中所有数值由小到大排列后第 25% 的数字;第 2 个四分位数是中位数,用 Q2 表示,等于整组数据中所有数值由小到大排列后第 50% 的数字;第 3 个四分位数是上四分位数,用 Q3 表示,等于整组数据中所有数值由小到大排列后第 75% 的数字。

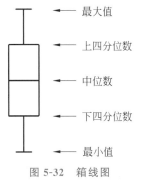

图 5-32 箱线图

箱线图的大小是由数据升序排列后,中间的 50% 数据决定的。因此,前 25% 数据和后 25% 数据都无法影响箱线图,它们可以变得任意远,且不会扰动四分位值。若数据集呈标准正态分布,则中位数位于 Q1 和 Q3 中间,箱线图的中间线恰好位于上底和下底的正中央。若中位数偏向于下底,则数据集倾向于左偏态;若中位数偏向于上底,则数据集倾向于右偏态。箱线图的宽度在一定程度上反映了数据的波动程度。因为箱线图包含中间 50% 的数据,若它越扁,则说明数据越集中;若它越宽,则说明数据越分散。

通过观察箱线图,可以分析数据的定量分布。可以通过观察中位线位于箱体的哪个部位来判断数据分布是否是均匀的。如果中位线位于箱体的中心位置附近,则说明数据分布比较均匀;如果中位线位于箱体的顶部位置或者底部位置,则说明数据分布不均匀。也可以通过箱线图比较多个变量的分布规律,如果是在同一个标准下生成的箱线图,则直接比较同一个图中生成的各个箱线图的中位数、四分位数和四分位数间距,以对比不同变量的分布情况,在同一个图中可以直观地观察出哪个变量的中位线位置的高低。

【语法格式】

```
plt.boxplot(x, notch=None, sym=None, vert=None, whis=None, positions=None,
widths=None, patch_artist=None, meanline=None, showmeans=None, showcaps=None,
showbox=None, showfliers=None, boxprops=None, labels=None, flierprops=None,
medianprops=None, meanprops=None, capprops=None, whiskerprops=None)
```

绘制箱线图的 boxplot() 函数的主要参数如表 5-14 所示。

表 5-14 绘制箱线图的 boxplot() 函数的主要参数

参 数	含 义
x	指定要绘制箱线图的数据
notch	是否以凹口的形式展现箱线图,默认为非凹口
sym	指定异常点的形状,默认为＋号显示
vert	是否需要将箱线图垂直摆放,默认为垂直摆放
positions	指定箱线图的位置,默认为[0,1,2,…]
widths	指定箱线图的宽度,默认为 0.5
boxprops	设置箱体的属性,如边框色、填充色等
labels	为箱线图添加标签,类似于图例的作用
filerprops	设置异常值的属性,如异常点的形状、大小、填充色等
medianprops	设置中位数的属性,如线的类型、粗细等
meanprops	设置均值的属性,如点的大小、颜色等
capprops	设置箱线图顶端和末端线条的属性,如颜色、粗细等

5.8.1 简单箱线图

【实例 5-23】 绘制一个最简单的箱线图。

```
import matplotlib.pyplot as plt
x =[1,2,3,4,5]
plt.boxplot(x)
plt.show()
```

本实例运行结果如图 5-33 所示。

箱线图默认是竖向绘制,可以通过设置参数横向绘制箱线图。例如,将实例 5-23 的绘图代码修改为如下格式。

```
plt.boxplot(x,vert =False)
```

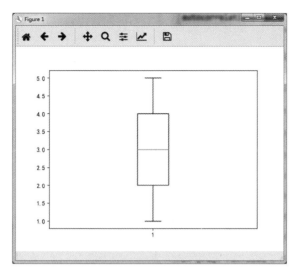

图 5-33 实例 5-23 运行结果

则运行结果如图 5-34 所示。

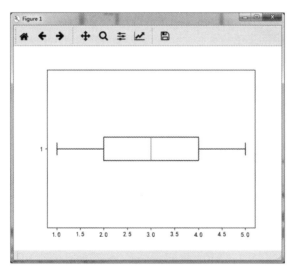

图 5-34 绘制横向箱线图

5.8.2 并列绘制多个箱线图

【实例 5-24】 并列绘制 3 个箱线图。

```
import matplotlib.pyplot as plt
x1=[1,2,3,4,5]
x2=[1,3,7,9,20]
x3=[0,1,2,4,8,10]
```

```
plt.boxplot((x1,x2,x3),labels=('x1','x2','x3'))
plt.show()
```

本实例运行结果如图 5-35 所示。

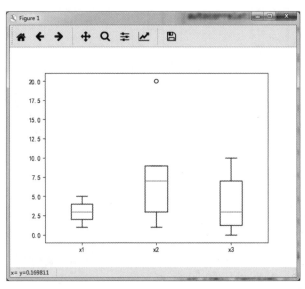

图 5-35 实例 5-24 运行结果

从运行结果中可以看出，x2 数据有一个异常数据点，绘制在箱线图外部。x1 数据是分布均匀的一组数据。

5.8.3 对数据框中每列绘制箱线图

【实例 5-25】 绘制不同水果销售额的箱线图。

首先利用字典建立数据表，第一列列名为苹果，后边是对应的苹果销售数据；第二列列名为西瓜，后边是对应的西瓜销售数据，依此类推，给出几种水果的销售数据。

```
import pandas as pd
import matplotlib.pyplot as plt
data = {
'苹果':[102, 120, 130, 140, 150, 162, 170, 180, 190, 250],
'西瓜':[120, 133, 140, 150, 169, 170, 183, 190, 200, 210],
'桃':[100, 120, 135, 140, 158, 160, 170, 180, 195, 200],
"香蕉":[80, 100, 120, 137, 140, 150, 160, 170, 180, 197]
}
df =pd.DataFrame(data)
df.plot.box(title="每种水果的销售额对比")
plt.show()
```

本实例运行结果如图 5-36 所示。

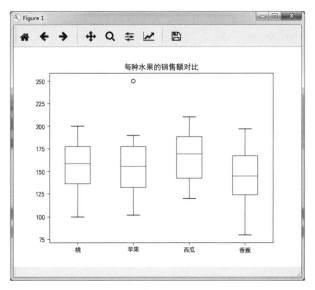

图 5-36　实例 5-25 运行结果

从图 5-36 中可以看出,苹果的销售数据里有一个点处于箱线图上下界之外,是一个异常值。

在进行数据分析预处理时,常常需要进行数据的异常值分析,来检测数据是否有错误或者是不合理的数据,而箱线图就是一种有效的检测异常值的方式。异常值是位于一组数据中的极端值,可能非常小,也可能非常大。因为异常值可能影响到整组数据,因此应从本组数据中丢弃异常值。根据所有统计学家遵循的基本标准,对异常值的通用定义是落在第三个四分位数之上或低于第一个四分位数的四分位数距的 1.5 倍以上。通常在箱线图中,超出上下界的数据都可以认为是异常值。

5.9　小　提　琴　图

小提琴图是用来展示多组数据的分布状态及概率密度的一种数据可视化形式。小提琴图结合了箱线图和密度图的特征,主要用来显示数据的分布形状,特别适用于大数据统计分析。小提琴图与箱线图类似,但其在密度层面展示更好。

【实例 5-26】　绘制一个小提琴图。

```python
import matplotlib.pyplot as plt
import numpy as np
data=np.random.normal(0, 1, 100)
plt.violinplot(data,showmeans=False,showmedians=True)
plt.show()
```

本实例运行结果如图 5-37 所示。

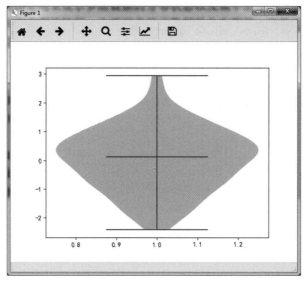

图 5-37　实例 5-26 运行结果

5.10　热　力　图

Seaborn 是基于 matplotlib 库的 Python 可视化库,它提供了一个高级界面来绘制有吸引力的统计图形。Seaborn 其实是在 matplotlib 库的基础上进行了更高级的 API 封装,从而使作图更加容易,不需要经过大量的调整就能使图形变得更精致。

绘图热力图是大数据分析应用的一种常用可视化形式,用来表示大量数据的关联关系。在实际应用中,通常使用 seaborn 来绘制热力图。

【语法格式】

```
seaborn.heatmap(data, vmin=None, vmax=None, cmap=None, center=None, robust=
False, annot=None, fmt='.2g', annot_kws=None, linewidths=0, linecolor='white',
cbar=True, cbar_kws=None, cbar_ax=None, square=False, xticklabels='auto',
yticklabels='auto', mask=None,...)
```

绘制热力图的主要参数如表 5-15 所示。

表 5-15　绘制热力图的主要参数

参　　数	说　　明
data	输入数据,通常是矩阵,可以是 numpy 的数组或者 pandas 的 DataFrame
vmax、vmin	设置热力图的颜色取值最大和最小范围,默认是根据 data 数据表里的取值确定
cmap	从数字到色彩空间的映射,取值是 matplotlib 库里的 colormap 名称或颜色对象,或者表示颜色的列表
center	设置热力图的色彩中心对齐值,调整生成的图像颜色的整体深浅

续表

参　数	说　　明
robust	默认取值 False,不设定 vmin 和 vmax 的值
annot	默认取值 False。如果是 True,则在热力图每个方格写入数据;如果是矩阵,则在热力图每个方格写入该矩阵对应的位置数据
fmt	字符串格式代码,矩阵上标识数字的数据格式,如保留小数点后几位数字
annot_kws	默认取值 False。如果是 True,则设置热力图矩阵上数字的大小、颜色、字体
linewidths	指定热力图里"表示两两特征关系的矩阵小块"之间的间隔大小
linecolor	指定切分热力图上每个矩阵小块的线的颜色,默认值是 white
cbar	指定是否在热力图侧边绘制颜色刻度条,默认值是 True
cbar_kws	指定热力图侧边绘制颜色刻度条时的相关字体设置,默认值是 None
cbar_ax	指定热力图侧边绘制颜色刻度条时的刻度条位置设置,默认值是 None
square	指定热力图矩阵小块形状,默认值是 False
xticklabels	控制每列标签名的输出,默认值是 auto。如果是 True,则以 DataFrame 的列名作为标签名;如果是 False,则不添加行标签名;如果是列表,则标签名改为列表中给的内容;如果是整数 K,则在图上每隔 K 个标签进行一次标注;如果是 auto,则自动选择标签的标注间距,将标签名不重叠的部分(或全部)输出
yticklabels	控制每行标签名的输出。值的设置同上
mask	指定某个矩阵块是否显示出来,默认值是 None。如果是布尔型的 DataFrame,则将 DataFrame 里 True 的位置用白色覆盖

热力图绘制属于 Python 绘图的中高级应用,在绘制前要先添加如下语句。

```
import seaborn as sns
```

【实例 5-27】　在两个子图中绘制两种不同设置的热力图。

```
import matplotlib.pyplot as plt
import numpy as np
import seaborn as sns
x =np.random.randn(4, 4)
f, ax =plt.subplots(nrows=2)
sns.heatmap(x, ax=ax[0])
sns.heatmap(x, annot=True, ax=ax[1], annot_kws={'size':9,'weight':'bold', '
color':'blue'})
```

本实例运行结果如图 5-38 所示。

本实例中第一个子图为直接使用默认参数绘制的热力图,第二个子图为添加 annot 参数的相关设置后绘制的热力图。也可以修改热力图的颜色等其他设置,读者可自行练习。

plt.subplots()函数的作用是给 figure 对象划分子图,函数返回一个包含 figure 和 axes 对象的元组。其通常用法是先使用代码"fig,ax = plt.subplots(nrows=2,ncols=2)"指定划分为 2 行 2 列共 4 个子图;然后使用 axes[0]表示第一个子图,axes[1]表示第二个子图,

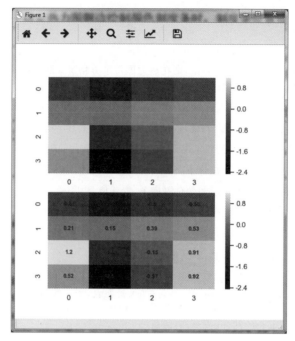

图 5-38   实例 5-27 运行结果

依此类推。

热力图颜色参数 cmap 可以设置的颜色值如下所示。

```
Accent, Accent_r, Blues, Blues_r, BrBG, BrBG_r, BuGn, BuGn_r, BuPu, BuPu_r,
CMRmap, CMRmap_r, Dark2, Dark2_r, GnBu(绿到蓝), GnBu_r, Greens, Greens_r, Greys,
Greys_r, OrRd(橘色到红色), OrRd_r, Oranges, Oranges_r, PRGn, PRGn_r, Paired,
Paired_r, Pastel1, Pastel1_r, Pastel2, Pastel2_r, PiYG, PiYG_r, PuBu, PuBuGn,
PuBuGn_r, PuBu_r, PuOr, PuOr_r, PuRd, PuRd_r, Purples, Purples_r, RdBu, RdBu_r,
RdGy, RdGy_r, RdPu, RdPu_r, RdYlBu, RdYlBu_r, RdYlGn, RdYlGn_r, Reds, Reds_r,
Set1, Set1_r, Set2, Set2_r, Set3, Set3_r, Spectral, Spectral_r, Wistia(蓝绿黄),
Wistia_r, YlGn, YlGnBu, YlGnBu_r, YlGn_r, YlOrBr, YlOrBr_r, YlOrRd(红橙黄), YlOrRd
_r, afmhot, afmhot_r, autumn, autumn_r, binary, binary_r, bone, bone_r, brg, brg_
r, bwr, bwr_r, cividis, cividis_r, cool, cool_r, coolwarm(蓝到红), coolwarm_r,
copper(铜色), copper_r, cubehelix, cubehelix_r, flag, flag_r, gist_earth, gist_
earth_r, gist_gray, gist_gray_r, gist_heat, gist_heat_r, gist_ncar, gist_ncar_r,
gist_rainbow, gist_rainbow_r, gist_stern, gist_stern_r, gist_yarg, gist_yarg_r,
gnuplot, gnuplot2, gnuplot2_r, gnuplot_r, gray, gray_r, hot, hot_r(红黄), hsv, hsv
_r, icefire, icefire_r, inferno, inferno_r, jet, jet_r, magma, magma_r, mako, mako
_r, nipy_spectral, nipy_spectral_r, ocean, ocean_r, pink, pink_r, plasma, plasma_
r, prism, prism_r, rainbow, rainbow_r, rocket, rocket_r, seismic, seismic_r,
spring, spring_r, summer (黄到绿), summer_r (绿到黄), tab10, tab10_r, tab20, tab20_
r, tab20b, tab20b_r, tab20c, tab20c_r, terrain, terrain_r, twilight, twilight_r,
twilight_shifted, twilight_shifted_r, viridis, viridis_r, vlag, vlag_r, winter,
winter_r
```

【实例5-28】　设置热力图颜色实例。

```
import matplotlib.pyplot as plt
import numpy as np
import seaborn as sns
x =np.random.randn(7, 7)
f, ax =plt.subplots(nrows=3)
sns.heatmap(x, cmap="YlGnBu_r", linewidths =0.05, linecolor='red', ax =ax[0])
p1 =sns.heatmap(x, ax=ax[1], cmap="hot", center=None, xticklabels=False)
p2 = sns. heatmap (x, ax = ax [2], cmap =" OrRd", center = None, xticklabels = 2,
yticklabels=list(range(5)))
```

本实例运行结果如图5-39所示。

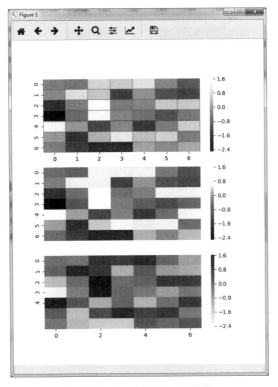

图 5-39　实例 5-28 运行结果

【实例5-29】　热力图设置颜色方案和标注实例。

```
import matplotlib.pyplot as plt
import numpy as np
import seaborn as sns
x =np.random.randn(4, 4)
f, ax =plt.subplots(nrows=4)
sns.heatmap(x, cmap="YlGnBu",annot=True, ax=ax[0], annot_kws={'size':9,'weight
':'bold', 'color':'red'})
```

```
sns.heatmap(x, cmap="YlGnBu_r",annot=True, ax=ax[1])
sns.heatmap(x, cmap="hot",annot=True, ax=ax[2], annot_kws={'size':9,'weight':'
bold', 'color':'blue'})
sns.heatmap(x, cmap="hot_r",annot=True, ax=ax[3])
```

本实例运行结果如图 5-40 所示。

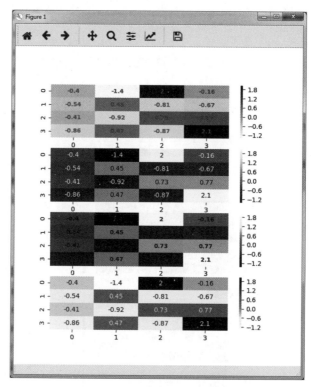

图 5-40　实例 5-29 运行结果

表 5-16 所示为几种常用的热力图颜色方案。

表 5-16　几种常用的热力图颜色方案

颜　　色	说　　明
cmap="YlGnBu"	数值越大,颜色越深
cmap="YlGnBu_r"	数值越大,颜色越浅
cmap="hot"	黄色到红色,数值越大,颜色越浅
cmap="hot_r"	红色到黄色,数值越大,颜色越深
cmap="greens"	绿色,数值越大,颜色越深
cmap="autumn"	黄色到红色
cmap="viridis"	黄色到蓝色
cmap="rainbow" cmap="gist_rainbow"	彩虹色

【实例 5-30】 设置 mask 参数，可以将满足指定条件的区域遮盖。

```
import matplotlib.pyplot as plt
import numpy as np
import seaborn as sns
x =np.random.randn(4, 4)
#设置 mask 参数可以将小于 1 的区域遮盖
sns.heatmap(x, cmap="rainbow",mask=x<1,annot=True, annot_kws={"weight": "
bold"})
```

本实例运行结果如图 5-41 所示。

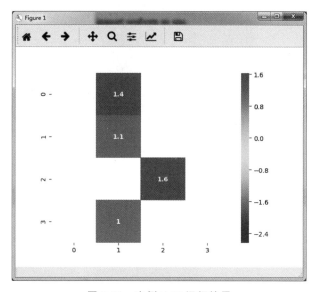

图 5-41 实例 5-30 运行结果

【实例 5-31】 使用 clustermap() 函数绘制热力图。

```
import matplotlib.pyplot as plt
import seaborn as sns
iris =sns.load_dataset("iris")
species =iris.pop("species")
g=sns.clustermap(iris,method ='ward',metric='euclidean')
plt.show()
```

本实例运行结果如图 5-42 所示。

将本实例中的代码"g = sns.clustermap(iris,method = 'ward',metric='euclidean')"改为"g= sns.clustermap(iris,method = 'ward',metric = 'euclidean',linewidths = 0.05,cmap = 'rainbow')"，则程序的运行结果如图 5-43 所示。

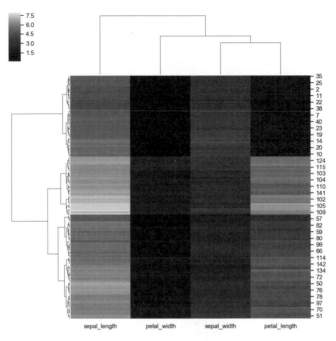

图 5-42　实例 5-31 运行结果

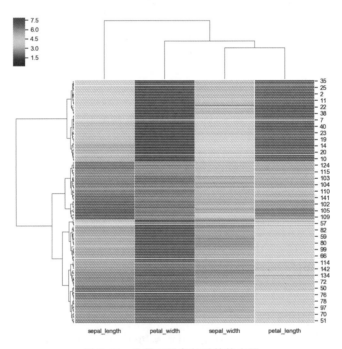

图 5-43　设置不同参数后的热力图

5.11 词 云 图

词云图是目前文本大数据分析中常用的一种数据可视化方式,通过词云图可以非常直观地看到相应文本数据中的高频词汇。目前制作词云图使用最多的 Python 库是 wordcloud 库,在 wordcloud 库中有 3 个主要的函数,分别是 wordcloud.WordCloud()、wordcloud.ImageColorGenerator()及 wordcloud.random_color_func()。wordcloud.random_color_func()的用法这里不再详细介绍,感兴趣的可以查阅相关资料。

wordcloud.WordCloud()函数用于生成或者绘制词云的对象。

【语法格式】

```
wordcloud.WordCloud(font_path=None, width=400, height=200, margin=2, ranks_
only=None, prefer_horizontal=0.9, mask=None, scale=1, color_func=None, max_
words=200, min_font_size=4, stopwords=None, random_state=None, background_
color='black', max_font_size=None, font_step=1, mode='RGB', relative_scaling='
auto', regexp=None, collocations=True, colormap=None, normalize_plurals=True,
contour_width=0, contour_color='black', repeat=False)
```

wordcloud.WordCloud()函数的主要参数如表 5-17 所示。

表 5-17 wordcloud.WordCloud()函数的主要参数

参　数	说　　明
font_path	指定字体路径,默认为 wordcloud 库中的 DroidSansMono.ttf 字体。如果选用默认字体,则不能显示中文。如果想显示中文,可以自己设置字体。系统字体一般都在 C:\Windows\Fonts 目录下,如 STFANGSO.TTF 就是华文仿宋
width	指定画布宽度,默认为 400 像素
height	指定画布高度,默认值 200 像素
margin	指定每个单词间的间隔,默认为 2
prefer_horizontal	指定词语水平方向排版出现的频率,默认为 0.9。控制所有水平显示的文字相对于竖直显示文字的比例,越小则词云图中竖直显示的文字越多
mask	绘制模板,当 mask 不为 0 时,height 和 width 设置的画布无效,此时"画布"形状大小由 mask 决定
scale	计算和绘图之间的比例,默认值为 1
max_words	显示单词的最多字数,默认值为 200
max_font_size	单词的最大字体大小,如果没有指定,将直接使用画布的大小
stopwords	被淘汰的不用于显示的词语,默认使用内置的 stopwords
background_color	指定词云图的背景色,默认为黑色
mode	当设置为 RGBA 且 background_color 设置为 None 时,背景色变为透明,默认为 RGB
relative_scaling	指定词频大小对字体大小的影响程度。当设置为 1 时,如果一个单词出现两次,那么其字体大小为原来的两倍
color_func	生成新颜色的函数,如果为空,则使用 self.color_func
regexp	使用正则表达式分割输入的字符。如果没有指定就使用 r"\w[\w']+"

续表

参　数	说　　明
collocations	是否包括两个词的搭配（双宾语），默认值为 True
colormap	颜色映射方法。每个单词对应什么颜色就取决于 colormap。如果设置了 color_func，则该参数不起作用
repeat	控制是否允许一张词云图中出现重复词，默认为 False，即不允许重复词

wordcloud.ImageColorGenerator()函数依据指定图像的颜色生成词云图像的颜色。词云图像中的词将使用指定彩色图像中包围矩形的平均颜色进行着色。生成的对象可以传入给 wordcloud.WordCloud()构造函数中的 color_func 参数，也可以传入给 recolor()函数中的 color_func 参数。

【语法格式】

```
wordcloud.ImageColorGenerator(image, default_color=None)
```

其中，参数 image 用于指定生成单词颜色的图像。

在进行词云图绘制时，需要先安装好几种模块库，matplotlib.pyplot 模块用于绘图展示，jeiba 模块用于分词，wordcloud.WordCloud 模块用于绘制词云，numpy 模块用于制作背景图，PIL.Image 模块用于制作背景图。

【实例 5-32】 使用已经存在的文本文件和图片绘制词云图。

文本文件名为 t1.txt，创建文本文件时要注意选择 utf-8 格式保存。

图片文件名为 er1.jpg，图片内容如图 5-44 所示。

两个文件都放在当前文件夹下，生成词云图的代码如下所示。

图 5-44　图片内容

```python
from matplotlib import pyplot as plt
import jieba
from wordcloud import WordCloud
import numpy as np
from PIL import Image
#导入文字
text =open('t1.txt', 'r', encoding='utf-8').read()
#分词
cut_text =jieba.cut(text)
#将分词连接成一个字符串
fc1=' '.join(cut_text)
#制作背景图
bg1 =np.array(Image.open('./er1.jpg'))
#词云图初始化
cy1 =WordCloud(
    font_path='C:\WINDOWS\Fonts\SIMLI.TTF',
```

```
    background_color='white',
    width=500,
    height=400,
    max_font_size=50,
    min_font_size=10,
    #colormap='Greens',              #文字限定配色
    mask=bg1                         #背景图片
)
#制作词云图
cy1.generate(fc1)
#显示图片
plt.figure('词云图例')               #figure标题
plt.imshow(cy1)
plt.axis('off')                      #关闭坐标轴
plt.show()
```

本实例运行结果如图 5-45 所示。

图 5-45　实例 5-32 运行结果

将本实例中的第 13 行代码修改为"bg1 = np.array(Image.open('./xin.jpg'))",使用一个自己绘制的心形图片[图 5-46(a)]生成一个词云图。

(a)　　　　　　　　　　(b)

图 5-46　心形图片

仍然使用 t1.txt 文件,但使用心形图片生成的词云图如图 5-46(b)所示。

在实例 5-32 上添加三处内容,如图 5-47 所示,就可以用指定的背景图片的颜色来绘制词云图像。由于背景图片中只有红色,所以原来图 5-46(b)的多种颜色的词云图像现在变成了图 5-47 只有红色了。

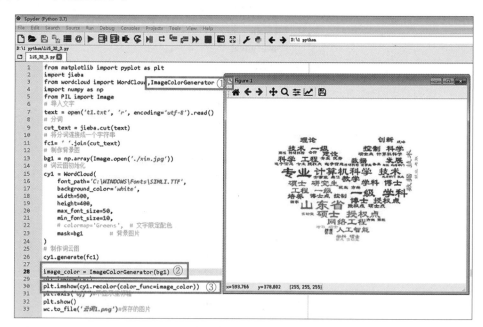

图 5-47　ImageColorGenerator 用法示例

5.12　利用可视化结果分析大数据应用实例

读入 sklearn 库自带的数据集——波士顿房价数据集。波士顿房价数据集共包含 506 行 13 列内容,每条数据包含房屋及房屋周围的详细信息,包含城镇犯罪率、一氧化氮浓度、住宅平均房间数、到中心区域的加权距离及自住房平均房价等。波士顿房价数据集的属性如表 5-18 所示。

表 5-18　波士顿房价数据集的属性

属　　性	说　　明
CRIM	城镇人均犯罪率
ZN	超过 25000 平方英尺的住宅用地比例
INDUS	非零售商业用地所占的百分比/镇
CHAS	查理斯河空变量(如果边界是河流,则为 1;否则为 0)
NOX	一氧化氮浓度(千万分之一)
RM	住宅平均房间数
AGE	1940 年以前建的自有住房所占的百分比
DIS	到达 5 个波士顿就业中心的平均距离
RAD	辐射性公路的接近指数
TAX	全额不动产税率
PTRATIO	城镇学生教师比
B	$1000(Bk-0.63)^2$,其中 Bk 指代城镇中黑人的比例
LSTAT	低社会地位人口(百分比)

散点图和折线图是数据分析中较常用的两种图形,可以通过这两种图形直观地分析不同特征之间的关系。通常散点图主要分析不同特征之间的相关关系,而折线图则用于分析不同特征之间的趋势关系。

【实例 5-33】　绘制不同特征之间的散点图。

```
import matplotlib.pyplot as plt
plt.rcParams['font.sans-serif'] ='SimHei' #设置中文显示
plt.rcParams['axes.unicode_minus'] =False
from sklearn.datasets import load_boston
boston=load_boston()
X =boston.data
name =boston['feature_names']                #提取其中的 columns 数组,视为数据的标签
print(name)
plt.figure()                                 #设置画布
plt.subplot(2,1,1)
plt.scatter(X[:,0],X[:,5], marker='o',c='g')#绘制散点图
plt.xlabel('城镇人均犯罪率')                    #添加横轴标签
plt.ylabel('住宅平均房间数')                    #添加 y 轴名称
plt.show()
plt.subplot(2,1,2)
plt.scatter(X[:,10],X[:,0], marker='o',c='r')   #绘制散点图
plt.xlabel('城镇学生教师比')                    #添加横轴标签
plt.ylabel('城镇人均犯罪率')                    #添加 y 轴名称
plt.show()
```

本实例运行结果如图 5-48 所示。

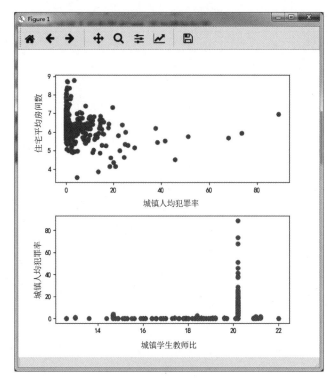

图 5-48 实例 5-33 运行结果

【实例 5-34】 整个数据集各个特征直接绘图实例。

```
import pandas as pd              #数据科学计算工具
import matplotlib.pyplot as plt  #可视化
#读取数据
iris =pd.read_csv('iris.csv')
print(iris.head())
print(iris.describe())
#数据可视化
iris.hist()
iris.plot.box()
plt.show()
```

运行本实例,将生成两个图形,如图 5-49 和图 5-50 所示。

本实例中还显示了数据集的一些基本信息,如图 5-51 所示。

本实例中的 head()函数默认显示数据集的前 5 行数据信息。panda 库中的 describe() 函数用来描述数据集的属性,可以显示每一个特征(每一列)的 count 条目统计、mean 平均 值、std 标准值、min 最小值、25%、50%中位数、75%及 max 最大值的各项信息。

将实例 5-34 中的读入数据代码改为"hongjiu = pd.read_excel('winequality-red.xlsx')",读 入一个红酒分析的数据集,运行结果如图 5-52~图 5-54 所示。

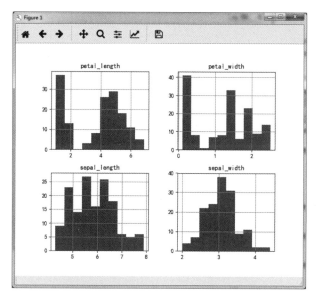

图 5-49 实例 5-34 运行结果 1

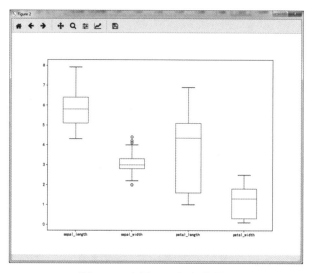

图 5-50 实例 5-34 运行结果 2

```
In [212]: runfile('D:/code/5/li5_28.py', wdir='D:/code/5')
   sepal_length  sepal_width  petal_length  petal_width  species
0          5.1          3.5           1.4          0.2   setosa
1          4.9          3.0           1.4          0.2   setosa
2          4.7          3.2           1.3          0.2   setosa
3          4.6          3.1           1.5          0.2   setosa
4          5.0          3.6           1.4          0.2   setosa
       sepal_length  sepal_width  petal_length  petal_width
count    150.000000   150.000000    150.000000   150.000000
mean       5.843333     3.054000      3.758667     1.198667
std        0.828066     0.433594      1.764420     0.763161
min        4.300000     2.000000      1.000000     0.100000
25%        5.100000     2.800000      1.600000     0.300000
50%        5.800000     3.000000      4.350000     1.300000
75%        6.400000     3.300000      5.100000     1.800000
max        7.900000     4.400000      6.900000     2.500000
```

图 5-51 实例 5-34 运行结果 3

```
In [216]: runfile('D:/code/5/li5_28_2.py', wdir='D:/code/5')
    非挥发性酸性   挥发性酸性   柠檬酸   剩余糖分   氯化物   游离二氧化硫  ...   浓度     pH    硫酸盐  酒精  质量  等级
0      7.4        0.70      0.00    1.9      0.076      11.0   ...  0.9978  3.51  0.56  9.4   5    0
1      7.8        0.88      0.00    2.6      0.098      25.0   ...  0.9968  3.20  0.68  9.8   5    0
2      7.8        0.76      0.04    2.3      0.092      15.0   ...  0.9970  3.26  0.65  9.8   5    0
3     11.2        0.28      0.56    1.9      0.075      17.0   ...  0.9980  3.16  0.58  9.8   6    1
4      7.4        0.70      0.00    1.9      0.076      11.0   ...  0.9978  3.51  0.56  9.4   5    0

[5 rows x 13 columns]
        非挥发性酸性       挥发性酸性     ...         质量          等级
count  1599.000000   1599.000000  ...  1599.000000  1599.000000
mean      8.319637      0.527821  ...     5.636023     0.534709
std       1.741096      0.179060  ...     0.807569     0.498950
min       4.600000      0.120000  ...     3.000000     0.000000
25%       7.100000      0.390000  ...     5.000000     0.000000
50%       7.900000      0.520000  ...     6.000000     1.000000
75%       9.200000      0.640000  ...     6.000000     1.000000
max      15.900000      1.580000  ...     8.000000     1.000000
```

图 5-52　实例 5-34 改为红酒数据集后运行结果 1

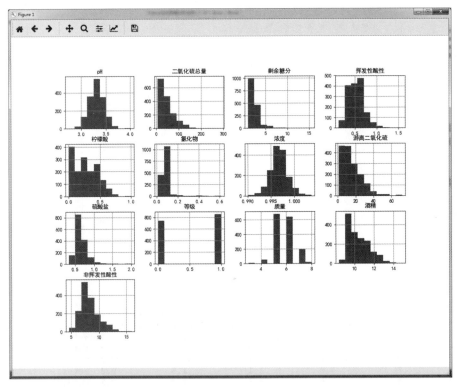

图 5-53　实例 5-34 改为红酒数据集后运行结果 2

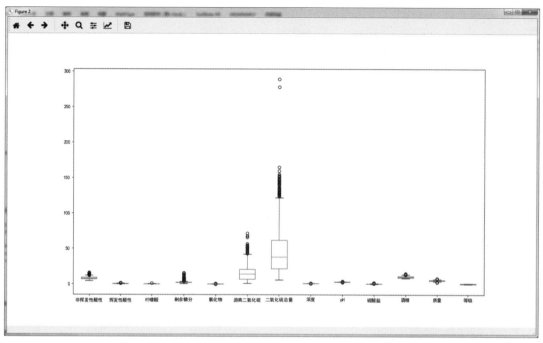

图 5-54　实例 5-34 改为红酒数据集后运行结果 3

从图 5-53 和图 5-54 中可以看出,当一个数据集中的特征数目较多时,把所有特征的相关图形画在一起可能会导致图形看不清楚,此时还是建议使用实例 5-33 的格式,只绘制感兴趣的相关特征的关系图。

习 题

一、单选题

1. 如果 x、y 均为 4×3 矩阵,则执行 plot(x,y) 命令后会在图形窗口中绘制(　　)条曲线。

　　A. 12　　　　　　　　B. 7　　　　　　　　C. 4　　　　　　　　D. 3

2. plt.subplot(2,2,3) 是指(　　)的子图。

　　A. 2 行 2 列的左下图　　　　　　　　B. 2 行 2 列的右下图

　　C. 2 行 2 列的左上图　　　　　　　　D. 2 行 2 列的右上图

3. 要想绘制散点图,应采用的绘图函数是(　　)。

　　A. plt.plot()　　　B. plt.bar()　　　C. plt.scatter()　　　D. plt.pie()

4. 要想绘制饼图,应采用的绘图函数是(　　)。

　　A. plt.plot()　　　B. plt.bar()　　　C. plt.scatter()　　　D. plt.pie()

5. 要想绘制直方图,应采用的绘图函数是(　　)。

　　A. plt.hist()　　　B. plt.bar()　　　C. plt.scatter()　　　D. plt.pie()

6. 要想绘制小提琴图,应采用的绘图函数是(　　　)。

　　A. plt.hist(　)　　　　　　　　　　B. plt.violinplot(　)

　　C. plt.scatter(　)　　　　　　　　　D. plt.pie(　)

7. 要想绘制热力图,需要先导入的模块是(　　　)。

　　A. sklearn　　　　　　　　　　　　B. seaborn

　　C. matplotlib　　　　　　　　　　　D. numpy

8. 如果要给绘制的当前图形窗口添加标题,应采用的函数是(　　　)。

　　A. plt. title(　)　　　　　　　　　　B. plt. xlabel(　)

　　C. plt. ylabel(　)　　　　　　　　　D. plt. Axex(　)

9. 如果要给绘制的当前图形窗口添加图例,应采用的函数是(　　　)。

　　A. plt. title(　)　　　　　　　　　　B. plt. xlabel(　)

　　C. plt. ylabel(　)　　　　　　　　　D. plt. legend(　)

10. 如果要保存当前图形窗口到本地磁盘上,应采用的函数是(　　　)。

　　A. plt. title(　)　　　　　　　　　　B. plt. savefig(　)

　　C. plt. ylabel(　)　　　　　　　　　D. plt. legend(　)

二、编程题

1. 读入教材配套资源中的 winequality-red.xlsx 数据集,分别绘制非挥发性酸性与等级、非挥发性酸性与质量之间的散点图。

2. 读入教材配套资源中的 winequality-red.xlsx 数据集,分别绘制非挥发性酸性与等级、非挥发性酸性与质量之间的折线图。

3. 自己创建一个任意内容的文本文件并保存为 t2.txt,绘制图 5-55 所示的图形并保存为 tu1.jpg,使用这两个文件创建一个词云图(文本文件要使用记事本,创建时要特别注意选择 UTF-8 编码格式进行保存,如图 5-56 所示)。

图 5-55　自绘图形

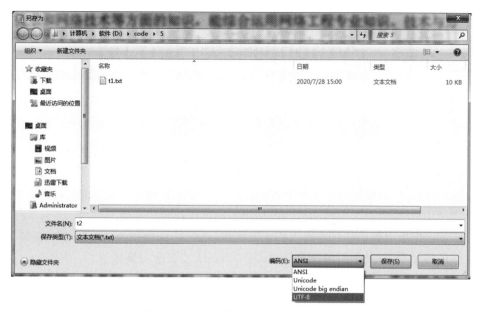

图 5-56　保存记事本时选择的编码格式

第6章 Python的聚类分析方法

机器学习致力于研究如何通过计算的手段,利用经验来改善系统自身的性能。在计算机系统中,"经验"通常是以"数据"的形式存在的。机器学习其实可以看作通过观察自然世界获得相关数据,然后根据数据推断和预测结果的一套工具和方法。当然,其需要大量的数据支持,数据的质量也会对推断和预测的结果的准确度起着决定性的作用。

机器学习作为大数据分析应用中的主要技术,已经广泛应用于各个领域。机器学习算法主要包括两大类,一类是监督学习算法,另一类是无监督学习算法。

监督学习算法一般用于预测处理时,数据集中的每个特征值都已经有了一个对应的标记结果。简单点说就是监督学习的训练样本,带有属性标签,也可以理解成样本有输入也有输出。第7章介绍的分类算法,第8章介绍的回归算法及第9章介绍的决策树都属于监督学习算法。监督学习的前提是已有的数据都已经有了相应的标记,目的是通过已有数据和标签训练出一个模型,然后利用该模型预测新得观测值的对应结果。

无监督学习就是事先不知道样本的类别,通过某种办法把相似的样本放在一起归为一类。这一章要学习的聚类算法就是无监督学习算法。

聚类分析属于机器学习算法中的一种无监督学习算法。聚类分析是将一组研究对象分为相对同质的群组(clusters)的统计分析技术。聚类的输入是一组未被标记的样本,聚类根据数据自身的距离或者相似度将其划分成若干个组,划分的原则是组内距离最小化而组间(外部)距离最大化。

6.1 机器学习库 sklearn 简介

Python 扩展库 scikit-learn(简称 sklearn)是一种用于数据分析与机器学习的开源库,其对常用的机器学习方法进行了封装,包括聚类、回归、降维及分类等方法。在使用 sklearn 库之前,要求 Python 环境已经安装了 numpy、scipy 及 matplotlib 模块库。可以使用 pip install scikit-learn 命令安装 sklearn 库。

sklearn 库中包含许多常用的机器学习方法,各种方法的使用步骤基本相同。第一步是将需要分析的数据引入,可以引入外部数据,也可以使用 sklearn 自带的数据集,或者利用 numpy 中的各种方法构造一些矩阵等数据;第二步是从 sklearn 库中选择合适的机器学习方法对导入的数据进行训练;第三步是利用训练好的模型预测数据;第四步是通过 matplotlib 库的各种绘图方法来可视化分析数据。

在实际操作过程中可能需要花较长时间训练数据,不断地调整参数,以期得到最优模型。通常我们会把通过大量实验验证后的最优模型保存起来,在需要时直接使用。

机器学习的一般流程如图 6-1 所示。

获取数据 → 数据预处理 → 训练模型 → 模型评估 → 预测、分类

图 6-1　机器学习的一般流程

6.2　KMeans 聚类算法

KMeans 聚类算法是一种简单常用的聚类算法,属于无监督学习算法。在初始状态下,数据样本没有标签或目标值,通过聚类算法发现数据样本之间的关系,将相似的样本分为一类,并贴上相应的标签。

KMeans 聚类算法的目的是将数据集中 n 个样本分别分到 k 个类里去。KMeans 聚类算法的基本思路是首先在数据集 X 中任意挑选 k 个对象作为聚类的初始聚类中心,剩下的数据对象则根据其距离各聚类中心的远近分配到距离最近的聚类中去;然后计算分配好的各个聚类中的数据的平均值并作为新的聚类中心。重复前面的过程,直到聚类中心不再发生变化,结束整个聚类过程。KMeans 聚类算法流程如图 6-2 所示。

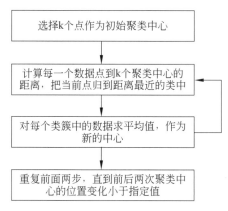

图 6-2　KMeans 算法流程

6.2.1　sklearn.cluster 中的 KMeans 用法

在 sklearn.cluster 中通过定义的 KMeans 类实现 KMeans 聚类算法。

【语法格式】

```
KMeans(n_clusters=8,init='k-means++',n_init=10,max_iter=300,tol=0.0001,
precompute_distances='auto',verbose=0,random_state=None,copy_x=True,n_jobs=
1,algorithm='auto')
```

使用 KMeans 类进行聚类前,要在程序里先添加如下语句。

```
from sklearn.cluster import KMeans
```

KMeans 类中常用的参数如表 6-1 所示。

表 6-1 KMeans 类中常用的参数

参 数	说 明
n_clusters	指定聚类数量,要求整型,默认值为 8
max_iter	指定算法单次运行的最大迭代次数,要求整型,默认值为 300
n_init	指定算法运行的次数,最终结果是 n_init 次连续运行的最优输出,要求整型,默认值为 10
init	指定设置初始化的方法,默认为 KMeans++。其可选值有 KMeans++(选择相互距离尽可能远的初始聚类中心来加速算法的收敛过程)、random(随机选择数据作为初始的聚类中心)、ndarray(通过数组设置初始聚类中心)
precompute_distances	指定预计算距离的方式。其有 3 个可选值:auto(如果样本数乘以聚类数大于 1200 万,则不预计算距离)、True(总是预先计算距离)、False(永远不预先计算距离)
tol	指定收敛条件,要求浮点型数值,默认值为 0.0001

如表 6-2 所示为 KMeans 聚类算法常用的方法。

表 6-2 KMeans 聚类算法常用的方法

方 法	说 明
fit(X,y=None)	计算 KMeans 聚类,X 表示用来聚类的训练数据,y 可以不提供
fit_predict(X,y=None)	计算聚类中心并给每个样本预测类别
fit_transform(X,y=None)	计算聚类并把 X 转换到聚类距离空间
predict(X)	给每个样本估计最接近聚类
score(X,y=None)	计算聚类误差,对模型进行评分

如表 6-3 所示为 KMeans 类中定义的对象属性。

表 6-3 KMeans 类中定义的对象属性

属 性 名 称	说 明
cluster_centers_	各聚类中心的坐标
Labels_	每个点的分类标签
inertia_	所有样本到离它们最近的聚类中心的距离之和

实例 6-1 采用 sklearn 自带的小数据集——鸢尾花数据集。鸢尾花数据集是机器学习算法中常用的演示数据集,它的数据样本中包括 4 个特征变量和 1 个类别变量,样本总数为 150。其 4 个特征分别为花萼长度(sepal length)、花萼宽度(sepal width)、花瓣长度(petal length)、花瓣宽度(petal width)。

【实例 6-1】 利用 sklearn 库的 KMeans 算法对鸢尾花数据集进行聚类。

```
import matplotlib.pyplot as plt
from sklearn.cluster import KMeans
from sklearn.datasets import load_iris
#导入数据
iris =load_iris()
X =iris.data[:,2:]                       #表示只取特征空间中的后两个维度
#聚类
KMeans1 =KMeans(n_clusters=3)            #构造聚类器
KMeans1.fit(X)                           #聚类
label_pred =KMeans1.labels_             #获取聚类标签
#绘图
x0 =X[label_pred ==0]
x1 =X[label_pred ==1]
x2 =X[label_pred ==2]
plt.scatter(x0[:, 0], x0[:, 1], c ="r", marker='D', label='label0')
plt.scatter(x1[:, 0], x1[:, 1], c ="g", marker='*', label='label1')
plt.scatter(x2[:, 0], x2[:, 1], c ="b", marker='+', label='label2')
plt.xlabel('petal length')
plt.ylabel('petal width')
plt.legend()
plt.show()
```

本实例运行结果如图 6-3 所示。

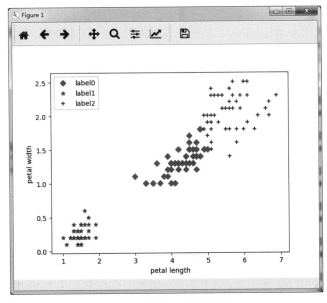

图 6-3　实例 6-1 运行结果

6.2.2 使用 make_blobs()方法生成测试数据

sklearn 库中的 make_blobs()方法可以根据指定的特征数量、中心点数量、范围等参数生成几类数据,用这些生成数据测试聚类算法的效果。

【语法格式】

```
sklearn.datasets.make_blobs(n_samples=100, n_features=2,centers=3, cluster_std=
1.0, center_box=(-10.0, 10.0), shuffle=True, random_state=None)[source]
```

表 6-4 所示为 make_blobs()方法中各参数的含义。

表 6-4 make_blobs()方法中各参数的含义

参　　数	含　　义
n_samples	指定需要生成的样本总数,默认值为 100
n_features	指定每个样本的特征数,默认值为 2
centers	指定类别数,默认值为 3
cluster_std	指定每个类别的方差,默认值为 1.0。例如,想生成 2 类数据,其中一类比另一类具有更大的方差,可以将 cluster_std 设置为[1.0,3.0]
center_box	中心确定之后的数据边界,默认值为(−10.0,+10.0)
shuffle	将数据进行洗乱,默认值是 True
random_state	随机生成器的种子

【实例 6-2】 使用 make_blobs()方法生成聚类算法的测试数据。

```
from sklearn.datasets import make_blobs
import matplotlib.pyplot as plt
figure =plt.figure()
axes1 =figure.add_subplot(2,1,1)
axes2 =figure.add_subplot(2,1,2)
#生成测试数据用于聚类,数据有 100 个样本,每个样本有 2 个特征,共分 4 类数据,用 X 表示样本
#特征,用 y 表示样本类别
X, y =make_blobs(n_samples=100,n_features=2,centers=3)
#绘图
axes1.scatter(X[:,0],X[:,1],c=y);
plt.show()
#使用 cluster_std 参数为每个类别设置不同的方差
X, y =make_blobs(n_samples=100,n_features=2,centers=3,cluster_std=[1.0,3.0,2.
0])
#在 2D 图中绘制样本,每个样本颜色不同
axes2.scatter(X[:,0],X[:,1],c=y);
plt.show()
```

本实例运行结果如图 6-4 所示。

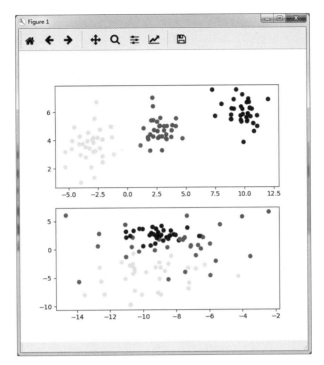

图 6-4　实例 6-2 运行结果

实例 6-2 演示了设置方差和没有设置方差生成的数据的区别。

6.2.3　使用 Calinski-Harabasz 指数评价聚类结果

Calinski-Harabasz 指数是评价聚类结果好坏的一个指标。Calinski-Harabasz 指数是通过方差比(所有集群的集群间离散度和集群间离散度之和的比值)计算得到,通常离散度定义为距离平方和。Calinski-Harabasz 指数用于评估模型聚类结果的好坏时,得分越高,说明聚类的结果越好。在使用 sklearn.cluster 进行聚类后计算 Calinski-Harabasz 指数,是通过 metrics.calinski_harabaz_score()方法实现的。

【实例 6-3】　生成测试数据,分别使用 KMeans 进行 2 聚类、3 聚类和 4 聚类,对比得分。

```python
import matplotlib.pyplot as plt
from sklearn import metrics
from sklearn.datasets.samples_generator import make_blobs
from sklearn.cluster import KMeans
plt.rcParams['font.sans-serif']=['SimHei']
plt.rcParams['axes.unicode_minus']=False
#X 为样本特征,y 为样本簇类别,共 1000 个样本
#每个样本 4 个特征,共 4 个簇,簇中心在[-1,-1] [0,0][1,1][2,2],簇方差分别为[0.4, 0.2,
#0.2, 02]
```

```
X, y =make_blobs(n_samples=1000, n_features=2,
centers=[[-1,-1], [0,0], [1,1], [2,2]],
cluster_std=[0.4, 0.2, 0.2, 0.2],)
#划分 4 个子图
figure =plt.figure()
axes1 =figure.add_subplot(2,2,1)
axes2 =figure.add_subplot(2,2,2)
axes3 =figure.add_subplot(2,2,3)
axes4 =figure.add_subplot(2,2,4)
#绘制原始数据散点图
axes1.scatter(X[:, 0], X[:, 1], marker='o',c='r')
axes1.set_title('原始数据')
plt.show()
#2 聚类
KMeans1 =KMeans(n_clusters=2)                        #构造聚类器
y_pred=KMeans1.fit_predict(X)                        #聚类
axes2.scatter(X[:, 0], X[:, 1], c=y_pred)
axes2.set_title('2 聚类')
plt.show()
#用 Calinski-Harabasz Index 评估聚类分数
print("聚类为 2 时得分: ",metrics.calinski_harabaz_score(X, y_pred))
#3 聚类
KMeans1 =KMeans(n_clusters=3)                        #构造聚类器
y_pred=KMeans1.fit_predict(X)                        #聚类
#y_pred =KMeans(n_clusters=3).fit_predict(X)
axes3.scatter(X[:, 0], X[:, 1], c=y_pred)
axes3.set_title('3 聚类')
plt.show()
print("聚类为 3 时得分: ",metrics.calinski_harabaz_score(X, y_pred))
#4 聚类
KMeans1 =KMeans(n_clusters=4)                        #构造聚类器
y_pred=KMeans1.fit_predict(X)                        #聚类
#y_pred =KMeans(n_clusters=4).fit_predict(X)
axes4 .scatter(X[:, 0], X[:, 1], c=y_pred)
axes4.set_title('4 聚类')
plt.show()
print("聚类为 4 时得分: ",metrics.calinski_harabaz_score(X, y_pred))
```

本实例运行结果如图 6-5 所示。

本实例运行后在 Console 中显示的结果如下所示。

```
聚类为 2 时得分: 3098.9190794823235
聚类为 3 时得分: 2931.7475248497444
聚类为 4 时得分: 6028.778144048551
```

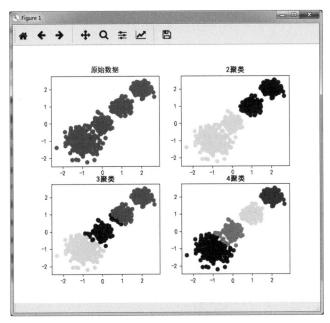

图 6-5　实例 6-3 运行结果

运行本实例，分别得到聚类为 2、3 及 4 时的 Calinski-Harabasz 指数得分。从本实例运行结果可以看出，对于当前测试数据，4 聚类时 Calinski-Harabasz 指数得分最高，说明聚类效果最好。从图 6-5 中也可以直观看出 4 聚类时效果最好。

6.3　层　次　聚　类

层次聚类(hierarchical clustering)是聚类算法的一种。层次聚类是一种直观的一层一层地进行聚类的方法，可以从下而上地把小的类别合并聚集，也可以从上而下地将大的类别进行分割。层次聚类算法通过计算不同类别数据点间的相似度去创建一棵有层次的聚类树。在聚类树中，不同类别的原始数据点是树的最底层，树的顶层是一个聚类的根节点。通常使用从下而上地将小类别进行聚集的方式，将小类别中距离最近的两个小类别合并成一个类别。

层次聚类的一般算法流程如图 6-6 所示。

6.3.1　利用 sklearn 中的 AgglomerativeClustering 类实现层次聚类

在 Sklearn.cluster 中通过 AgglomerativeClustering 类实现层次聚类。

【语法格式】

```
Sklearn.cluster.AgglomerativeClustering(n_clusters=2,affinity='euclidean',
memory=None,
connectivity=None,computer_full_tree='auto',linkage='ward',
pooling_func=<function mean at ox174b938)
```

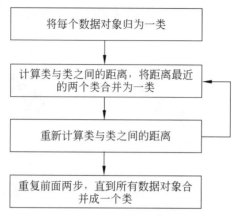

图 6-6 层次聚类算法流程

使用 AgglomerativeClustering 类进行聚类前,要在程序里先添加如下语句。

```
from sklearn.cluster import AgglomerativeClustering
```

AgglomerativeClustering 类中常用的参数如表 6-5 所示。

表 6-5 **AgglomerativeClustering 类中常用的参数**

参 数 名	含 义
n_clusters	指定聚类的个数,默认值为 2
Affinity	指定样本点之间距离计算方式,默认值为 euclidean。其可选值为 euclidean(欧氏距离)、l_1、l_2、manhattan(曼哈顿距离)、cosine(余弦距离)、precomputed(可以预先设定好距离)。如果参数 linkage 选择 ward,则只能使用 euclidean
linkage	指定层次聚类判断相似度的方法,默认值为 ward。其可选值为 ward(组间距离等于两类对象之间的最小距离,即 single-linkage 聚类)、average(组间距离等于两组对象之间的平均距离,即 average-linkage 聚类)、complete(组间距离等于两组对象之间的最大距离,即 complete-linkage 聚类)
connectivity	指定是否设置连通矩阵,默认值为 None。可以将样本之间的连接关系设置为连通矩阵,也可以把数据转换为连通矩阵的可调用对象
computer_full_tree	指定是否构建完整的层次树

AgglomerativeClustering 类中的对象属性如表 6-6 所示。

表 6-6 **AgglomerativeClustering 类中的对象属性**

对 象 属 性	含 义
labels_	每个样本点的类别
n_leaves_	层次树中叶节点数量

AgglomerativeClustering 类中可以使用的方法如表 6-7 所示。

表 6-7   AgglomerativeClustering 类中可以使用的方法

方　　法	功　　能
fit(X,y＝None)	对数据进行拟合
fit_predict(X,y＝None)	对数据进行聚类并返回聚类后的标签
get_params(deep＝True)	返回估计器的参数
set_params(**params)	设置估计器的参数

【实例 6-4】 对生成的测试数据进行层次聚类

```
from sklearn.datasets.samples_generator import make_blobs
from sklearn.cluster import AgglomerativeClustering
import matplotlib.pyplot as plt
from sklearn import metrics
#生成数据
X, lables_true =make_blobs(n_samples=1000, centers=[[1, 1], [-1, -1], [1, -1]])
#层次聚类
ccj =AgglomerativeClustering(n_clusters =3)
#训练数据
#y_pred=ccj.fit(X)
y_pred=ccj.fit_predict(X)
#每个数据的分类
lables =ccj.labels_
#划分子图
figure =plt.figure()
axes1 =figure.add_subplot(2,1,1)
axes2 =figure.add_subplot(2,1,2)
#绘制子图1
x0 =X[lables ==0]
x1 =X[lables ==1]
x2 =X[lables ==2]
axes1.scatter(x0[:, 0], x0[:, 1], c ="r", marker='D', label='label0')
axes1.scatter(x1[:, 0], x1[:, 1], c ="g", marker='*', label='label1')
axes1.scatter(x2[:, 0], x2[:, 1], c ="b", marker='+', label='label2')
axes1.legend()
#绘制子图2
axes2.scatter(X[:, 0], X[:, 1], c=lables)
plt.show()
print("聚类得分: ",metrics.calinski_harabaz_score(X, y_pred))
```

本实例运行结果如图 6-7 所示。

实例 6-4 给出了两种可视化结果的形式,上方的子图通过指定不同的标签类中的颜色和形式进行绘制,下方的子图直接使用默认的颜色和形状进行绘制。

本实例运行后在 Console 中显示的结果如下所示。

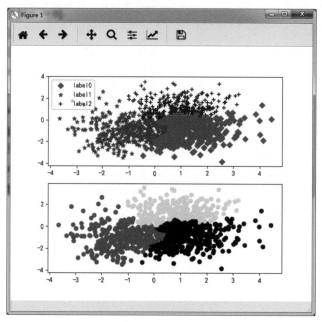

图 6-7　实例 6-4 运行结果

聚类得分：649.3143586205168

可以看到本实例中使用层次聚类得到的 Calinski-Harabasz 指数得分为 649.3143586205168。

6.3.2　利用 scipy 中的 hierarchy 绘制层次聚类树

利用 sklearn.cluster 中的 AgglomerativeClustering 包可以实现层次聚类，但是不能绘制层次聚类图。所以，通常使用 scipy 下的聚类包中的 hierarchy 来实现层次聚类，并绘制层次聚类树。

在 scipy.cluster.hierarchy 包中包含许多方法，如表 6-8 所示为两个常用的方法。

表 6-8　scipy.cluster.hierarchy 包中两个常用的方法

方　　　法	功　　　能
linkage(y，method，metric，optimal_ordering])	执行层次聚类
dendrogram(Z[，p，truncate_mode，...])	将分层聚类绘制为树状图

如果需要使用其他方法，读者可参阅 scipy 参考文档页面中的聚类包下层次聚类 scipy.cluster.hierarchy 的说明，网址如下所示。

```
https://docs.scipy.org/doc/scipy/reference/cluster.hierarchy.html#module-
scipy.cluster.hierarchy
```

在 scipy.cluster.hierarchy 包中执行层次聚类的 linkage()方法的语法格式如下所示。

【语法格式】

```
scipy.cluster.hierarchy.linkage(y, method = 'single', metric = 'euclidean',
optimal_ordering=False)
```

其中,y 是需要进行层次聚类的数据;method 表示层次聚类选用的方法,共有 single、complete、average、weighted、centroid、median 及 ward 共 7 个值可选;metric 是指定计算距离的方法,通常使用默认值欧氏距离。

linkage()方法执行层次聚类的主要思路是把数据集中的每一个样本都当作一个聚类簇,构成一个聚类簇集合,然后计算两个聚类簇 k1 和 k2 之间的距离 $d(k1,k2)$;当 k1 和 k2 合并成一个新的聚类簇 k3 时,将 k1 和 k2 从已经形成的聚类簇集合中移除,用新的聚类簇 k3 来代替;一直重复合并的过程,当已经形成的聚类簇集合中只有一个聚类簇时算法停止,而该聚类簇就作为层次聚类树的根。

在重复过程中,距离矩阵起到了非常重要的作用,每次合并聚类簇就是根据距离规则选择的。在每次迭代中都保存一个距离矩阵,用 $d[i,j]$ 表示对应于第 i 个聚类簇与第 j 个聚类簇之间的距离。每次合并完,距离矩阵都会发生变化,需要重新存储。

linkage()方法中的 method 就是计算新形成的聚类簇 u 和 v 之间距离的方法。

（1）single()方法：将两个组合数据点中距离最近的两个数据点间的距离作为这两个组合数据点的距离。这种方法容易受到极端值的影响。其距离计算公式为

$$d(u,v) = \min(dist(u[i],v[j])) \tag{6-1}$$

（2）complete()方法：将两个组合数据点中距离最远的两个数据点间的距离作为这两个组合数据点的距离。其距离计算公式为

$$d(u,v) = \max(dist(u[i],v[j])) \tag{6-2}$$

（3）average()方法：计算两个组合数据点中的每个数据点与其他所有数据点的距离,将所有距离的均值作为两个组合数据点间的距离。这种方法计算量比较大,但结果比前两种方法更合理。其距离计算公式为

$$d(u,v) = \sum_{ij} \frac{d(u[i],v[j])}{(|u| \times |v|)} \tag{6-3}$$

（4）weighted()方法的距离计算公式为

$$d(u,v) = \frac{[dist(s,v) + dist(t,v)]}{2} \tag{6-4}$$

式中,u 为 s 和 t 形成;v 为已经形成的聚类簇集合中剩余的聚类簇。

这种距离计算方法被称为 WPGMA(加权分组平均)法。

（5）centroid()方法的距离计算公式为

$$dist(s,t) = \| C_s - C_t \|_2 \tag{6-5}$$

式中,C_s 和 C_t 分别为聚类簇 s 和 t 的聚类中心,当 s 和 t 形成一个新的聚类簇时,聚类中心 centroid 会在 s 和 t 上重新计算。

这种距离计算方法被称为 UPGMC 算法(采用质心的无加权 paire-group()方法)。

（6）median()方法类似于 centroid()方法。当两个聚类簇 s 和 t 组合成一个新的聚类簇 u 时,s 和 t 的质心的均值称为 u 的质心。这种距离计算方法称为 WPGMC 算法。

（7）ward()方法被称为沃德方差最小化算法，其距离计算公式为

$$d(u,v)=\sqrt{\frac{|v|+|s|}{T}d(v,s)^2+\frac{|v|+|t|}{T}d(v,t)^2-\frac{|v|}{T}d(s,t)^2} \qquad (6\text{-}6)$$

式中，u 为 s 和 t 组成的新的聚类；v 为已经形成的聚类簇集合中剩余的聚类簇；$T=|v|+|s|+|t|$。

在使用 hierarchy()方法前，首先需要从 scipy.cluster 包中导入 hierarchy 模块，语法格式如下所示。

```
from scipy.cluster import hierarchy
```

【实例 6-5】 指定 5 个点的数据集 X，绘制层次聚类树。

```
from scipy.cluster import hierarchy
X =[[1,2],[3,2],[4,4],[2,3],[1,3]]
Z =hierarchy.linkage(X, method ='ward')
hierarchy.dendrogram(Z)
```

本实例运行结果如图 6-8 所示。

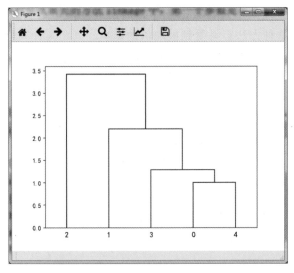

图 6-8　实例 6-5 运行结果

【实例 6-6】 对鸢尾花数据集执行层次聚类并绘制层次聚类树。

```
from scipy.cluster import hierarchy          #用于进行层次聚类,绘制层次聚类图的工具包
from sklearn.datasets import load_iris
#导入数据
iris =load_iris()
X =iris.data[:, :2]
y =iris.target
Z =hierarchy.linkage(X, method ='ward')
hierarchy.dendrogram(Z,labels =y)
```

本实例运行结果如图 6-9 所示。

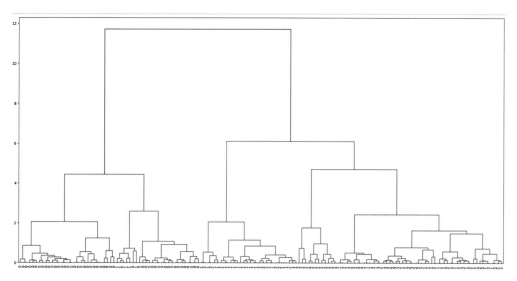

图 6-9　实例 6-6 运行结果

在图 6-9 所示的层次聚类树中,因为将标签指定为分类的标签,所以 x 轴上的坐标值为 0、1、2 共 3 个值。将实例 6-6 中的最后一行代码改为"hierarchy.dendrogram(Z)",则运行结果如图 6-10 所示。

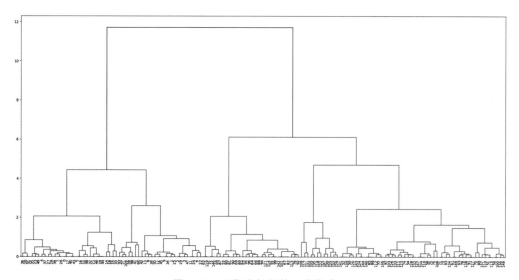

图 6-10　不指定标签的层次聚类树

在 hierarchy.dendrogram()方法里,默认情况下标签为"无",因此将原始样本集中的观测值的索引用于标记叶子节点,所以图 6-10 中 x 轴的标签值就是原始样本数据编号。

6.4 基于密度的聚类方法

DBSCAN(density-based spatial clustering of application with noise)是一种基于高密度连接区域的代表性密度聚类算法。DBSCAN算法的基本思路是将具有足够密度的区域划分为一簇,通常要求聚类空间中的一定区域内所包含对象的数目不小于某一个指定的阈值。

DBSCAN算法的基本流程如下:选取任意一个对象x作为初始对象,通过广度优先搜索,根据设定的阈值和参数提取所有x密度可达的对象,并将其划分为一个类;选择一个新的对象,重复上述过程。如果x是边界对象,则将其标记为噪声并舍弃。

在sklearn.cluster库中使用DBSCAN类实现基于密度的聚类。

【语法格式】

```
DBSCAN(eps=0.5,min_samples=5,metric='euclidean',metric_params=None,
algorithm='auto',leaf_size=30,p=None,n_jobs=1)
```

使用DBSCAN类进行聚类前,要在程序里先添加如下语句。

```
from sklearn.cluster import DBSCAN
```

DBSCAN类中的常用参数如表6-9所示。

表6-9 DBSCAN类中的常用参数

参　　数	含　　义
eps	设置两个样本之间的最大距离,如果两个样本间的距离小于eps,则认为属于同一类。通常eps的值越大,聚类覆盖的样本就会越多
min_samples	指定核心样本的邻域(以其为圆心,eps为半径的圆,含圆上的点)中的最小样本数(包括点本身)。通常min_samples值越大,核心样本就越少,噪声就越多
metric	指定样本间距离的计算公式,默认为euclidean
algorithm	指定计算样本间距离和寻找最近样本的算法,可选值为auto、ball_tree、kd_tree及brute
leaf_size	指定传递给BallTree或cKDTree的叶子的大小

DBSCAN类中的对象属性如表6-10所示。

表6-10 DBSCAN类中的对象属性

属　　性	含　　义
core_sample_indices_	核心样本的索引
labels_	数据集中每个点的聚类标签,噪声点标签为-1
components_	通过训练得到的每个核心样本的副本

DBSCAN类中的主要方法如表6-11所示。

表 6-11   DBSCAN 类中的主要方法

方　法	含　义
fit(X, y = None, sample_wight = None)	对数据进行拟合,如果设置 metric = 'precomputed',则要求参数 X 为样本之间的距离数组
fit_predict(X, y = None, sample_wight=None)	对数据集 X 进行聚类并返回聚类标签

【实例 6-7】　生成测试数据并使用 DBSCAN 聚类。

```
from sklearn.datasets.samples_generator import make_blobs
from sklearn.cluster import DBSCAN
import matplotlib.pyplot as plt
from sklearn.preprocessing import StandardScaler
from sklearn import metrics
#生成数据
X, y =make_blobs(n_samples=1000, centers=[[1, 1], [-1, -1], [1, -1]])
#密度聚类
db =DBSCAN(eps=0.5, min_samples=15)
#训练数据
y_pred=db.fit_predict(X)
plt.scatter(X[:, 0], X[:, 1], c=y_pred)
plt.show()
print("聚类得分: ",metrics.calinski_harabaz_score(X, y_pred))
```

本实例运行结果如图 6-11 所示。

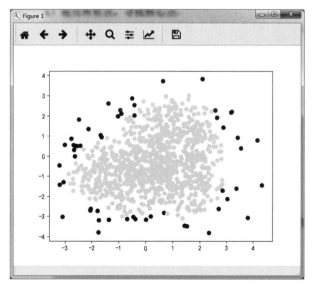

图 6-11   实例 6-7 运行结果

本实例运行后在 Console 中显示的结果如下所示。

聚类得分： 3.1809994207615286

本实例对 DBSCAN 聚类也计算了 Calinski-Harabasz 指数得分,结果为 3.1809994207615286。可以看出,对于生成的该测试数据,当以 eps＝0.5、min_samples＝15 为参数进行 DBSCAN 聚类时,Calinski-Harabasz 指数得分很低。

将本实例中的 DBSCAN 的参数改为 eps＝0.3、min_samples＝20,再次运行得到结果如图 6-12 所示。

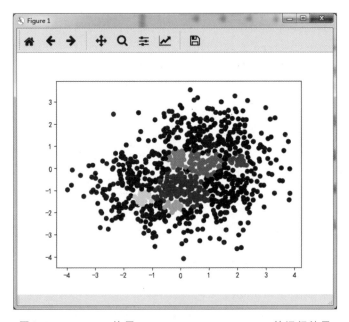

图 6-12　DBSCAN 使用 eps＝0.3、min_samples＝20 的运行结果

DBSCAN 的参数改为 eps＝0.3、min_samples＝20 时,计算得到的 Calinski-Harabasz 指数得分比刚才的得分结果要好很多。其运行后在 Console 中显示的结果如下所示。

聚类得分： 29.508822999321513

要注意,程序每次运行得到的 Calinski-Harabasz 指数得分值可能是不同的。

6.5　谱聚类算法

谱聚类是一种基于图论的聚类方法,通过对样本数据的拉普拉斯矩阵的特征向量进行聚类,从而实现对样本数据进行聚类。谱聚类可以理解为将高维空间的数据映射到低维空间,然后在低维空间用其他聚类算法(如 KMeans)进行聚类的方法。

在 scikit-learn 库中使用 sklearn.cluster.spectralclustering 模块,可实现基于 Ncut 的谱聚类。

【语法格式】

```
spectral_clustering(n_clusters=8, eigen_solver=None, random_state=None, n_init
=10, gamma=1.0, affinity='rbf', n_neighbors=10, eigen_tol=0.0, assign_labels='
kmeans', degree=3, coef0=1, kernel_params=None, n_jobs=None)
```

使用 spectralclustering 类进行聚类前,要在程序里先添加如下语句。

```
from sklearn.cluster import spectral_clustering
```

spectralclustering 类中的重要参数如表 6-12 所示。

表 6-12 spectralclustering 类中的重要参数

参　数	含　义
n_clusters	指定聚类数
affinity	指定相似矩阵的建立方式。其可选值有 nearest_neighbors(K 邻近法)、precomputed(自定义相似矩阵)、rbf(内置高斯核函数,此选项为默认值)、linear(线性核函数)、poly(多项式核函数)、sigmoid(sigmoid 核函数)
gamma	affinity 参数设置为几种核函数时,需要对该参数进行调参
degree	如果 affinity 选择 poly,则需要对该参数进行调参

【实例 6-8】 利用生成的测试数据进行谱聚类。

```
from sklearn.datasets.samples_generator import make_blobs
from sklearn.cluster import spectral_clustering
import numpy as np
import matplotlib.pyplot as plt
from sklearn import metrics
#生成数据
X, y =make_blobs(n_samples=1000, centers=[[1, 1], [-1, -1], [1, -1]])
#将 X 变换成对称矩阵,谱聚类要求输入必须是对称矩阵
duicheng_X = (-1 * metrics.pairwise.pairwise_distances(X)).astype(np.int32)
duicheng_X +=-1 * duicheng_X.min()
y_pred =spectral_clustering(duicheng_X,n_clusters=3)
#结果可视化
plt.scatter(X[:, 0], X[:, 1], c=y_pred)
plt.title('spectral clusters')
plt.show()
```

本实例运行结果如图 6-13 所示。

本实例运行后在 Console 中显示的结果如下所示。

```
聚类得分:　807.3015241113002
```

本实例运行的 Calinski-Harabasz 指数得分为 807.3015241113002,显然得分很高,说明聚类效果较好。

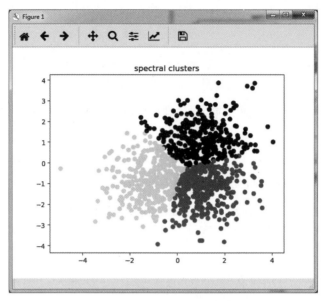

图 6-13　实例 6-8 运行结果

6.6　Birch 聚类算法

在 scikit-learn 库中,Birch 类实现了基于聚类特征树(clustering feature tree,CF Tree)的聚类。Birch 只需要单遍扫描数据集就能进行聚类,它利用了一个树结构来实现快速聚类。一般将该树结构类称为 CF Tree,CF Tree 的每一个节点均由若干个聚类特征(clustering feature,CF)组成。Birch 聚类算法就将所有的训练集样本建立了一个聚类特征树的过程,Birch 聚类算法的输出结果是若干个 CF 节点,每个节点里的样本点就是一个聚类的簇。

【语法格式】

```
sklearn.cluster.Birch(threshold=0.5, branching_factor=50, n_clusters=3,
compute_labels=True, copy=True)
```

使用 sklearn.cluster.Birch 类进行聚类前,要在程序里先添加如下语句。

```
from sklearn.cluster importBirch
```

sklearn.cluster.Birch 类中常用的参数如表 6-13 所示。

sklearn.cluster.Birch 类中的常用方法如表 6-14 所示。

Birch 聚类算法可以不指定聚类的类别数,程序最后得到的 CF 元组的组数就是最终聚类结果的类别数。如果指定了聚类的类别数,则要按照指定的聚类类别数对 CF 组按距离远近进行合并。

表 6-13　sklearn.cluster.Birch 类中常用的参数

参　数	含　义
threshold	叶节点每个 CF 的最大样本半径阈值 T,默认值是 0.5。threshold 决定了每个 CF 里所有样本形成的超球体的半径阈值。一般来说,threshold 越小,则 CF Tree 的建立阶段的规模会越大,即 Birch 聚类算法第一阶段所花的时间和内存会越多。如果样本的方差较大,则一般需要增大该默认值
branching_factor	CF Tree 内部节点的最大 CF 数 B,以及叶子节点的最大 CF 数 L,默认值是 50。在 scikit-learn 中对这两个参数进行了统一取值
n_clusters	指定聚类的类别数 K,默认值是 3。在 Birch 聚类算法中可以不指定聚类类别数,这时设置 n_clusters 值为 None
compute_labels	指定是否标示类别输出,默认值是 True

表 6-14　sklearn.cluster.Birch 类中常用的方法

方　法	功　能
fit(X,y=None)	构造 CF Tree
fit_predict(X,y=None)	对数据 X 进行聚类并返回聚类后的标签

在评估 Birch 聚类算法的聚类效果时,仍然使用 Calinski-Harabasz 指数得分。

【实例 6-9】　不指定聚类类别数的 Birch 聚类。

```
import matplotlib.pyplot as plt
from sklearn.datasets.samples_generator import make_blobs
from sklearn.cluster import Birch
from sklearn import metrics
#X为样本特征,y为样本簇类别,共1000个样本,每个样本2个特征,共4个簇,簇中心在[-1,-1]
#[0,0][1,1][2,2]
X, y =make_blobs(n_samples=1000, n_features=2, centers=[[-1,-1], [0,0], [1,1],
[2,2]], cluster_std=[0.4, 0.3, 0.4, 0.3])
#设置 Birch() 函数
Birch =Birch(n_clusters =None)
#训练数据
y_pred =Birch.fit_predict(X)
#绘图
plt.scatter(X[:, 0], X[:, 1], c=y_pred)
plt.show()
print("聚类得分: ",metrics.calinski_harabaz_score(X, y_pred))
```

本实例运行结果如图 6-14 所示。

本实例运行后在 Console 中显示的结果如下所示。

聚类得分: 2342.5271187188087

本实例中计算的 Calinski-Harabasz 指数得分为 2342.5271187188087,结果很好。

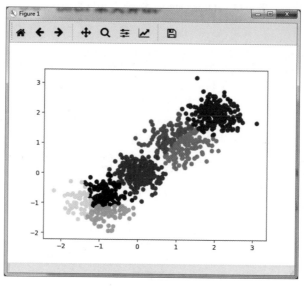

图 6-14　实例 6-9 运行结果

6.7　调　　参

　　sklearn.cluster 库中的各种聚类算法都有许多参数,在使用时设置不同的参数值可能
会得到不同的聚类结果。所以,在进行模型评估和选择时,不仅要选择合适的算法,还要选
择恰当的参数才可以得到较好的结果。例如,实例 6-9 中没有指定聚类类别数,下面指定
Birch 聚类的类别数进行聚类,观察指定聚类类别数的结果与不指定聚类类别数时的区别。

　　【实例 6-10】　指定聚类类别数的 Birch 聚类。

```
import matplotlib.pyplot as plt
from sklearn.datasets.samples_generator import make_blobs
from sklearn.cluster import Birch
from sklearn import metrics
#X 为样本特征,y 为样本簇类别,共 1000 个样本,每个样本 2 个特征,共 4 个簇,
#簇中心在[-1,-1][0,0][1,1][2,2]
X, y =make_blobs(n_samples=1000, n_features=2, centers=[[-1,-1], [0,0], [1,1],
[2,2]], cluster_std=[0.4, 0.3, 0.4, 0.3])
#设置 Birch()函数并训练数据
y_pred =Birch(n_clusters =4).fit_predict(X)
plt.scatter(X[:, 0], X[:, 1], c=y_pred)
plt.show()
print("聚类得分: ",metrics.calinski_harabaz_score(X, y_pred))
```

　　本实例运行结果如图 6-15 所示。
　　本实例运行后在 Console 中显示的结果如下所示。

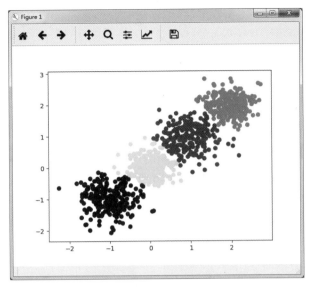

图 6-15　实例 6-10 运行结果

```
runfile('D:/code/6/li6_9.py', wdir='D:/code/6')
聚类得分：2464.7272458808434
runfile('D:/code/6/li6_10.py', wdir='D:/code/6')
聚类得分：3395.422894032458
```

为了对比实例 6-9 与实例 6-10 计算的 Calinski-Harabasz 指数得分,上边同时列出了两个实例在 Console 中的运行结果。因为在实例 6-10 中明确规定了聚类类别数为 4,从实例运行结果可以明显看出指定了聚类类别数的 Calinski-Harabasz 指数得分结果更好一些。

由此可以看出,如果不指定聚类类别数,Birch 聚类算法的聚类结果不如指定了聚类类别数的聚类结果好。但究竟是聚类类别数为多少得到的聚类结果最好,则需要通过不断地选用不同的聚类类别数进行实验验证,直到选中一个最优的聚类类别数,这种不断进行实验选择最优参数值的过程称为调参。

Birch 聚类算法中还有其他参数,我们也可以调整这些参数的值观察其对聚类结果的影响。例如,实例 6-9 和实例 6-10 中的 threshold 和 branching_factor 参数都使用了默认值(threshold＝0.5、branching_factor＝50),现在对 threshold 进行调参,观察对聚类结果的影响。

【实例 6-11】　对 Birch 聚类算法中的 threshold 进行调参。

```
from sklearn.datasets.samples_generator import make_blobs
from sklearn.cluster import Birch
from sklearn import metrics
#X 为样本特征,y 为样本簇类别, 共 1000 个样本,每个样本 2 个特征,共 4 个簇,簇中心在[-1,-1]
#[0,0][1,1][2,2]
```

```
X, y =make_blobs(n_samples=1000, n_features=2, centers=[[-1,-1], [0,0], [1,1],
[2,2]], cluster_std=[0.4, 0.3, 0.4, 0.3])
#设置 Birch()函数并训练数据
y_pred =Birch(n_clusters =4, threshold =0.5).fit_predict(X)
print("threshold =0.5 时聚类得分：      ",metrics.calinski_harabaz_score(X, y_
pred))
y_pred =Birch(n_clusters =4, threshold =0.4).fit_predict(X)
print("threshold =0.4 时聚类得分：      ",metrics.calinski_harabaz_score(X, y_
pred))
y_pred =Birch(n_clusters =4, threshold =0.3).fit_predict(X)
print("threshold =0.3 时聚类得分：      ",metrics.calinski_harabaz_score(X, y_
pred))
y_pred =Birch(n_clusters =4, threshold =0.2).fit_predict(X)
print("threshold =0.2 时聚类得分：      ",metrics.calinski_harabaz_score(X, y_
pred))
y_pred =Birch(n_clusters =4, threshold =0.1).fit_predict(X)
print("threshold =0.1 时聚类得分：      ",metrics.calinski_harabaz_score(X, y_
pred))
```

本实例中只考虑参数值变化时对 Calinski-Harabasz 指数得分的影响，不考虑可视化结果。本实例运行后在 Console 中显示的结果如下所示。

```
threshold =0.5 时聚类得分：      3365.6963040536384
threshold =0.4 时聚类得分：      3545.942525837971
threshold =0.3 时聚类得分：      2466.0747095606293
threshold =0.2 时聚类得分：      3323.7036043199078
threshold =0.1 时聚类得分：      3402.6055131468015
```

从本实例运行结果可以看出，参数 threshold 的值并不是设置得越小得到的聚类结果越好。这一次运行 threshold＝0.4 时 Calinski-Harabasz 指数得分最高，说明这时的聚类结果最好。

要注意的是，程序每次运行得到的结果可能是不同的，通常我们的处理方式是对程序多次运行，取平均值，然后用平均值来判定参数值取多少最合适。

下面在选择 threshold＝0.3 的情况下，再调试参数 branching_factor 的值。

【实例 6-12】　对 Birch 聚类算法中的 branching_factor 进行调参。

```
from sklearn.datasets.samples_generator import make_blobs
from sklearn.cluster import Birch
from sklearn import metrics
#X 为样本特征，y 为样本簇类别，共 1000 个样本，每个样本 2 个特征，共 4 个簇，簇中心在[-1,-1]
#[0,0][1,1][2,2]
X, y =make_blobs(n_samples=1000, n_features=2, centers=[[-1,-1], [0,0], [1,1],
[2,2]], cluster_std=[0.4, 0.3, 0.4, 0.3])
#设置 Birch()函数并训练数据
```

```
y_pred =Birch(n_clusters = 4, threshold = 0.3,branching_factor = 50).fit_predict
(X)
print("branching_factor = 50 时聚类得分: ",metrics.calinski_harabaz_score(X, y_
pred))
y_pred =Birch(n_clusters = 4, threshold = 0.3,branching_factor = 40).fit_predict
(X)
print("branching_factor = 40 时聚类得分: ",metrics.calinski_harabaz_score(X, y_
pred))
y_pred =Birch(n_clusters = 4, threshold = 0.3,branching_factor = 30).fit_predict
(X)
print("branching_factor = 30 时聚类得分: ",metrics.calinski_harabaz_score(X, y_
pred))
y_pred =Birch(n_clusters = 4, threshold = 0.3,branching_factor = 20).fit_predict
(X)
print("branching_factor = 20 时聚类得分: ",metrics.calinski_harabaz_score(X, y_
pred))
y_pred =Birch(n_clusters = 4, threshold = 0.3,branching_factor = 10).fit_predict
(X)
print("branching_factor = 10 时聚类得分: ",metrics.calinski_harabaz_score(X, y_
pred))
```

本实例运行后在 Console 中显示的结果如下所示。

```
branching_factor = 50 时聚类得分: 3287.9666043465113
branching_factor = 40 时聚类得分: 3287.9666043465113
branching_factor = 30 时聚类得分: 3287.9666043465113
branching_factor = 20 时聚类得分: 3336.475240802952
branching_factor = 10 时聚类得分: 2526.2757205213243
```

从本实例运行结果可以看出,当参数 branching_factor 的值为 50、40 及 30 时得到的 Calinski-Harabasz 指数得分是相同的,而当参数 branching_factor 的值为 20 时得到的 Calinski-Harabasz 指数得分有所提升,当参数值 branching_factor 为 10 时得到的 Calinski-Harabasz 指数得分有所降低。从当前的结果来看,参数 branching_factor 的值的变化对 Calinski-Harabasz 指数得分的影响变化不是太大。但是,当参数 branching_factor 的值越小时,Calinski-Harabasz 指数得分也会降低。当然,我们不能仅凭借一次运行结果就得到结论,需要进行多次实验进行验证。

6.8　使用 sklearn 构建聚类模型综合实例

前边介绍了几种 sklearn 库中提供的聚类算法的简单用法,在现实应用中进行大数据分析时,往往需要先对数据进行预处理和降维等操作,然后进行聚类建模,最后评价模型效果。在 sklearn 库中提供了相应的模块以进行相应的操作。

6.8.1　划分数据集

在大数据分析中,有时会把数据集中的样本分成训练集、验证集和测试集 3 个部分,使用训练集估计模型,使用验证集调整模型中的参数值,使用测试集检验模型的性能。通常情况下,很大的数据集会按 50%、25%、25% 的比例划分训练集、验证集和测试集。

当数据集较小时,不能将其划分成 3 部分,此时通常使用交叉验证法。常用的交叉验证法有 10 折交叉验证(10-fold cross validation)、K 折交叉验证(K-fold cross validation)及留一验证(leave one out cross validation,LOOCV)。10 折交叉验证的基本思路是将数据集分成 10 份,轮流将其中 9 份做训练 1 份做验证,将 10 次结果的均值作为对算法精度的估计。为了使结果更精确,一般在实际数据分析时会进行多次 10 折交叉验证然后求均值作为结果。K 折交叉验证的基本思路是将数据集分割成 K 份,一份保留作为验证模型的数据,其他 K−1 份用来训练,交叉验证重复 K 次,最后将 K 次运行结果的均值作为选择最优模型的依据。留一验证的基本思路是只使用原数据集样本中的一项来做验证,而剩余的则做训练,重复该步骤,一直持续到每个样本都被做一次验证。

对于一个构建的模型,可能会出现在训练集数据上获得的结果非常好,但是在新的数据上却不能正常运行或者得到的结果非常差的情况。所以通常会把原始数据集分为训练集和测试集两部分,使用训练集来训练模型,使用测试集去验证数据的可靠性。以保证构建的模型即使遇到新数据时也能完美的完成任务。

sklearn 库中提供了 train_test_split 模块来对数据集进行分割。

【语法格式】

```
sklearn.model_selection.train_test_split(* arrays, test_size, random_state,
shuffle, stratify)
```

train_test_split 模块中常用的参数如表 6-15 所示。

表 6-15　train_test_split 模块中常用的参数

参　　数	含　　义
* arrays	指定要分割的数据集,可以接收一个或多个数据集
test_size	指定测试集的大小,默认值为 25%
Train_size	指定训练集的大小,默认值为 25%
random_state	指定随机种子编号,相同的随机种子编号产生相同的随机结果,不同的随机种子编号产生不同的随机结果,默认值为 None
shuffle	指定是否进行有放回的抽样,如果值为 True,则 stratify 参数值不能为空
stratify	接收 array 或者 None,如果不为 None,则使用传入的标签进行分层抽样

要注意,使用以上函数对数据集进行分割前要添加如下语句。

```
from sklearn.model_selection import train_test_split
```

【实例 6-13】 读入 **sklearn** 库自带的鸢尾花数据集并显示相关信息,再将数据集划分为训练集和测试集。

```
from sklearn.datasets import load_iris
#导入数据
iris =load_iris()
X =iris.data
y =iris.target
print('数据集的长度为: ',len(iris))
print('数据集的类型为: ',type(iris))
#查看数据集信息
print('数据集的数据为: ','\n',X)
print('数据集的标签为: \n',y)
iris_names =iris['feature_names']        #取出数据集的特征名
print('数据集的特征名为: \n',iris_names)
print('原始数据集数据的形状为: ',X.shape)
print('原始数据集标签的形状为: ',y.shape)
#将数据集划分为训练集和测试集
from sklearn.model_selection import train_test_split
iris_data_train, iris_data_test,iris_target_train, iris_target_test =train_test
_split(X, y,test_size=0.2, random_state=42)
print('训练集数据的形状为: ',iris_data_train.shape)
print('训练集标签的形状为: ',iris_target_train.shape)
print('测试集数据的形状为: ',iris_data_test.shape)
print('测试集标签的形状为: ',iris_target_test.shape)
```

本实例运行后在 Console 中显示的结果如下所示。

```
数据集的长度为: 6
数据集的类型为: <class 'sklearn.utils.Bunch'>
数据集的标签为:
[0 0 0 0 0 0 0 0 0 0 0 0 0 0 0 0 0 0 0 0 0 0 0 0 0 0 0 0 0 0 0 0 0 0 0 0 0
 0 0 0 0 0 0 0 0 0 0 0 0 1 1 1 1 1 1 1 1 1 1 1 1 1 1 1 1 1 1 1 1 1 1 1 1 1
 1 1 1 1 1 1 1 1 1 1 1 1 1 1 1 1 1 1 1 1 1 1 2 2 2 2 2 2 2 2 2 2
 2 2 2 2 2 2 2 2 2 2 2 2 2 2 2 2 2 2 2 2 2 2 2 2 2 2 2 2 2 2 2 2
 2 2]
数据集的特征名为:
['sepal length (cm)', 'sepal width (cm)', 'petal length (cm)', 'petal width (cm)']
原始数据集数据的形状为: (150, 4)
原始数据集标签的形状为: (150,)
训练集数据的形状为: (120, 4)
训练集标签的形状为: (120,)
测试集数据的形状为: (30, 4)
测试集标签的形状为: (30,)
```

注意,这里显示的结果是把实例中第 9 行代码"♯print('数据集的数据为: ','\n',X)"注释之后运行得到的结果,因为鸢尾花数据集中有 150 行数据内容,不方便全部显示出来。

6.8.2 数据预处理

sklearn 库中提供了一系列的数据预处理函数,如表 6-16 所示为一些常用的数据预处理函数。

表 6-16   sklearn 库中一些常用的数据预处理函数

函 数 名 称	功　　能
scale()	对特征进行标准化
MinMaxScaler()	对特征进行最大值最小值归一化
StandardScaler()	对特征进行标准差标准化
Normalizer()	对特征进行归一化
Binarizer()	对定量特征进行二值化处理

标准化的含义是指通过特征的平均值和标准差,将特征缩放成一个标准的正态分布,缩放后均值为 0,方差为 1。在大数据分析应用中,标准化操作是数据预处理中常见的操作,对数据集预先进行标准化的好处是在后继的计算中可以加速收敛速度及提升精度。

【实例 6-14】   使用 scale() 函数对数据进行标准化。

```
from sklearn import preprocessing
import numpy as np
X =np.array([[ 1., -1., 2.],
             [ 2., 0., 0.],
             [ 0., 1., -1.]])
print("原数据: \n",X)
print("原数据均值: ",X.mean(axis=0))
print("原数据方差: ",X.std(axis=0))
X_scaled =preprocessing.scale(X)
print("标准化后数据: \n",X_scaled)
print("标准化数据均值: ",X_scaled.mean(axis=0))
print("标准化数据方差: ",X_scaled.std(axis=0))
```

本实例运行后在 Console 中显示的结果如下所示。

```
原数据:
[[ 1. -1.   2.]
 [ 2.  0.   0.]
 [ 0.  1.  -1.]]
原数据均值: [1.          0.          0.33333333]
原数据方差: [0.81649658  0.81649658  1.24721913]
标准化后数据:
[[ 0.  -1.22474487  1.33630621]
```

```
[ 1.22474487  0.            -0.26726124]
[-1.22474487  1.22474487  -1.06904497]]
标准化数据均值：[0. 0. 0.]
标准化数据方差：[1. 1. 1.]
```

从运行结果可以看出，标准化之后数据的均值变为0，方差变为1。

对数据进行归一化操作是指利用特征的最大值和最小值，将特征的值缩放到[0,1]区间。

【实例 6-15】 使用 **MinMaxScaler()** 函数对数据进行最大值最小值归一化操作。

```python
from sklearn import preprocessing
import numpy as np
X =np.array([[ 1., -1.,  2.],
             [ 2.,  0.,   0.],
             [ 0.,  1.,  -1.]])
print("原数据：\n",X)
print("原数据均值：   ",X.mean(axis=0))
print("原数据方差：   ",X.std(axis=0))
min_max_scaler =preprocessing.MinMaxScaler()
X_train_minmax =min_max_scaler.fit_transform(X)
print("归一化后数据：\n",X_train_minmax)
print("归一化数据均值：   ",X_train_minmax.mean(axis=0))
print("归一化数据方差：   ",X_train_minmax.std(axis=0))
```

本实例运行后在 Console 中显示的结果如下所示。

```
原数据：
[[ 1. -1.  2.]
 [ 2.  0.  0.]
 [ 0.  1. -1.]]
原数据均值：[1.         0.         0.33333333]
原数据方差：[0.81649658 0.81649658 1.24721913]
归一化后数据：
[[0.5 0.   1.        ]
 [1.  0.5 0.33333333 ]
 [0.  1.  0.        ]]
归一化数据均值：[0.5        0.5        0.44444444]
归一化数据方差：[0.40824829 0.40824829 0.41573971]
```

本实例中使用了 fit_transform 转换器，相当于先调用 fit() 方法，再调用 transform() 方法，可以将实例中的 min_max_scaler = preprocessing.MinMaxScaler() 与 X_train_minmax = min_max_scaler.fit_transform(X)两行代码替换如下：

```python
min_max_scaler =preprocessing.MinMaxScaler().fit(X)
X_train_minmax =min_max_scaler.transform(X)
```

其运行结果与原实例的运行结果完全一样。

从运行结果可以看出,最大值最小值归一化之后数据值都在[0,1]范围内,但均值和方差不是 0 和 1。下边使用 Normalizer() 函数对数据进行归一化。

【实例 6-16】 使用 Normalizer() 函数对数据进行归一化。

```python
from sklearn import preprocessing
import numpy as np
X =np.array([[ 1., -1., 2.],
             [ 2., 0., 0.],
             [ 0., 1., -1.]])
print("原数据: \n",X)
Normalizer_scaler =preprocessing.Normalizer()
Y=Normalizer_scaler.fit_transform(X)
print("归一化后数据: \n",Y)
```

本实例运行后在 Console 中显示的结果如下所示。

```
原数据:
[[ 1.  -1.   2.]
 [ 2.   0.   0.]
 [ 0.   1.  -1.]]
归一化后数据:
[[ 0.40824829  -0.40824829   0.81649658   ]
 [ 1.           0.           0.           ]
 [ 0.           0.70710678  -0.70710678   ]]
```

通过实例 6-15 和实例 6-16 可以看出,使用 Normalizer() 函数对数据进行归一化与使用 MinMaxScaler() 函数对数据进行归一化后得到的结果是不一样的,但是所有数据值都被归一化到[0,1]范围内。

在 sklearn 库中主要有 3 个转换器方法,如表 6-17 所示。

表 6-17　sklearn 库中的转换器方法

方法名称	功　　能
fit()	主要通过分析特征和目标值提取有用的信息,可以是统计量,也可以是权值系数等
transform()	主要用来对特征进行转换
fit_transform()	相当于先调用 fit() 方法,再调用 transform() 方法

可以使用 sklearn 库中提供的转换器对数据进行标准化、归一化、二值化及降维等数据预处理操作。

6.8.3　数据降维

主成分分析(principal components analysis,PCA)是一种分析、简化数据集的常用数据分析技术,是大数据分析中最常用的一种数据分析手段。对于一组不同维度间存在线性相关关系的高维数据,PCA降维算法可以通过线性变换将原始数据变换为一组各维度线性无关的数据,通过PCA降维处理后的数据中各个样本之间的关系会更直观,更利于进行分析。PCA降维算法通过将数据各维度之间变为线性无关后,剔除方差较小的维度上的数据,保留大方差的特征,提取出数据中的主要特征分量,从而有效地降低高维数据的维度。简单地说,假设有一个n维的数据集,通过PCA降维算法后变为m(通常m远小于n)维的数据集,PCA降维算法保证了新得到的m维特征是原n维特征的线性组合,这些线性组合是最大化样本方差和新特征之间要互不相关。

学者们已经通过数学推导证明了PCA算法在降低维度的过程中可以保留更多的特征,是众多降维方法中保留最多特征并同时降维的方法。

sklearn库中还提供了数据降维函数,这些函数也是通过表6-17所示的转换器实现的。sklearn库中提供的降维函数在实际数据分析时使用最多的是PCA和IPCA降维函数。表6-18所示为各种降维函数常用的参数。

表6-18 sklearn库中各种降维函数常用的参数

参　数	含　义
n_components	指定将原始数据降低的维度
copy	指定在算法运行时是否要将原始数据复制一份,如果值为True,则降维算法运行后,原始数据的值不变;如果值为False,则在运行降维算法后,原始数据的值会发生改变。其默认值为True
whiten	指定降维后是否将数据的每个特征进行归一化,让方差都为1,通常称为白化。其默认值为False

【实例6-17】 读入sklearn库自带的鸢尾花数据集并进行降维。

```python
import matplotlib.pyplot as plt
from sklearn.datasets import load_iris
from sklearn.decomposition import PCA, IncrementalPCA
#导入数据
iris = load_iris()
X = iris.data
y = iris.target
#IPCA降维
ipca = IncrementalPCA(n_components=2, batch_size=10)
X_ipca = ipca.fit_transform(X)
#PCA降维
pca = PCA(n_components=2)
X_pca = pca.fit_transform(X)
#划分子图
figure = plt.figure()
axes1 = figure.add_subplot(2, 1, 1)
axes2 = figure.add_subplot(2, 1, 2)
#绘制降维后的数据散点图
```

```
axes1.scatter(X_ipca[y==0, 0], X_ipca[y==0, 1], c ="r", marker='D', label=iris.
target_names[0])
axes1.scatter(X_ipca[y==1, 0], X_ipca[y==1, 1],c ="g", marker='*', label=iris.
target_names[1])
axes1.scatter(X_ipca[y==2, 0], X_ipca[y==2, 1], c ="b", marker='+', label=iris.
target_names[2])
axes1.legend()
axes1.set_title("ipca")
plt.show()
axes2.scatter(X_pca[y==0, 0], X_pca[y==0, 1], c ="r", marker='D', label=iris.
target_names[0])
axes2.scatter(X_pca[y==1, 0], X_pca[y==1, 1],c ="g", marker='*', label=iris.
target_names[1])
axes2.scatter(X_pca[y==2, 0], X_pca[y==2, 1], c ="b", marker='+', label=iris.
target_names[2])
axes2.legend()
axes2.set_title("pca")
plt.show()
```

本实例运行结果如图 6-16 所示。

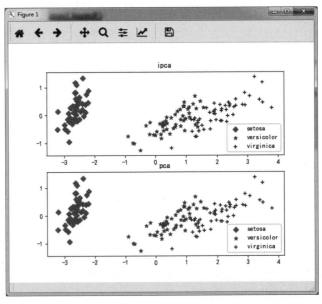

图 6-16　实例 6-17 运行结果

在本实例中,PCA 和 IPCA 降维的运行结果差别不大,这是因为鸢尾花数据集的样本数据较小。

在实际应用中,很多大数据都有成千上万个样本,使用 PCA 降维算法进行操作时会受到一些限制。因为 PCA 降维仅支持批处理操作,所有数据要全部调入内存才可进行运算;而 IPCA 降维算法可以使用不同的处理形式,并且允许部分计算,可以用小批量方式处理数

据。sklearn 库中的 IPCA 就是为了解决单机内存限制而提出的一种改进算法。当数据集
样本数量过大时,直接拟合数据会让内存"爆炸",这时可以通过使用 IPCA 来分批次地
降维。

6.8.4 对预处理后的数据进行聚类分析

前面进行的数据标准化及降维等操作都是对数据进行的预处理,是为了使分析结果更
优。下面通过一个实例来观察没有降维的数据与降维后的数据进行 KMeans 聚类的结果的
区别。

【实例 6-18】 对降维后的数据进行 KMeans 聚类。

```python
import matplotlib.pyplot as plt
from sklearn.datasets import load_iris
from sklearn.decomposition import PCA, IncrementalPCA
from sklearn import metrics
from sklearn.cluster import KMeans
#导入数据
iris =load_iris()
X =iris.data
y =iris.target
#划分子图
figure =plt.figure()
axes1 =figure.add_subplot(2,1,1)
axes2 =figure.add_subplot(2,1,2)
#直接对原数据进行 KMeans 聚类
KMeans1 =KMeans(n_clusters=3)              #构造聚类器
#KMeans1.fit(X)                            #聚类
y_pred=KMeans1.fit_predict(X)
label_pred =KMeans1.labels_               #获取聚类标签
#绘图
x0 =X[label_pred ==0]
x1 =X[label_pred ==1]
x2 =X[label_pred ==2]
axes1.scatter(x0[:, 0], x0[:, 1], c ="r", marker='D', label=iris.target_names[0])
axes1.scatter(x1[:, 0], x1[:, 1], c ="g", marker=' * ', label=iris.target_names
[1])
axes1.scatter(x2[:, 0], x2[:, 1], c ="b", marker='+', label=iris.target_names[2])
axes1.legend()
axes1.set_title("原数据直接 K 均值聚类")
plt.show()
#PCA 降维
pca =PCA(n_components=2)
```

```
X_pca =pca.fit_transform(X)
#对 PCA 降维后的数据进行 KMeans 聚类
KMeans2 =KMeans(n_clusters=3)                   #构造聚类器
#KMeans2.fit(X_pca)                             #聚类
y_pred_pca=KMeans2.fit_predict(X_pca)
label_pred =KMeans2.labels_                     #获取聚类标签
#绘图
x0 =X_pca[label_pred ==0]
x1 =X_pca[label_pred ==1]
x2 =X_pca[label_pred ==2]
axes2.scatter(x0[:, 0], x0[:, 1], c ="r", marker='D', label=iris.target_names[0])
axes2.scatter(x1[:, 0], x1[:, 1], c ="g", marker=' * ', label=iris.target_names
[1])
axes2.scatter(x2[:, 0], x2[:, 1], c ="b", marker='+', label=iris.target_names[2])
axes2.legend()
axes2.set_title("PCA 降维后 K 均值聚类")
plt.show()
#计算 Calinski-Harabasz 指数得分
print("原始数据聚类得分: ",metrics.calinski_harabaz_score(X, y_pred))
print("降维后数据聚类得分: ",metrics.calinski_harabaz_score(X_pca, y_pred_pca))
```

本实例运行结果如图 6-17 所示。

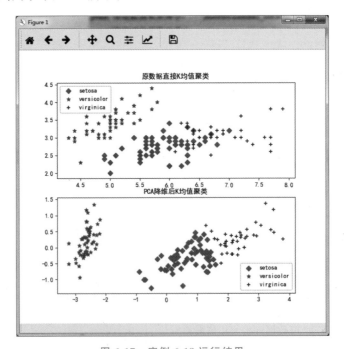

图 6-17　实例 6-18 运行结果

本实例运行后在 Console 中显示的结果如下所示。

原始数据聚类得分： 561.62775662962
降维后数据聚类得分： 693.7084334188474

从本实例运行结果可以看出,降维后的数据聚类的效果比未降维的数据聚类的效果好。从计算得到的 Calinski-Harabasz 指数得分来看,降维后的数据聚类时计算得到的 Calinski-Harabasz 指数得分比未降维的数据进行聚类计算得到的 Calinski-Harabasz 指数得分高出 100 多分,进一步客观地验证了降维后数据的聚类结果比未降维的数据的聚类结果优秀。

习　　题

编程题

1. 读入 sklearn 库自带数据集 breast_cancer,并显示相关信息,然后将数据集分为训练集和测试集。

2. 对 breast_cancer 数据集进行标准化和归一化操作。

3. 对 breast_cancer 数据集进行 PCA 降维和 IPCA 降维操作。

4. 对 PCA 降维后的 breast_cancer 数据集进行 KMeans 聚类,对比原始数据与降维后数据的聚类结果。

5. 对 IPCA 降维后的 breast_cancer 数据集进行 KMeans 聚类,对比原始数据与降维后数据的聚类结果。

第7章 Python的分类算法

分类算法是一种基于一个或多个自变量确定因变量所属类别的技术,是机器学习算法中非常重要的一类监督学习算法。数据分类是大数据中常用的一种分析技术,其目的是判断给定数据所属的类别。分类算法通常是通过训练模型预测定性目标,一般要在训练模型进行定性预测前先对数据集的结果进行分类,而模型的作用中只是输出新数据在或者不在这一类中。

要注意,数据分析中的聚类和分类是两种技术。分类是指已经知道了事物的类别,而从样品中学习分类规则的一种技术。聚类算法和分类算法的不同之处就在于聚类算法所要求划分的类是未知的,而分类算法的分类变量是定量的。

通常把分类算法中的响应变量称为分类变量,分类变量要求是定性的。例如,对于一个学校的学生成绩可以按性别分类,性别就是定性的,它的值是男性或者女性。比如,如果已经有了一个数据集,数据集里是一些邮件的相关信息,包含若干个特征变量,我们可以根据邮件里一些特定词语来判定该邮件是否是垃圾邮件。在该数据集里有一个"分类标签"特征变量,该变量就是一个定性的响应变量,它的值只能是"垃圾邮件"和"非垃圾邮件"两种。再如,可以通过已有的病人数据集来训练一个分类器,用于病人的诊断。

分类问题大体可分为两大类:二分类问题和多分类问题。二分类问题是指在两个类别中选择一个类别。在二分类问题中,其中一个类别称为正类(positive class),另一个类别称为负类(negative class);而多分类问题是指从多个分类中选择一个类别。对大数据进行分类分析通常包含两个阶段,第一阶段是学习阶段,在此阶段通常是根据训练集构建分类器模型;第二阶段是预测分类阶段,在此阶段会利用训练好的分类器模型预测测试数据集或者新数据的类标签号。

机器学习算法包括很多著名的分类算法,常见的有 K-最近邻(k-nearest neighbor,KNN)分类算法、支持向量机(support vector machine,SVM)分类算法及朴素贝叶斯分类算法等。分类算法在使用过程中还常常被称为分类器。

在各种分类器中用到的输入数据通常分为两部分,一部分是携带训练数据的数组或矩阵,通常定义为X,X 的尺寸通常为[样本数量,特征数量];另一部分是一个为 X 提供类标签的整数数组 y,尺寸为[样本数量]。

7.1 K-最近邻分类器

K-最近邻算法(K-nearest neighbor,KNN)是机器学习算法中常用的监督学习算法。KNN 算法是大数据分析中非常简单的分类算法之一,其通过识别已经被分成若干类的数据点,从而预测新样本点属于哪个分类。KNN 算法的主要思路是如果一个数据样本与特征空间中的 K 个最邻近的数据样本中的大多数属于同一个类别,则该样本也属于该类别。KNN 算法的目的就是将数据集中的各数据点分成多个类别,然后预测新增加的样本点属于哪一类。

因为 KNN 算法要对整个数据集中的每一个数据样本计算它到数据集里其他数据样本之间的距离,用以判断 K 个最近邻,所以该算法的计算量大是它的一个不足。另外,KNN 算法无法有效处理高维数据集。但是,KNN 算法的优点是实现简单,不需要训练和估计参数。

KNN 算法非常简单,下边看一个简单的实例,在图 7-1 中三角形和五角星形代表已经分好的两类数据样本点,现在要用 KNN 算法把一个新的数据样本点(圆形)分到合适的类中。那么 KNN 算法预测分类的结果是把圆形分到三角形类中,因为与圆形点最近的点是三角形的点。

KNN 算法的一般流程如图 7-2 所示。

图 7-1 KNN 分类的一个简单实例　　　　图 7-2 KNN 算法的一般流程

Python 的扩展库 sklearn.neighbors 中提供了几种 K 近邻及其改进算法的功能模块。在 sklearn.neighbors 库中实现 KNN 算法的语法格式如下所示。

【语法格式】

```
sklearn.neighbors.KNeighborsClassifier(n_neighbors=5, weights='uniform',
algorithm='auto', leaf_size=30, p=2, metric='minkowski', metric_params=None, n_
jobs=None, **kwargs)
```

KNeighborsClassifier 类中常用的参数如表 7-1 所示。

表 7-1 KNeighborsClassifier 类中常用的参数

参　数	含　义
n_neighbors	指定选择多少个距离最小的样本作为邻近节点,默认值是 5
weights	指定预测时使用的权重,默认值是 uniform。其可以取的值有 uniform(表示每个数据点的权重是相同的)、distance(离一个簇中心越近的点,权重越高)、callable(用户定义的函数,用于表示每个数据点的权重)

续表

参　　数	含　　义
algorithm	指定计算最近邻时使用的算法。其可以取的值有 auto(根据值选择最合适的算法)、ball_ tree(构建球树来加速寻找最近邻样本的过程)、kd_tree(构建 KD 树来加速寻找最近邻样本的过程)、brute(计算未知样本与空间中所有样本的距离)
leaf_size	指定在 algorithm 参数值为 ball_tree 和 kd_tree 时使用的叶子的大小,表示构造树的大小,会影响模型构建的速度和树需要的内存数量。其最佳值是根据数据来确定的,默认值是 30
metric	设置计算距离的方法,默认使用闵可夫斯基距离
p	指定闵可夫斯基距离公式中的 p 值。当 p=1 时,等价于曼哈顿距离;当 p=2 时,等价于欧几里得距离
metric_paras	传递给计算距离方法的参数
n_jobs	并发执行的 job 数量,用于查找邻近的数据点。其默认值为 1,选取−1,则占据 CPU 的比例会减小,但运行速度也会变慢

KNeighborsClassifier 类中常用的方法如表 7-2 所示。

表 7-2　KNeighborsClassifier 类中常用的方法

方　　法	功　　能
fit(X, y=None)	训练 KNN 分类器模型
predict(X)	预测给定数据所有类别的标签
score(X, y)	计算模型在给定测试数据及标签上的平均准确率
predict_prob(X)	计算每个类别的概率,表示预测的置信度

准确率是最简单的模型评价指标,其计算非常简单。假设总样本数为 m,预测结果有 n 个正确分类样本,则准确率就是 n/m 的结果,很显然错误率就是 1−n/m。

在使用 KNeighborsClassifier 类前,首先需要从 sklearn 包中导入 KNeighborsClassifier 模块。

【语法格式】

```
from sklearn.neighbors import KNeighborsClassifier
```

【实例 7-1】　读入 sklearn 库自带的鸢尾花数据集,将其划分为训练集与测试集两部分,在训练集上训练 KNN 分类器模型,在测试集上进行预测,并计算模型的分类准确率。

鸢尾花数据集中的数据共有 5 列,其中前 4 列为样本特征;第 5 列为类别,共有 3 种类别,即 setosa、versicolor 及 virginica。

```
from sklearn.datasets import load_iris
from sklearn.model_selection import train_test_split
import numpy as np
from sklearn.neighbors import KNeighborsClassifier
#导入鸢尾花数据集
iris = load_iris()
```

```
data =iris.data[:, :2]
target =iris.target
#dict_keys(['data', 'target', 'target_names', 'DESCR', 'feature_names', '
filename'])
#data 是样本数据,共 4 列 150 行,列名是由 feature_names 来确定的,每一列都称为矩阵的一个
#特征(属性)
#target 是标签,用数字表示,target_names 是标签的文本表示
print('查看 iris 数据集:\n',iris.keys())
print('前 4 行的数据: \n',iris.data[0:4])
print('target 标签: \n',iris.target[0:4])
print('target 标签文本:\n',iris.target_names)
#划分训练集和测试集,75%的训练集和 25%的测试集
train_data, test_data =train_test_split(np.c_[data, target])
print("训练集大小: ",train_data.shape)
print("测试集大小: ",test_data.shape)
#使用 KNeighborsClassifier 创建分类器
KNN1 =KNeighborsClassifier(n_neighbors=15)
#使用训练集来构建模型
KNN1.fit(train_data[:, :2], train_data[:, 2])
#预测测试数据集
Z =KNN1.predict(test_data[:, :2])
print('测试集预测准确率:' ,KNN1.score(test_data[:, :2], test_data[:, 2]))
```

本实例运行后在 Console 中显示的结果如下所示。

```
查看 iris 数据集:
 dict_keys(['data', 'DESCR', 'target_names', 'target', 'filename', 'feature_names'])
前 4 行的数据:
 [[5.1 3.5 1.4 0.2]
 [4.9 3. 1.4 0.2]
 [4.7 3.2 1.3 0.2]
 [4.6 3.1 1.5 0.2]]
target 标签:
 [0 0 0 0]
target 标签文本:
 ['setosa' 'versicolor' 'virginica']
训练集大小:(112, 3)
测试集大小:(38, 3)
测试集预测准确率: 0.7368421052631579
```

　　在本实例中,首先通过 fit()方法在训练集上训练 KNN 分类器模型,然后使用 predict()方法在测试集上预测数据标签。在使用 KNN 分类器进行分类时,n_neighbors 参数的设置对结果的影响较大。通过 n_neighbors 参数可以指定邻居个数,根据学者们的经验,通常使用较小的奇数个邻居。KNN 分类器的最优 n_neighbors 参数值通常为 3~10,此时往往可以得到比较好的结果。但是,也要根据实际数据集的具体情况具体分析,最好根据数据集多次

设置不同的参数,不断实验,对比实验结果来调节该参数,直到得到一个最优的参数值。

在机器学习中,训练得到模型后通常会进行模型评估从而知道模型的优劣。评估分类算法最常用的评估方法是计算分类的准确率。把分类正确的样本数占样本总数的比例称为"准确率",也称"正确率"。

在使用 KNN 分类器创建模型后,可以通过 score() 方法计算模型预测的正确率,格式为"模型名.score()"。计算模型的正确率时通常对测试集进行计算正确率得分,计算得到的分数越高,说明模型越优。

【实例 7-2】 导入乳腺癌数据集,创建 KNN 分类器,可视化地对比分类准确率。

sklearn 库中自带的乳腺癌数据集一共有 569 个样本,30 个特征,标签为二分类,良性(Benign)个数为 357,恶性(Malignant)个数为 212。

```
import numpy as np
import pandas as pd
from sklearn.datasets import load_breast_cancer
from sklearn.model_selection import train_test_split
from sklearn.neighbors import KNeighborsClassifier
import matplotlib.pyplot as plt
plt.rcParams['font.sans-serif']=['SimHei']
plt.rcParams['axes.unicode_minus']=False
#导入数据
cancer =load_breast_cancer()
print("数据集关键字:\n",cancer.keys())
print("乳腺癌数据集有多少个特征: ",len(cancer['feature_names']))
#将导入的数据集转换成 DataFrame 数据格式
df =pd.DataFrame( data =cancer['data'], index= range(0,569), columns=cancer['feature_names'])
print("数据集的大小: ",df.shape)
#输出转换后的 df 数据的前 5 行数据
print("输出数据集的前五行内容:")
print(df.head())
df['target'] =cancer['target']
#定义恶性和良性两个类别各样本数 index =['malignant', 'benign'],
#malignant(恶性)(0),benign(良性)(1)
yes =np.sum([df['target'] >0])
no =np.sum([df['target'] <1])
#把 df 分为 X (data,特征)和 y (label,标签)
data =np.array([no, yes])
s =pd.Series(data,index=['malignant','benign'])
X =df[ ['mean radius', 'mean texture', 'mean perimeter', 'mean area',
'mean smoothness', 'mean compactness', 'mean concavity',
'mean concave points', 'mean symmetry', 'mean fractal dimension',
'radius error', 'texture error', 'perimeter error', 'area error',
```

```
'smoothness error', 'compactness error', 'concavity error',
'concave points error', 'symmetry error', 'fractal dimension error',
'worst radius', 'worst texture', 'worst perimeter', 'worst area',
'worst smoothness', 'worst compactness', 'worst concavity',
'worst concave points', 'worst symmetry', 'worst fractal dimension']]
y =df['target']
#print(X.shape)
#print(y.shape)
#利用 train_test_split，将 X、y 分别分到训练集和测试集 X_train、X_test、
#y_train、and y_test
X_train, X_test, y_train, y_test =train_test_split(X, y, random_state=0)
print("训练集和测试集划分后的大小：")
print(X_train.shape, X_test.shape, y_train.shape, y_test.shape)
#利用 KNeighborsClassifier 在训练集 X_train、y_train 上训练模型
KNN2=KNeighborsClassifier(n_neighbors =3)
KNN2.fit(X_train, y_train)
#利用 KNN2 模型预测数据 X_test 的类别 y
prediction2 =KNN2.predict(X_test)
score =KNN2.score(X_test, y_test)
print("在测试集上预测的正确率:",score)
#使用条形图可视化地对比训练集和测试集中恶性样本和良性样本的准确率
mal_train_X =X_train[y_train==0]
mal_train_y =y_train[y_train==0]
ben_train_X =X_train[y_train==1]
ben_train_y =y_train[y_train==1]
mal_test_X =X_test[y_test==0]
mal_test_y =y_test[y_test==0]
ben_test_X =X_test[y_test==1]
ben_test_y =y_test[y_test==1]
scores =[KNN2.score(mal_train_X, mal_train_y), KNN2.score(ben_train_X, ben_
train_y),
            KNN2.score(mal_test_X, mal_test_y), KNN2.score(ben_test_X, ben_
            test_y)]
plt.figure()
bars =plt.bar(np.arange(4), scores, color=['r','g','b','m'])
for bar in bars:
        height =bar.get_height()
        plt.text(bar.get_x() +bar.get_width()/2, height * .90, '{0:.{1}f}'.
        format(height, 2),
                        ha='center', color='k', fontsize=16)
plt.xticks([0,1,2,3], ['恶性\n训练集', '良性\n训练集', '恶性\n测试集', '良性\n测试
集']);
plt.title('训练集和测试集中恶性样本和良性样本分别的准确率')
plt.show()
```

本实例运行后在 Console 中显示的结果如下所示。

```
数据集关键字：
dict_keys(['data', 'DESCR', 'target_names', 'target', 'filename', 'feature_names'])
乳腺癌数据集有多少个特征：30
数据集的大小：(569, 30)
输出数据集的前五行内容：

   mean radius  mean texture ...  worst symmetry  worst fractal dimension
0        17.99         10.38 ...          0.4601                  0.11890
1        20.57         17.77 ...          0.2750                  0.08902
2        19.69         21.25 ...          0.3613                  0.08758
3        11.42         20.38 ...          0.6638                  0.17300
4        20.29         14.34 ...          0.2364                  0.07678

[5 rows x 30 columns]
训练集和测试集划分后的大小：
(426, 30) (143, 30) (426,) (143,)
在测试集上预测的正确率：0.9230769230769231
```

本实例运行结果如图 7-3 所示。

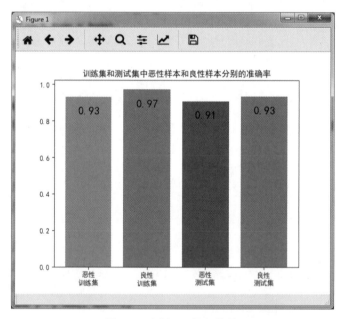

图 7-3　案例 7-2 运行结果

使用同一个分类器模型分别对训练集和测试集中恶性样本和良性样本进行预测，分别计算它们的预测准确率。从图 7-3 中可以明显地看出，训练集上和测试集中都是良性样本预测得到的准确率值高一些。从总体上来看，训练集上的两种情况预测的准确率都比测试集两种情况下预测的准确率高。

7.2　支持向量机分类器

支持向量机分类器(support vector machine,SVM)是一种监督学习的机器学习分类算法。SVM 的主要思路是在超平面对样本进行分隔,通过寻找间隔最大支持向量实现分类预测。

sklearn.svm 中提供了几种支持向量机分类算法,主要包括 SVC、NuSVC 及 LinearSVC 算法。

7.2.1　SVC

【语法格式】

```
SVC(C=1.0, kernel='rbf', degree=3, gamma='auto_deprecated', coef0=0.0,
shrinking=True,
probability=False, tol=1e-3, cache_size=200, class_weight=None, verbose=False,
max_iter=-1, decision_function_shape='ovr', random_state=None)
```

SVC 类中常用的参数如表 7-3 所示。

表 7-3　SVC 类中常用的参数

参数	含　义
C	指定惩罚项的系数,必须为正的浮点数,默认值为 1.0。C 越大,分类效果越好,但有可能会过拟合
kernel	指定算法中使用的核函数类型,默认值为 rbf。其可以选的值如下。 linear: 线性核函数,最基础的核函数,计算速度较快,但无法将数据从低维度演化到高维度。 poly: 多项式核函数,依靠提升维度使原本线性不可分的数据变得线性可分。 rbf: 高斯核函数,其可以映射到无限维度,但缺点是计算量比较大。 sigmoid: sigmoid 核函数。 precomputed: 提供已经计算好的核函数矩阵,sklearn 不会再计算
degree	只用在当 kernel='poly'时,指定多项式核函数的度,默认值为 3
gamma	核函数系数,仅在核函数为 rbf,poly 及 sigmoid 时生效,默认值为 auto(值为 1/n_features)
coef0	核函数的常数项,仅在核函数为 sigmoid 与 poly 时有效,默认值为 0.0
tol	指定停止迭代求解的阈值,默认值为 1e−3
max_iter	指定最大迭代次数,如果值为−1,则表示不指定

SVC 类中包含的属性如表 7-4 所示。

SVC 类中常用的方法如表 7-5 所示。

表 7-4　SVC 类中包含的属性

属　　　性	含　　　义
support_	支持向量的索引
support_vectors_	支持向量
n_support_	每个类的支持向量的数量
dual_coef_	决策函数中支持向量的系数
coef_	为特征设置的权重,仅适用于线性核

表 7-5　SVC 类中常用的方法

方　　　法	功　　　能
decision_function(X)	计算样本集 X 到分隔超平面的函数距离
fit(X,y＝None)	训练 SVM 分类器模型
predict(X)	对样本集 X 进行分类
predict_proba(X)	给出样本集在各个类别上预测的概率,结果为 predict_proba 预测出的各个类别概率里的最大值对应的类别
score(X,y)	计算模型在给定测试数据及标签上的平均准确率

在使用 SVC 前,首先需要从 sklearn 包中导入 SVC 模块。

【语法格式】

```
from sklearn.svm import SVC
```

【实例 7-3】　对鸢尾花数据集使用 SVC 分类器进行分类预测。

```
import numpy as np
from sklearn.datasets import load_iris
from sklearn.svm import SVC
from sklearn.model_selection import train_test_split
#导入数据
iris =load_iris()
data =iris.data[:, :2]
target =iris.target
#划分训练集和测试集
train_data, test_data =train_test_split(np.c_[data, target])
print("训练集大小: ",train_data.shape)
print("测试集大小: ",test_data.shape)
#创建分类器
SVM1 =SVC()
SVM1.fit(train_data[:, :2], train_data[:, 2])
#预测测试数据集
predict1 =SVM1.predict(test_data[:, :2])
print('测试集预测准确率:' ,SVM1.score(test_data[:, :2], test_data[:, 2]))
```

本实例中 SVC 中所有参数都使用默认值,实例运行后在 Console 中显示的结果如下所示。

```
训练集大小:(112, 3)
测试集大小:(38, 3)
测试集预测准确率:0.7894736842105263
```

SVC 分类器可用于非线性分类,可以通过指定核函数来实现。

7.2.2 非线性 SVM——NuSVC

【语法格式】

```
class sklearn.svm.NuSVC(nu=0.5, kernel='rbf', degree=3, gamma='auto', coef0=0.
0, shrinking=True, probability=False, tol=0.001, cache_size=200, class_weight=
None, verbose=False, max_iter=-1, decision_function_shape=None, random_state=
None)
```

NuSVC 类中常用的参数如表 7-6 所示。

表 7-6　NuSVC 类中常用的参数

参数	含　　义
nu	指定训练误差分数的上限,支持向量分数的下限。其应该在间隔(0,1]中,默认值为 0.5
kernel	指定算法中要使用的内核类型。其可以取的值有 linear、poly、rbf、sigmoid、precomputed 等。其默认值为 rbf
degree	只用在当 kernel='poly'时,指定多项式核函数的度,默认值为 3
gamma	核函数系数,仅在核函数为 rbf、poly 及 sigmoid 时生效,默认值为 auto(值为 1/n_features)
coef0	核函数的常数项,仅在核函数为 sigmoid 与 poly 时有效,默认值为 0.0
tol	指定停止迭代求解的阈值,默认值为 1e-3
max_iter	指定最大迭代次数,如果值为-1,则表示不指定

NuSVC 类中包含的属性如表 7-7 所示。

表 7-7　NuSVC 类中包含的属性

属　　性	含　　义
support_	支持向量的索引
support_vectors_	支持向量
n_support_	每个类的支持向量的数量
dual_coef_	决策函数中支持向量的系数
coef_	为特征设置的权重,仅适用于线性核

NuSVC 类中常用的方法如表 7-8 所示。

表 7-8　NuSVC 类中常用的方法

方　　法	功　　能
decision_function(X)	计算样本集 X 到分隔超平面的函数距离
fit(X,y＝None)	根据给定的训练数据拟合模型
predict(X)	对样本集 X 进行分类
score(X,y)	计算模型在给定测试数据及标签上的平均准确率

在使用 SVC 前,首先需要从 sklearn 包中导入 SVC 模块。

【语法格式】

```
from sklearn.svm import NuSVC
```

【实例 7-4】　对鸢尾花数据集使用 NuSVC 分类器进行分类预测。

```
import numpy as np
from sklearn.datasets import load_iris
from sklearn.svm import NuSVC
from sklearn.model_selection import train_test_split
#导入数据
iris =load_iris()
data =iris.data[:, :2]
target =iris.target
#划分训练集和测试集
train_data, test_data =train_test_split(np.c_[data, target])
print("训练集大小: ",train_data.shape)
print("测试集大小: ",test_data.shape)
#创建分类器
SVM2 =NuSVC()
SVM2.fit(train_data[:, :2], train_data[:, 2])
#预测测试数据集
predict1 =SVM2.predict(test_data[:, :2])
print('测试集预测准确率:',SVM2.score(test_data[:, :2], test_data[:, 2]))
```

本实例中 NuSVC 中所有参数都使用默认值,实例运行后在 Console 中显示的结果如
下所示。

```
训练集大小: (112, 3)
测试集大小: (38, 3)
测试集预测准确率: 0.7631578947368421
```

其实 NuSVC 分类器的用法与 SVC 分类器的用法相似,唯一的不同就是 NuSVC 分类
器可以控制支持向量的个数。

7.2.3 线性 SVM——LinearSVC

【语法格式】

```
class sklearn.svm.LinearSVC(penalty='l2', loss='squared_hinge', dual=True, tol
=0.0001, C=1.0, multi_class='ovr', fit_intercept=True, intercept_scaling=1,
class_weight=None, verbose=0, random_state=None, max_iter=1000)
```

LinearSVC 类中常用的参数如表 7-9 所示。

表 7-9　LinearSVC 类中常用的参数

参数	含　义
penalty	指定惩罚中使用的规范。l_2 范数是 SVC 中使用的标准。选择 l_1 范数会导致 coef_ 向量稀疏。其默认值为 l_2
loss	指定损失函数。hinge 是 SVC 中使用的标准，而 squared_hinge 是 hinge 的平方
C	指定惩罚项的系数，必须为正的浮点数，默认值为 1.0。C 越大，分类效果越好，但有可能会过拟合
dual	选择算法来解决对偶或原始优化问题。当 n_samples> n_features 时，首选 dual = False。其默认值为 True
tol	指定停止迭代求解的阈值，默认值为 0.0001
max_iter	指定最大迭代次数，默认值为 1000

LinearSVC 类中包含的属性如表 7-10 所示。

表 7-10　LinearSVC 类中包含的属性

属　　性	含　义
coef_	为特征设置的权重，仅适用于线性核
intercept_	决策函数中的常量

LinearSVC 类中常用的方法如表 7-11 所示。

表 7-11　LinearSVC 类中常用的方法

方　　法	功　　能
decision_function(X)	预测样本的置信度得分
fit(X,y=None)	根据给定的训练数据拟合模型
predict(X)	预测样本集 X 中的样本的类别标签
score(X,y)	计算模型在给定测试数据及标签上的平均准确率

在使用 LinearSVC 前，首先需要从 sklearn 包中导入 LinearSVC 模块。

【语法格式】

```
from sklearn.svm import LinearSVC
```

【实例 7-5】 对鸢尾花数据集使用 LinearSVC 分类器进行分类预测。

```python
import numpy as np
from sklearn.datasets import load_iris
from sklearn.svm import LinearSVC
from sklearn.model_selection import train_test_split
#导入数据
iris = load_iris()
data = iris.data[:, :2]
target = iris.target
#划分训练集和测试集
train_data, test_data = train_test_split(np.c_[data, target])
print("训练集大小: ", train_data.shape)
print("测试集大小: ", test_data.shape)
#创建分类器
SVM3 = LinearSVC()
SVM3.fit(train_data[:, :2], train_data[:, 2])
#预测测试数据集
predict1 = SVM3.predict(test_data[:, :2])
print('测试集预测准确率:', SVM3.score(test_data[:, :2], test_data[:, 2]))
```

本实例运行后在 Console 中显示的结果如下所示。

```
训练集大小: (112, 3)
测试集大小: (38, 3)
测试集预测准确率: 0.868421052631579
```

本实例在本次运行中得到的准确率结果是比较好的,但下次运行结果可能会比该值低,每次运行都会得到一个不同的结果。

【实例 7-6】 在鸢尾花数据集上对比几种不同 SVM 算法的预测分类结果。

```python
import numpy as np
from sklearn.datasets import load_iris
from sklearn.svm import SVC
from sklearn.svm import NuSVC
from sklearn.svm import LinearSVC
from sklearn.model_selection import train_test_split
#导入数据
iris = load_iris()
data = iris.data[:, :2]
target = iris.target
#划分训练集和测试集
train_data, test_data = train_test_split(np.c_[data, target])
print("训练集大小: ", train_data.shape)
```

```
print("测试集大小: ",test_data.shape)
#创建分类器
SVM1 = SVC()
SVM1.fit(train_data[:, :2], train_data[:, 2])
#预测测试数据集
predict1 = SVM1.predict(test_data[:, :2])
print('(1)SVC 默认 rbf 核——预测准确率:', SVM1.score(test_data[:, :2], test_data
[:, 2]))
SVM2 = SVC(kernel='linear')
SVM2.fit(train_data[:, :2], train_data[:, 2])
#预测测试数据集
predict2 = SVM2.predict(test_data[:, :2])
print('(2)SVC 使用 linear 核——预测准确率:', SVM2.score(test_data[:, :2], test_
data[:, 2]))
SVM3 = SVC(kernel='poly')
SVM3.fit(train_data[:, :2], train_data[:, 2])
#预测测试数据集
predict3 = SVM3.predict(test_data[:, :2])
print('(3)SVC 使用 poly 核——预测准确率:', SVM3.score(test_data[:, :2], test_data
[:, 2]))
SVM4 = NuSVC()
SVM4.fit(train_data[:, :2], train_data[:, 2])
#预测测试数据集
predict4 = SVM4.predict(test_data[:, :2])
print('(4)NuSVC——预测准确率:', SVM4.score(test_data[:, :2], test_data[:, 2]))
SVM5 = LinearSVC()
SVM5.fit(train_data[:, :2], train_data[:, 2])
#预测测试数据集
predict5 = SVM5.predict(test_data[:, :2])
print('(5)LinearSVC——预测准确率:', SVM5.score(test_data[:, :2], test_data[:,
2]))
```

本实例运行后在 Console 中显示的结果如下所示。

```
训练集大小: (112, 3)
测试集大小: (38, 3)
(1) SVC 默认 rbf 核——预测准确率: 0.7105263157894737
(2) SVC 使用 linear 核——预测准确率: 0.7105263157894737
(3) SVC 使用 poly 核——预测准确率: 0.7368421052631579
(4) NuSVC——预测准确率: 0.6842105263157895
(5) LinearSVC——预测准确率: 0.8157894736842105
```

从本实例运行结果可以明显看出,对同一个数据集——鸢尾花数据集进行分类预测时,
LinearSVC 分类器的预测结果最优,预测准确率为 0.8157894736842105,远大于其他几种
SVM 分类器。

对于不同的数据集，其适用的 SVM 方法可能也不同。另外，在分类预测前是否标准化了数据集中的数据也会影响最终分类结果。下面对 scikit-learn 自带乳腺癌数据集利用几种 SVM 分类器进行分类预测，以进行乳腺癌检测。

【实例 7-7】 对乳腺癌数据集使用几种 SVM 分类器进行分类预测。

```python
from sklearn.datasets import load_breast_cancer
from sklearn.svm import SVC
from sklearn.svm import NuSVC
from sklearn.svm import LinearSVC
#以下两句用来忽略版本错误信息
import warnings
warnings.filterwarnings("ignore")
#导入数据
cancer =load_breast_cancer()
X =cancer.data
y =cancer.target
#数据标准化
from sklearn.preprocessing import MinMaxScaler
scaler =MinMaxScaler()
X =scaler.fit_transform(X)
#划分数据集
from sklearn.model_selection import train_test_split
X_train, X_test, y_train, y_test =train_test_split(X, y, test_size=0.2)
#创建分类器
SVM1 =SVC()
SVM1.fit(X_train, y_train)
train_score =SVM1.score(X_train, y_train)
test_score =SVM1.score(X_test, y_test)
print("SVC 默认 rbf 核——训练集上分类预测准确率: ",train_score)
print("SVC 默认 rbf 核——测试集上分类预测准确率: ",test_score)
SVM2 =SVC(kernel='linear')
SVM2.fit(X_train, y_train)
train_score =SVM2.score(X_train, y_train)
test_score =SVM2.score(X_test, y_test)
print("SVC 使用 linear 核——训练集上分类预测准确率: ",train_score)
print("SVC 使用 linear 核——测试集上分类预测准确率: ",test_score)
SVM3 =SVC(kernel='poly')
SVM3.fit(X_train, y_train)
train_score =SVM3.score(X_train, y_train)
test_score =SVM3.score(X_test, y_test)
print("SVC 使用 poly 核——训练集上分类预测准确率: ",train_score)
print("SVC 使用 poly 核——测试集上分类预测准确率: ",test_score)
SVM4 =NuSVC()
```

```
SVM4.fit(X_train, y_train)
train_score =SVM4.score(X_train, y_train)
test_score =SVM4.score(X_test, y_test)
print("NuSVC——训练集上分类预测准确率: ",train_score)
print("NuSVC——测试集上分类预测准确率: ",test_score)
SVM5 =LinearSVC()
SVM5.fit(X_train, y_train)
train_score =SVM5.score(X_train, y_train)
test_score =SVM5.score(X_test, y_test)
print("LinearSVC——训练集上分类预测准确率: ",train_score)
print("LinearSVC——测试集上分类预测准确率: ",test_score)
```

本实例运行后在 Console 中显示的结果如下所示。

```
SVC 默认 rbf 核——训练集上分类预测准确率: 0.9472527472527472
SVC 默认 rbf 核——测试集上分类预测准确率: 0.9649122807017544
SVC 使用 linear 核——训练集上分类预测准确率: 0.9802197802197802
SVC 使用 linear 核——测试集上分类预测准确率: 0.9824561403508771
SVC 使用 poly 核——训练集上分类预测准确率: 0.6417582417582418
SVC 使用 poly 核——测试集上分类预测准确率: 0.6403508771929824
NuSVC——训练集上分类预测准确率: 0.9362637362637363
NuSVC——测试集上分类预测准确率: 0.956140350877193
LinearSVC——训练集上分类预测准确率: 0.9824175824175824
LinearSVC——测试集上分类预测准确率: 0.9824561403508771
```

通过本实例运行结果可以看出,除了 SVC 使用 poly 核的分类器得分很低外,其他 SVM 分类器在乳腺癌数据集上的分类预测结果都较好,都在 0.9 以上,说明模型拟合效果好。当然,仍然是 LinearSVC 分类器的预测结果最好,但只比 SVC 使用 Linear 核的结果高一点。

虽然 LinearSVC 与 SVC 使用 Linear 核的分类器的结果相差不多,但是 LinearSVC 的运算速度更快,在实际应用中使用得更多。

使用 SVM 分类器时,最重要的是选择核函数。不同核函数的适用情况也不同,通常来说,线性核函数适用于样本多和特征多的二分类情况,多项式核函数适用于样本多和特征多的多分类情况,高斯核函数适用于样本不多但是特征多的二分类或者多分类情况。

要注意,SVM 算法既可用于回归也可用于分类,是一套用于分类、回归的监督学习算法。SVM 算法的优点是即使在高维数据空间也能有效地进行分类预测,并且在维数大于样本数的情况下可以有效地进行分类预测。SVM 算法可以通过指定不同的内核功能实现更多的功能。但是,如果数据集中特征数量远大于样本数量,使用 SVM 算法进行分类预测可能会产生较大的误差。

7.3 朴素贝叶斯分类器

朴素贝叶斯分类器是一种常用的监督机器学习算法,是一种基于条件概率的分类算法,主要思路是根据给定的一些已知信息,去推断一件事情发生的可能性。朴素贝叶斯分类器的优点是只需要小量的训练数据就可以进行分类预测,但缺点是需要先假定特征之间是相互独立的。

在 Python 中可以通过 sklearn.naive_bayes 模块实现朴素贝叶斯分类器。sklearn.naive_bayes 中一共有 3 个朴素贝叶斯的分类算法类:GaussianNB(先验为高斯分布的朴素贝叶斯)、MultinomialNB(先验为多项式分布的朴素贝叶斯)和 BernoulliNB(先验为伯努利分布的朴素贝叶斯)。这 3 种朴素贝叶斯分类器分别适用于不同的分类场景,一般来说,GaussianNB 比较适用于样本特征的分布大部分是连续值的情况,MultinomialNB 比较适用于样本特征的分布大部分是多元离散值的情况,BernoulliNB 比较适用于样本特征是二元离散值或者很稀疏的多元离散值的情况。

7.3.1 GaussianNB

在 GaussianNB 中,每个特征都是连续的,并且都呈高斯分布。高斯分布又称为正态分布。在 sklearn.naive_bayes 模块中,通过 GaussianNB 实现了运用于分类的 GaussianNB 算法。GaussianNB 首先假设数据样本的特征的先验为高斯,即概率是服从正态分布的。GaussianNB 类的参数只有一个为先验概率 priors,通常默认不指定此参数值。

与 KNN 分类器的用法相似,可以使用 GaussianNB 的 fit() 方法对数据样本进行拟合创建分类器模型,然后通过 predict()、predict_log_proba() 和 predict_proba() 方法进行预测。

GaussianNB 类中没有其他参数,所以使用非常简单,不需要进行调参。

GaussianNB 类中包含的属性如表 7-12 所示。

表 7-12   GaussianNB 类中包含的属性

属　　性	含　　义	属　　性	含　　义
class_prior_	每个类别的概率	theta_	每个类别上每个特征的均值
class_count_	每个类别包含的训练样本数量	sigma_	每个类别上每个特征的标准差

GaussianNB 类中常用的方法如表 7-13 所示。

表 7-13   GaussianNB 类中常用的方法

方　　法	功　　能
fit(X,y)	训练分类器模型
partial_fit(X, y)	追加训练数据。该方法主要用于大规模数据集的训练,通常是先将大数据集划分成若干个小数据集,然后在这些小数据集上连续调用 partial_fit() 方法来训练模型

续表

方　法	功　能
predict(X)	使用模型对样本集 X 进行分类预测
predict_proba(X)	给出样本集在各个类别上预测的概率,结果为 predict_proba 预测出的各个类别概率里的最大值对应的类别
score(X,y)	计算模型在给定测试数据及标签上的平均准确率

在使用 GaussianNB 类前,首先需要从 sklearn 包中导入 GaussianNB 模块。

【语法格式】

```
from sklearn.naive_bayes import GaussianNB
```

【实例 7-8】　对鸢尾花数据集使用 **GaussianNB** 分类器进行分类预测。

```
from sklearn.datasets import load_iris
from sklearn.model_selection import train_test_split
import numpy as np
from sklearn.naive_bayes import GaussianNB
#导入鸢尾花数据集
iris =load_iris()
data =iris.data[:, :2]
target =iris.target
#dict_keys(['data', 'target', 'target_names', 'DESCR', 'feature_names', '
filename'])
#data 是样本数据,共 4 列 150 行,列名是由 feature_names 来确定的,
#每一列都称为矩阵的一个特征(属性)
#target 是标签,用数字表示,target_names 是标签的文本表示
print('查看 iris 数据集: ',iris.keys())
print('前 4 行的数据: ',iris.data[0:4])
print('target 标签: ',iris.target[0:4])
print('target 标签文本: ',iris.target_names)
#划分训练集和测试集,75%的训练集和 25%的测试集
train_data, test_data =train_test_split(np.c_[data, target])
print("训练集大小: ",train_data.shape)
print("测试集大小: ",test_data.shape)
#创建分类器
GNB1 =GaussianNB()
#使用训练集来构建模型
GNB1.fit(train_data[:, :2], train_data[:, 2])
#预测测试数据集
predict1 =GNB1.predict(test_data[:, :2])
print('测试集预测准确率:',GNB1.score(test_data[:, :2], test_data[:, 2]))
```

本实例运行后在 Console 中显示的结果如下所示。

```
查看 iris 数据集: dict_keys(['data', 'DESCR', 'target_names', 'target', 'filename
', 'feature_names'])
前 4 行的数据: [[5.1 3.5 1.4 0.2]
[4.9 3. 1.4 0.2]
[4.7 3.2 1.3 0.2]
[4.6 3.1 1.5 0.2]]
target 标签:[0 0 0 0]
target 标签文本:['setosa' 'versicolor' 'virginica']
训练集大小:(112, 3)
测试集大小:(38, 3)
测试集预测准确率: 0.8157894736842105
```

7.3.2 MultinomialNB

在 sklearn.naive_bayes 模块中,通过 MultinomialNB 类实现了服从多项分布数据的朴素贝叶斯分类算法。

【语法格式】

```
sklearn.naive_bayes.MultinomialNB(alpha=1.0, fit_prior=True, class_prior=
None)
```

MultinomialNB 类的参数如表 7-14 所示。

表 7-14　MultinomialNB 类的参数

参数	含　义
alpha	指定 α 的值
fit_prior	如果该参数值为 True,则不用学习 $P(y=c_k)$,使用均匀分布替代;如果值为 False,则需要学习 $P(y=c_k)$
class_prior	指定是否给出每个分类的先验概率,如果指定了该参数值,则每个分类的先验概率不需要再从数据集中学习,要使用指定的先验概率

MultinomialNB 类中包含的属性如表 7-15 所示。

表 7-15　MultinomialNB 类中包含的属性

属　性	含　义
class_log_prior	给出每个类别调整后的经验概率分布的对数值
feature_log_prior	给出经验概率分布的对数值
class_count_	给出每个类别包含的训练样本数量
feature_count_	给出训练过程中每个类别每个特征遇到的样本数

MultinomialNB 类中常用的方法如表 7-16 所示。

在使用 MultinomialNB 类前,首先需要从 sklearn 包中导入 MultinomialNB 模块。

表 7-16 MultinomialNB 类中常用的方法

方 法	功 能
fit(X,y)	训练分类器模型
partial_fit(X,y)	追加训练数据。该方法主要用于大规模数据集的训练,通常是先将大数据集划分成若干个小数据集,然后在这些小数据集上连续调用 partial_fit() 方法来训练模型
predict(X)	使用模型对样本集 X 进行分类预测
predict_proba(X)	给出样本集在各个类别上预测的概率,结果为 predict_proba 预测出的各个类别概率里的最大值对应的类别
score(X,y)	计算模型在给定测试数据及标签上的平均准确率

【语法格式】

```
from sklearn.naive_bayes import MultinomialNB
```

7.3.3 BernoulliNB

在 sklearn.naive_bayes 模块中,通过 BernoulliNB 实现了多重伯努利分布数据的朴素贝叶斯分类器。BernoulliNB 分类器通常对于有多个特征的情况比较适用,使用时要把每个特征都假设为一个二元(Bernoulli,boolean)变量。因此,这类算法要求样本以二元值特征向量表示;如果样本含有其他类型的数据,通常会根据 binarize 参数的设置决定是否对其进行二值化操作。

【语法格式】

```
sklearn.naive_bayes.BernoulliNB(alpha=1.0, binarize=0.0, fit_prior=True)
```

BernoulliNB 类中除了新增加的 binarize 参数外,其他参数的含义与 MultinomialNB 类中完全相同。binarize 主要是用来帮助 BernoulliNB 处理二项分布,可以是数值或者不输入。如果不输入,则 BernoulliNB 认为每个数据特征都已经是二元的;否则,小于 binarize 的会归为一类,大于 binarize 的会归为另一类。

binarize 的值可以是一个浮点数或者 None。如果 binarize 的值为 None,则算法会假定原始数据已经二元化了;如果 binarize 的值是一个浮点数,则算法会以该数值为界对数据集进行二值化操作,把特征取值大于 binarize 值的作为 1,特征取值小于 binarize 值的作为 0。

BernoulliNB 类中的属性和方法与 MultinomialNB 类中完全相同,这里不再列出。

在使用 BernoulliNB 类前,首先需要从 sklearn 包中导入 BernoulliNB 模块。

【语法格式】

```
from sklearn.naive_bayes import BernoulliNB
```

【实例 7-9】 对鸢尾花数据集分别使用 3 种朴素贝叶斯分类器进行分类预测,并考察参数对预测结果的影响。

```python
from sklearn.datasets import load_iris
from sklearn.naive_bayes import GaussianNB
from sklearn.naive_bayes import MultinomialNB
from sklearn.naive_bayes import BernoulliNB
from sklearn.model_selection import train_test_split
import numpy as np
import matplotlib.pyplot as plt
#添加以下两句代码,显示汉字标题
plt.rcParams['font.sans-serif']=['SimHei']
plt.rcParams['axes.unicode_minus']=False
#读入数据集并划分训练集和测试集
iris =load_iris()
data =iris.data[:, :2]
target =iris.target
X_train, X_test, y_train, y_test=train_test_split(data,target,test_size=0.25,
random_state=0)
#高斯贝叶斯分类器
model1 =GaussianNB()
model1.fit(X_train,y_train)
print('高斯贝叶斯分类器训练集准确率：%.2f' %model1.score(X_train,y_train))
print('高斯贝叶斯分类器测试集准确率：%.2f' %model1.score(X_test,y_test))
#多项式贝叶斯分类器
model1 =MultinomialNB()
model1.fit(X_train,y_train)
print("多项式贝叶斯分类器训练集准确率:%.2f"%model1.score(X_train,y_train))
print("多项式贝叶斯分类器测试集准确率:%.2f"%model1.score(X_test,y_test))
#检测不同的 α 对多项式贝叶斯分类器预测性能的影响
alphas =np.logspace(-2,5,num=200)
train_scores =[]
test_scores =[]
for alpha in alphas:
    model1 =MultinomialNB(alpha=alpha)
    model1.fit(X_train,y_train)
    train_scores.append(model1.score(X_train,y_train))
    test_scores.append(model1.score(X_test,y_test))
#绘图
fig2=plt.figure()
ax1 =fig2.add_subplot(2,1,1)
ax1.plot(alphas,train_scores,label='训练集准确率得分')
ax1.plot(alphas,test_scores,label='测试集准确率得分')
ax1.set_xlabel(r'$\alpha$')
ax1.set_ylabel('得分')
ax1.set_ylim(0,1.0)
```

```
ax1.set_title('α对多项式贝叶斯分类器预测性能的影响')
ax1.legend(loc='best')
ax1.set_xscale('log')
plt.show()
#伯努利贝叶斯分类器
model1 =BernoulliNB()
model1.fit(X_train,y_train)
print("伯努利贝叶斯分类器训练集准确率:%.2f" %model1.score(X_train, y_train))
print("伯努利贝叶斯分类器测试集准确率:%.2f"%model1.score(X_test,y_test))
#检验不同的α对伯努利贝叶斯分类器的预测性能的影响
alphas =np.logspace(-2,5,num=200)
train_scores =[]
test_scores =[]
for alpha in alphas:
    model1 =BernoulliNB(alpha=alpha)
    model1.fit(X_train,y_train)
    train_scores.append(model1.score(X_train,y_train))
    test_scores.append(model1.score(X_test,y_test))
#绘图
ax2 =fig2.add_subplot(2,1,2)
ax2.plot(alphas,train_scores,label='训练集准确率得分')
ax2.plot(alphas,test_scores,label='测试集准确率得分')
ax2.set_xlabel(r'$\alpha$')
ax2.set_ylabel('得分')
ax2.set_ylim(0,1.0)
ax2.set_title('α对伯努利贝叶斯分类器的预测性能的影响')
ax2.set_xscale('log') #创建对数坐标
ax2.legend(loc='best')
plt.show()
```

本实例运行后在 Console 中显示的结果如下所示。

```
高斯贝叶斯分类器训练集准确率：0.81
高斯贝叶斯分类器测试集准确率：0.76
多项式贝叶斯分类器训练集准确率:0.64
多项式贝叶斯分类器测试集准确率:0.55
伯努利贝叶斯分类器训练集准确率:0.37
伯努利贝叶斯分类器测试集准确率:0.24
```

本实例运行结果如图 7-4 所示。

从本实例运行结果可以看出，对于鸢尾花数据集，使用高斯贝叶斯分类器进行分类预测的结果最好，使用伯努利贝叶斯分类器进行分类预测的结果很差，充分说明了不同的数据集适用的分类方法是不同的。

从图 7-4 可以看出，对于多项式贝叶斯分类器来说，随着 α 参数的增大，准确率得分反而下降，说明 α 参数的值并不是越大越好，所以通常会取一个比较小的值。对于伯努利贝叶

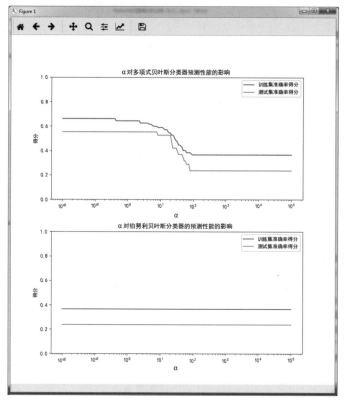

图 7-4　实例 7-9 运行结果

斯分类器而言,变化曲线直接成为两条直线,可以看出 α 参数的变化对准确率得分结果是没有影响的。

7.4　分类模型评估

其实无论是聚类算法还是分类算法,对于任何一个机器学习算法,建立模型之后都要对模型的好坏进行评估,通过对模型的评估进行调参,尽量使模型达到最优。分类模型评估的最简单的指标就是准确率,前面章节介绍的几种分类算法都使用类中自带的 score() 方法求得了模型的平均准确率从而进行评估的。

但在实际应用中,对于不同的数据集进行分析时,需要选择不同的评估指标来评价模型的好坏。例如,在对是否患病进行分类预测时,使用召回率进行评估可能比使用准确率进行评估会更合适。

分类模型常用的评估指标通常有准确率、精确率、召回率、F1 值及受度者工作特征曲线(receiver operating characteristic,ROC)等。其中,精确率和召回率只反映某一个方向的情况,而 F1 值与 ROC 是常用综合评价指标。

准确率非常简单,只需要用正确分类的样本数除以总样本数即可。在分类问题中最常见是二分类问题,下边以二分类问题为例介绍几种评价指标的计算方法。

对于二分类问题,分类结果只有真或假、同意或不同意、得病或没有得病两种分类结果,将两种分类结果定义为正例与反例。在使用分类器进行分类时,对于某一个样本,有可能会出现以下 4 种分类情况。

(1) 样本原本为正例,被分类器分类预测为正例,这种情况称为真正类(true positive,TP)。

(2) 样本原本为正例,被分类器分类预测为反例,这种情况称为假反类(false negative,FN)。

(3) 样本原本为反例,被分类器分类预测为正例,这种情况称为假正类(false positive,FP)。

(4) 样本原本为反例,被分类器分类预测为反例,这种情况称为真反类(true negative,TN)。

很显然,整个数据集的所有样本都分类预测后,总样本数应该是 4 种情况的总和。被分类器分类预测为正例的样本数应该是 TP+FP,被分类器分类预测为负例的样本数应该是 FN+TN。

准确率可以使用分类模型正确分类的样本数除以样本总数来计算,计算公式使用如下形式表示。

$$accuracy = \frac{TP + TN}{TP + FN + FP + TN} \tag{7-1}$$

精确率是指使用分类模型分类预测为正确分类的正例样本数与总的正例样本总数的比值,计算公式如下。

$$precision = \frac{TP}{TP + FP} \tag{7-2}$$

召回率也称查全率或真正率(可以记 TPR 或 recall),是指正例被准确预测的比例,即分类模型分类预测为正确分类的正例样本数与所有分类正确的样本总数的比例,计算公式如下。

$$recall = \frac{TP}{TP + FN} \tag{7-3}$$

F1 值是准确率和召回率的调和平均,是一种综合指标,计算公式如下所示。

$$F1 - score = \frac{2 \times accuracy \times recall}{accuracy + recall} \tag{7-4}$$

sklearn.metrics 中提供了 accuracy_score()、precision_score()、recall_score()及 f1_score()函数用来计算准确率、精确率、召回率及 F1 值。

【语法格式】

```
sklearn.metrics.accuracy_score(y_true, y_pred, *, normalize=True, sample_
weight=None)
sklearn.metrics.precision_score(y_true, y_pred, *, labels=None, pos_label=1,
average='binary', sample_weight=None, zero_division='warn')
sklearn.metrics.recall_score(y_true, y_pred, *, labels=None, pos_label=1,
average='binary', sample_weight=None, zero_division='warn')
sklearn.metrics.f1_score(y_true, y_pred, *, labels=None, pos_label=1, average=
'binary', sample_weight=None, zero_division='warn')
```

这几个函数的用法相似,几个重要参数如表 7-17 所示。

表 7-17　几个评估指标函数的重要参数

参数	含　义
y_true	正确值
y_pred	预测值
average	计算类型,可以取值为 binary(二分类)、micro(统计全局 TP 和 FP 来计算)、macro(计算每个标签的未加权均值,不考虑不平衡的情况)、weighted(计算每个标签的加权均值,考虑不平衡的情况)及 samples(计算每个实例,找出其均值)。其默认值为 binary

各函数返回值即为评估的结果值。

【实例 7-10】　对乳腺癌数据集利用 SVC 分类器进行分类预测,并计算准确率、精确率、召回率及 F1 值。

```python
from sklearn.metrics import precision_score,recall_score,f1_score
from sklearn.metrics import accuracy_score
from sklearn.svm import SVC
from sklearn.model_selection import train_test_split
from sklearn.datasets import load_breast_cancer
#导入数据
cancer =load_breast_cancer()
X =cancer.data
y =cancer.target
#数据标准化
from sklearn.preprocessing import MinMaxScaler
scaler =MinMaxScaler()
X =scaler.fit_transform(X)
#划分数据集
X_train, X_test, y_train, y_test =train_test_split(X, y, test_size=0.2)
#建模
SVM1 =SVC()
SVM1.fit(X_train, y_train)
pred =SVM1.predict(X_test)
#计算正确率、精确率、召回率及 F1 值
acc=accuracy_score(y_test, pred)
prec =precision_score(y_test, pred)
rec =recall_score(y_test, pred)
f1 =f1_score(y_test, pred)
print("正确率:  ",acc)
print('精确度:  ',prec)
print('召回率:  ',rec)
print('f1-score:',f1)
```

本实例运行后在 Console 中显示的结果如下所示。

```
正确率：  0.9298245614035088
精确度：  0.8933333333333333
召回率：  1.0
f1-score: 0.9436619718309859
```

从本实例运行结果可以看出，几个评估指标的值都较好，说明在乳腺癌数据集上使用 SVC 分类器可以得到较好的分类预测结果。

ROC 通常会以绘制 ROC 图的形式使用。在 ROC 图中，将假正率（FPR）作为 x 轴的值，真正率（TPR）作为 y 轴的值，各点连接起来构成 ROC 曲线。

假正率的计算公式如下。

$$FPR = \frac{FP}{FP + TN} \tag{7-5}$$

在 ROC 图上，ROC 曲线下与坐标轴围成的面积称为 AUC（area under curve）。通常情况下 ROC 曲线都是在直线 y＝x 的上方的，所以 AUC 的取值范围通常在 0.5～1。AUC 的值越大，表示分类模型的分类预测准确性越高，ROC 曲线会越光滑。当 AUC 的值等于 0.5 时，基本已经没有意义。

在实际的数据集中经常会出现样本类不平衡的情况，即正负样本比例差距较大。另外，测试数据中的正负样本也可能会随着时间发生变化。而当测试集中的正负样本的分布变换的时候，ROC 曲线能够保持不变。所以使用 ROC 进行模型评估会更客观一些，在实际应用中应用的比较广泛。

sklearn.metrics 有 roc_curve()、auc()两个函数，ROC 曲线主要就是通过这两个函数实现的。

【语法格式】

```
sklearn.metrics.roc_curve(y_true, y_score, *, pos_label=None, sample_weight=
None, drop_intermediate=True)
```

roc_curve()函数中的参数如表 7-18 所示。

表 7-18　roc_curve()函数中的参数

参　　数	含　　义
y_true	真正的二进制标签。如果标签既不是{－1,1}也不是{0,1}，则应该明确给出 pos _label
y_score	目标分数可以是肯定类别的概率估计、置信度值或决策的非阈值度量（如某些分类器上的 decision_function 所返回）
pos_label	正类的标签。当 pos_label＝None 时，如果 y_true 在{－1,1}或{0,1}中，pos_label 则设置为 1，否则将引发错误
sample_weight	指定样本权重
drop_intermediate	指定是否降低一些不会出现在绘制的 ROC 曲线上的次优阈值。其默认值为 True

roc_curve()函数运行后返回的值如表 7-19 所示。

表 7-19 roc_curve()函数运行后返回的值

返 回 值	含 义
FPR	假正率
TPR	真正率
thresholds	用于计算 FPR 和 TPR 的决策函数的阈值递减

【语法格式】

```
sklearn.metrics.auc(x, y)
```

auc()函数用法非常简单,通常让 x 参数的值为假正率 FPR,y 参数的值为真正率 TPR,返回结果就是求得的 auc 值。

【实例 7-11】 roc_curve()函数简单应用实例。

```
import numpy as np
from sklearn import metrics
X =np.array([1,3, 1, 2, 2])
scores =np.array([0.1, 0.4, 0.35, 0.8,0.7])
fpr, tpr, thresholds =metrics.roc_curve(X, scores, pos_label=2)
print("fpr:\n",fpr)
print("tpr:\n",tpr)
print("thresholds:\n",thresholds)
```

本实例运行后在 Console 中显示的结果如下所示。

```
fpr:
[0. 0. 0. 1.]
tpr:
[0. 0.5 1. 1.]
thresholds:
[1.8 0.8 0.7 0.1]
```

从本实例运行结果可以看出,thresholds 阈值为从大到小排序。

【实例 7-12】 对乳腺癌数据集使用 SVC 进行分类预测,绘制 ROC 曲线。

```
import matplotlib.pyplot as plt
from sklearn.svm import SVC
from sklearn.metrics import roc_curve, auc
from sklearn.model_selection import train_test_split
from sklearn.datasets import load_breast_cancer
#添加以下两句代码,显示汉字标题
plt.rcParams['font.sans-serif']=['SimHei']
plt.rcParams['axes.unicode_minus']=False
#导入数据
```

```
cancer =load_breast_cancer()
X =cancer.data
y =cancer.target
#数据标准化
from sklearn.preprocessing import MinMaxScaler
scaler =MinMaxScaler()
X =scaler.fit_transform(X)
#划分数据集
X_train, X_test, y_train, y_test =train_test_split(X, y, test_size=0.2)
#建模
svm =SVC()
#通过 decision_function()计算得到的 y_score 的值,用在 roc_curve()函数中
y_score =svm.fit(X_train, y_train).decision_function(X_test)
#计算真正率和假正率
fpr,tpr,threshold =roc_curve(y_test, y_score)
#计算 auc 的值
roc_auc =auc(fpr,tpr)
#绘图
plt.figure()
plt.plot(fpr, tpr, color='r',linewidth=3, label='ROC 曲线 (auc =%0.2f)' %roc_auc)
plt.plot([0, 1], [0, 1], color='b', linestyle='--')
plt.xlim([0.0, 1.0])
plt.ylim([0.0, 1.05])
plt.xlabel('假正率 FPR')
plt.ylabel('真正率 TPR')
plt.title('ROC')
plt.legend(loc="lower right")
plt.show()
```

本实例运行结果如图 7-5 所示。

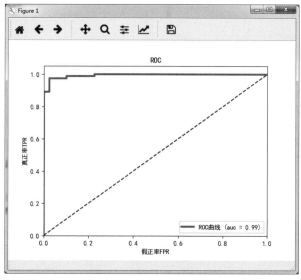

图 7-5　实例 7-12 运行结果

7.5　分类器应用实例——文本分类的实现

文本分类是一种常见的自然语言处理任务，也是大数据处理中的一种常见操作，如分析社交媒体中的情感、自动标注客户问题及新闻文章按主题分类等都属于文本分类操作。文本分类的目标是自动将文本文件分到一个或多个已定义好的类别中。

文本分类是分类算法的一个具体要求实例，整个分类过程与前面章节介绍的各分类器的用法是一样的，首先对包含文本文档和标签的数据集进行训练，训练好一个分类器模型后再预测标注新数据的分类。

在文本分类中，需要先将原始数据转换为特征向量，也可以根据现有的数据创建新的特征。从给定的文本文件数据集中选出重要特征的方式主要有计数向量作为特征、TF-IDF向量作为特征，单个词语级别、多个词语级别（N-Gram）、词性级别、词嵌入作为特征，基于文本/NLP的特征，主题模型作为特征等。

TF-IDF向量作为特征是文本分类中最常用的转换特征向量的方式。TF-IDF的分数代表了词语在文档和整个语料库中的相对重要性。TF-IDF分数由两部分组成：第一部分是计算标准的词语频率[TF，TF(t)＝该词语在文档出现的次数/文档中词语的总数]，第二部分是逆文档频率[IDF，IDF(t)＝$\log_e$(文档总数/出现该词语的文档总数)]。其中，语料库中文档总数除以含有该词语的文档数量，然后取对数就是逆文档频率。

TF-IDF向量可以由单个词语、词性、多个词(N-Grams)3个不同级别的分词产生，从而可以得到词语级别TF-IDF(矩阵代表了每个词语在不同文档中的TF-IDF分数)、N-Gram级别TF-IDF(N-Grams是多个词语在一起的组合，该矩阵代表了n-grams的TF-IDF分数)及词性级别TF-IDF(矩阵代表了语料中多个词性的TF-IDF分数)。

在Python中，TF-IDF向量化可以通过sklearn.feature_extraction.text中提供的TfidfVectorizer模块来实现，在使用前要添加以下语句导入。

【语法格式】

```
from sklearn.feature_extraction.text import TfidfVectorizer
```

【实例7-13】　应用3种分类器对新闻组数据进行分类。

```
from sklearn.datasets import fetch_20newsgroups
newsgroups_train =fetch_20newsgroups(subset='train')
print("导入数据集的训练集的大小: ",newsgroups_train.filenames.shape)
#print(newsgroups_train.target.shape)
#print(newsgroups_train.target[:10])
#print(newsgroups_train['data'][:2])          #前3篇文章
from sklearn.feature_extraction.text import TfidfVectorizer
#选取3类作为实验
categories =['alt.atheism', 'talk.religion.misc','comp.graphics', 'sci.space']
#加载数据集
```

```
newsgroups_train =fetch_20newsgroups(subset='train',categories=categories)
#提取 TF-IDF 向量特征
vectorizer =TfidfVectorizer()
vectors =vectorizer.fit_transform(newsgroups_train.data)
print("提取向量矩阵的大小: ",vectors.shape)
#使用 3 种分类器对文本进行分类
from sklearn.metrics import accuracy_score
#加载测试集
newsgroups_test=fetch_20newsgroups(subset='test',categories=categories)
print("导入数据集的测试集的大小: ",newsgroups_test.filenames.shape)
#提取测试集 TF-IDF 向量特征
vectors_test=vectorizer.transform(newsgroups_test.data)
#训练模型,使用 MultinomialNB
from sklearn.naive_bayes import MultinomialNB
model1=MultinomialNB(alpha=0.1)
model1.fit(vectors,newsgroups_train.target)
#预测
pred=model1.predict(vectors_test)
print("多项式朴素贝叶斯分类准确率: ", accuracy_score(newsgroups_test.target,
pred))
#训练模型,使用 KNN
from sklearn.neighbors import KNeighborsClassifier
model1=KNeighborsClassifier(n_neighbors=15)
model1.fit(vectors,newsgroups_train.target)
#预测
pred=model1.predict(vectors_test)
print("KNN 分类准确率: ",accuracy_score(newsgroups_test.target,pred))
#训练模型,使用 SVM
from sklearn.svm import SVC
model1=SVC(kernel='linear')
model1.fit(vectors,newsgroups_train.target)
#预测
pred=model1.predict(vectors_test)
print("SVM 分类准确率: ",accuracy_score(newsgroups_test.target,pred))
```

本实例运行后在 Console 中显示的结果如下所示。

```
导入数据集的训练集的大小: (11314,)
提取向量矩阵的大小: (2034, 34118)
导入数据集的测试集的大小: (1353,)
多项式朴素贝叶斯分类准确率: 0.8965262379896526
KNN 分类准确率: 0.7553584626755359
SVM 分类准确率: 0.8891352549889135
```

从本实例运行结果可以看出,对于本实例中的文本分类,使用 MultinomialNB 分类器获得的准确率最高,说明在本实例使用的 3 类分类器中,MultinomialNB 分类器是最合适的、最优的。

朴素贝叶斯模型因为发源于古典数学理论,所以有比较稳定的分类效率,对缺失数据也不太敏感,算法实现也比较简单,经常被用于文本分类,并且在文本分类上会获得比其他分类器更好的分类预测结果。但是朴素贝叶斯需要知道先验概率,且先验概率很多时候取决于假设,假设的模型可以有很多种,因此在某些时候会由于假设的先验模型导致预测效果不佳。由于这里是通过先验和数据来决定后验的概率从而决定分类的,因此分类决策存在一定的错误率。

习　　题

编程题

1. 导入 sklearn 库自带的乳腺癌数据集,使用 GaussianNB 分类器进行分类预测,并计算预测的准确率。

2. 导入 sklearn 库自带的乳腺癌数据集,使用 MultinomialNB 分类器进行分类预测,并计算预测的准确率。

3. 导入 sklearn 库自带的乳腺癌数据集,使用 BernoulliNB 分类器进行分类预测,并计算预测的准确率。

4. 导入 sklearn 库自带的乳腺癌数据集,使用 SVM 分类器进行分类预测。

5. 导入 sklearn 库自带的乳腺癌数据集,分别使用 GaussianNB、MultinomialNB、BernoulliNB、SVM 及 KNN 5 种分类器进行分类预测,并比较 5 种分类器预测的准确率优劣。

第 *8* 章　Python的回归算法

第7章介绍了一些经典的分类算法,本章介绍一些经典的回归算法。回归问题的适用情况通常是用来预测一个值的情况,回归算法能有效地预测定量数值,如产品销售收入预测、房价预测或者未来的天气情况预测等。

分类算法和回归算法都属于机器学习中的监督学习技术。有监督的学习算法要从有标记的数据中进行学习,通常在学习数据之后训练出一个合适的模型,然后利用模型确定赋予未标记的新数据的标签。

分类问题主要用来预测数据所属的类别,而回归问题则要根据前边观察到的数据来预测数值。分类问题适用的情况通常是用来给某个事物打上一个标签,通常结果为离散的值。例如,想判断一幅图片上的动物是一只猫还是一只狗,那么分类的目的就是判断其所属类别。

回归与分类得到的输出数据的类型是不同的。分类输出的数据类型是离散数据,即分类的标签。例如,通过学生学习情况预测其考试是否通过,这里的预测结果是考试通过或者不通过这两种离散数据。而回归输出的是连续数据类型。例如,通过学习时间预测学生的考试分数,这里的预测结果分数是连续数据。

一般通过分类算法得到的是一个决策面,用于对数据集中的数据进行分类。而通过回归算法得到的是一个最优拟合线,该线条可以最好地接近数据集中的各个点。在分类算法中,通常会使用分类正确率作为评估算法模型优劣的指标;而对于回归算法,通常使用决定系数 R 的平方来评估模型的好坏。

当然,分类模型和回归模型在本质上其实是一样的,分类模型可以看作回归模型的输出离散化。

8.1　最小二乘线性回归

线性回归是利用数理统计中的回归方程来确定数据集上两种或两种以上变量间相互依赖的定量关系的一种统计分析方法,也是在大数据分析时常用的一种统计分析方法。在统计学中,线性回归(linear regression)是利用称为线性回归方程的最小平方函数对一个或多个自变量和因变量之间关系进行建模的一种回归分析。这种函数是一个或多个称为回归系数的模型参数的线性组合。在线性回归中,数据使用线性预测函数来建模,并且未知的模型参数也通过数据来估计,通常称这些模型为线性模型。

　　线性回归是基于用于预测的特征变量和待预测的特征变量之间有线性关系这个假设的,通过训练模型求得一系列的回归系数,使用这些回归系数构建回归方程,然后通过该回归方程再预测新输入数据。通常在回归算法处理过程中,会把用于预测的特征变量称为预测因子,把待预测的特征变量称为响应变量(response variable)。

　　简单来说,回归的目的就是预测数值型的目标值,通常是根据训练数据计算出一个求目标值的计算公式。例如,想预测一个地区的餐馆数量,可能会使用如下公式进行计算。

$$预测的餐馆数量 = 0.003 \times 该地区的人口数量 + 0.002 \times GDP \qquad (8-1)$$

　　该公式就是回归方程,方程中的0.003与0.002称为回归系数。训练的目的就是求出这些回归系数,求这些回归系数的过程就是回归。通过建立模型、训练模型求出回归系数后,再给定新的输入数据,即可通过回归系数组成的方程进行预测计算。

　　回归算法中最常见的用于获取回归系数的拟合模型就是最小二乘法。sklearn扩展库中提供的LinearRegression可实现最简单的普通最小二乘线性回归。LinearRegression使用系数 $w = (w1, \cdots, wp)$ 拟合线性模型。

【语法格式】

```
sklearn.linear_model.LinearRegression(*, fit_intercept=True, normalize=False,
copy_X=True, n_jobs=None)
```

　　LinearRegression类中的主要参数如表8-1所示。

表 8-1　LinearRegression 类中的主要参数

参　数	含　义
fit_intercept	指定是否计算模型的截距,默认值为 True。如果设置为 False,则在计算中将不使用截距
normalize	指定是否标准化(默认方法是减去均值并除以 l_2 范数),默认值为 False。建议将其设置为 True;如果设置为 False,则建议在输入模型之前手动进行标准化。注意,当 fit_intercept 设置为 False 时,将忽略此参数
copy_X	指定是否复制 X,默认值为 True。如果设置为 True,将复制 X;否则不复制 X,X 可能会被覆盖

　　LinearRegression类中的属性如表8-2所示。

表 8-2　LinearRegression 类中的属性

属　性	含　义
coef_	线性回归问题的估计系数,即对应 X 各个特征的系数,绝对值越接近 1,表示相关性越强
rank_	矩阵的秩
singular_	奇异值
intercept_	表示模型学习到的截距值

　　LinearRegression类中的方法如表8-3所示。

表 8-3　LinearRegression 类中的方法

方　　法	功　　能
fit(X,y)	拟合线性模型
predict(X)	使用线性模型进行预测
score(X,y)	返回预测的决定系数 R 平方值,越接近 1 说明拟合效果越好
set_params()	设置此估算器的参数
get_params()	获取此估算器的参数

在 LinearRegression 类中,score()方法计算的是决定系数 R 平方值。当 R 平方值为 1 时,表示样本中的预测值和真实值完全相等,没有任何误差,即建立的模型完美拟合了所有真实数据,是效果最好的模型。当然,通常在现实情况中,模型一般不会这么完美,总会存在一定的误差。当误差很小时,R 平方值仍比较接近 1;误差越大,R 平方值就会越接近 0。有时也会出现 R 平方值小于 0 的情况,这说明此时所使用的数据集不适合使用线性模型进行预测。

决定系数 R 平方值是通过数据的变化来表征一个模型拟合的好坏。决定系数 R 平方值的计算公式如下所示。

$$R^2 = 1 - \frac{\sum(真实值 - 预测值)^2}{\sum(真实值 - 真实值均值)^2} \tag{8-2}$$

式(8-2)中分式的分母可以理解为原始数据的离散程度,分子为预测数据和原始数据的误差。

通常来说,R 平方值越接近 1,表示模型对数据拟合得越好;R 平方值越接近 0,表示模型对数据拟合得越差。根据学者们多年的经验,通常来说只要 R 平方值大于 0.4,就说明模型的拟合效果较好。使用 R 平方值评估模型的好坏有一个缺点,即当数据集过大时,误差可能也会更大。当然,不同的数据集模型结果可以存在的误差也不一样。

在使用 LinearRegression 类前,首先需要从 sklearn 包中导入 LinearRegression 模块。
【语法格式】

```
from sklearn.linear_model import LinearRegression
```

Diabetes 数据集是 sklearn 库中自带的数据集,包含 442 个患者的 10 个生理特征(年龄、性别、体重、血压和一年以后疾病级数指标)。数据集中的特征值总共 10 项,属性名分别为 ['age', 'sex', 'bmi', 'bp', 's1', 's2', 's3', 's4', 's5', 's6'],每个属性的分别含义为年龄、性别、体质指数、血压、6 种血清的化验数据。

【实例 8-1】　对 sklearn 库自带数据集 Diabetes 进行线性回归预测,只抽取一个特征进行预测。

```
from sklearn.datasets import load_diabetes
from sklearn.linear_model import LinearRegression
import matplotlib.pyplot as plt
import numpy as np
#添加以下两句代码,显示汉字标题
```

```
plt.rcParams['font.sans-serif']=['SimHei']
plt.rcParams['axes.unicode_minus']=False
#载入糖尿病数据集
diabetes=load_diabetes()
X=diabetes.data
y=diabetes.target
diabetes_names =diabetes['feature_names']        #取出数据集的特征名
print('数据集的特征名为: \n',diabetes_names)
#只从中抽取一个特征
X =X[:, np.newaxis, 2]
#手工划分训练集与测试集
X_train =X[:-20]
y_train =y[:-20]
X_test =X[-20:]
y_test =y[-20:]
#线性回归模型
model_LinearRegression =LinearRegression(fit_intercept=True, normalize=True)
model_LinearRegression.fit(X_train, y_train)
y_pred =model_LinearRegression.predict(X_test)
print("预测值:\n",y_pred)
#查看实际目标值
print("实际目标值:\n",y_test)
print('回归系数: \n', model_LinearRegression.coef_)
#结果评估
print("模型评估结果: ",model_LinearRegression.score(X_test,y_test))
#绘图
plt.scatter(X_test, y_test, color='b')
plt.plot(X_test, y_pred, color='r', linewidth=2)
plt.ylabel('病情数值')
plt.xlabel('特征')
plt.show()
```

本实例运行结果如图 8-1 所示。

本实例运行后在 Console 中显示的结果如下所示。

```
数据集的特征名为:
['age', 'sex', 'bmi', 'bp', 's1', 's2', 's3', 's4', 's5', 's6']
预测值:
[225.9732401   115.74763374  163.27610621  114.73638965  120.80385422
 158.21988574  236.08568105  121.81509832   99.56772822  123.83758651
 204.73711411   96.53399594  154.17490936  130.91629517   83.3878227
 171.36605897  137.99500384  137.99500384  189.56845268   84.3990668 ]
实际目标值:
[233.  91. 111. 152. 120.  67. 310.  94. 183.  66. 173.  72.  49.  64.
  48. 178. 104. 132. 220.  57.]
```

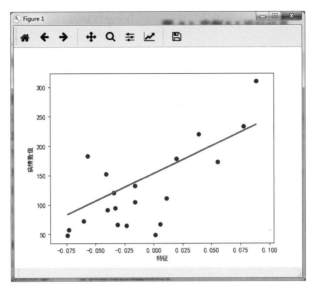

图 8-1　实例 8-1 运行结果

回归系数：
［938.23786125］
模型评估结果：0.4725754479822712

模型评估计结果可使用 score()方法获得，此方法的结果值越接近 1，说明模型的预测结果越好。本实例的结果为 0.4725754479822712，说明对此数据集使用 LinearRegression 线性回归预测的结果一般。

本实例中代码"X = X[:, np.newaxis, 2]"中 np.newaxis 的作用是增加一个轴，如 diabetes_X[:, np.newaxis, 2]等价于 diabetes_X[:,2].reshape(:, 1, 2)。

本实例中只取了一个特征值进行线性回归预测。下边通过一个实例对数据集中的所有特征值进行预测并绘制出所有特征上的预测结果。

【实例 8-2】　对 Diabetes 数据集中的所有特征进行线性回归预测。

```
import numpy as np
from sklearn.datasets import load_diabetes
from sklearn.linear_model import LinearRegression
import matplotlib.pyplot as plt
#添加以下两句代码,显示汉字标题
plt.rcParams['font.sans-serif']=['SimHei']
plt.rcParams['axes.unicode_minus']=False
#导入数据
diabetes=load_diabetes()
X =diabetes.data
y =diabetes.target
diabetes_names =diabetes['feature_names']        #取出数据集的特征名
print('数据集的特征名为: \n',diabetes_names)
```

```
#手工划分数据集
x_train=X[:-20]
y_train=y[:-20]
x_test=X[-20:]
y_test=y[-20:]
#建立线性回归模型
model1=LinearRegression()
#用训练集训练模型
model1.fit( x_train,y_train)
#调用预测模型的 coef_属性,求出每种生理数据的回归系数 b,一共 10 个结果,分别对应 10 个生
#理特征
print("回归系数: \n",model1.coef_)
#在测试集上做预测
predict1=model1.predict(x_test)
print("预测值:\n",predict1)
#查看实际目标值
print("实际目标值\n",y_test)
#评估模型
print("评估结果: ",model1.score(x_test,y_test))
#对每个特征绘制一个线性回归图
plt.figure()
#循环 10 个特征
for f in range(0,10):
    #取出测试集中第 f 特征列的值,这样取出来的数组变为一维数组
    x_test1=x_test[:,f]
    #取出训练集中第 f 特征列的值
  x_train1=x_train[:,f]
    #np.newaxis 的作用是增加一个轴,如 diabetes_X[:, np.newaxis, 2]等价于 diabetes
    _X[:, 2].reshape(:, 1, 2)
    x_test1=x_test1[:,np.newaxis]
    x_train1=x_train1[:,np.newaxis]
    model1.fit(x_train1,y_train)        #根据第 f 特征列进行训练
    y=model1.predict(x_test1)           #根据上面训练的模型进行预测,得到预测结果 y
    #加入子图,共 5 行 * 2 列=10 个子图,f+1 表示第几个子图
    plt.subplot(5,2,f+1)
    #绘制点,代表测试集的数据分布情况
    plt.scatter(x_test1,y_test,color='b')
    #绘制线
    plt.plot(x_test1,y,color='r',linewidth=3)
    plt.ylabel('病情数值')
    plt.xlabel('特征')
plt.savefig('糖尿病预测.png')
plt.show()
```

本实例运行结果如图 8-2 所示。

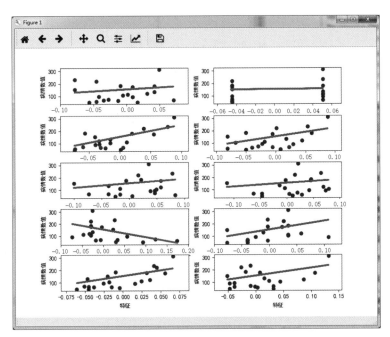

图 8-2 实例 8-2 运行结果

本实例运行后在 Console 中显示的结果如下所示。

```
数据集的特征名为:
['age', 'sex', 'bmi', 'bp', 's1', 's2', 's3', 's4', 's5', 's6']
回归系数:
[ 3.03499549e-01  -2.37639315e+02   5.10530605e+02   3.27736980e+02
 -8.14131709e+02   4.92814588e+02   1.02848452e+02   1.84606489e+02
  7.43519617e+02   7.60951722e+01]
预测值:
[197.61846908  155.43979328  172.88665147  111.53537279  164.80054784
 131.06954875  259.12237761  100.47935157  117.0601052   124.30503555
 218.36632793   61.19831284  132.25046751  120.3332925    52.54458691
 194.03798088  102.57139702  123.56604987  211.0346317    52.60335674]
实际目标值:
[233.  91. 111. 152. 120.  67. 310.  94. 183.  66. 173.  72.  49.  64.
  48. 178. 104. 132. 220.  57.]
评估结果: 0.5850753022690574
```

本实例仍然使用 score()方法对模型进行评估。本实例的结果为 0.5850753022690574，该评估结果比实例 8-1 只对一个特征进行预测结果要好一些，但是离 1 还是很远，说明对此数据集使用 LinearRegression 线性回归预测的结果一般。

8.2 Lasso 模型

Lasso(least absolute shrinkage and selection operator)回归模型是在损失函数后加 L1 正则化的线性回归,又称为套索回归。Lasso 回归方法通过构造一个惩罚函数,可以将变量的系数进行压缩并使某些回归系数变为 0,进而达到变量选择的目的。

正则化(regularizaiton)是一种在数据分析中经常使用的防止过拟合的方法。在正则化操作中会保留数据集上的所有特征变量,只会减小特征变量的数量级。当数据集中有很多个特征变量时,其中每一个变量都可能会对预测结果产生一定影响,所以不希望忽略任何一个变量,所以就引入了正则化操作。

sklearn 扩展库中提供的 Lasso 类可实现 Lasso 回归。

【语法格式】

```
sklearn.linear_model.Lasso(alpha=1.0, *, fit_intercept=True, normalize=False,
precompute=False, copy_X=True, max_iter=1000, tol=0.0001, warm_start=False,
positive=False, random_state=None, selection='cyclic')
```

Lasso 类的主要参数如表 8-4 所示。

表 8-4　Lasso 类的主要参数

参　数	含　义
alpha	正则项系数,默认值为 1.0
precompute	指定是否使用预先计算的 Gram 矩阵来加快计算速度,默认值为 False
fit_intercept	指定是否计算此模型的截距。如果设置为 False,则在计算中将不使用截距
normalize	指定标准化,默认值为 False
copy_X	指定是否复制 X,默认值为 True。如果设置为 True,将复制 X;否则不复制 X,X 可能会被覆盖
max_iter	指定最大迭代次数,默认值为 1000
positive	bool 类型,默认值为 False。如果设置为 True,那么强制要求权重向量的分量都为正数
random_state	指定随机数种子,推荐设置一个任意整数,如 0、2020 等,好处是模型可以复现

Lasso 类中的属性如表 8-5 所示。

表 8-5　Lasso 类中的属性

属　性	含　义
coef_	线性回归问题的估计系数,即对应 X 各个特征的系数,绝对值越接近 1,表示相关性越强
sparse_coef_	拟合的稀疏表示系数
intercept_	表示模型学习到的截距值

Lasso 类中的方法如表 8-6 所示。

表 8-6 Lasso 类中的方法

方　　法	功　　能
fit(X,y)	拟合线性模型
predict(X)	使用线性模型进行预测
score(X,y)	返回预测的决定系数 R^2，越接近 1 说明拟合效果越好
set_params()	设置此估算器的参数
get_params()	获取此估算器的参数

在使用 Lasso 类前，首先需要从 sklearn 包中导入 Lasso 模块。

```
from sklearn.linear_model import Lasso
```

【实例 8-3】 对 Diabetes 数据集中的一个特征进行 Lasso 回归预测。

```
from sklearn.datasets import load_diabetes
from sklearn.linear_model import Lasso
import matplotlib.pyplot as plt
import numpy as np
#添加以下两句代码,显示汉字标题
plt.rcParams['font.sans-serif']=['SimHei']
plt.rcParams['axes.unicode_minus']=False
#载入糖尿病数据集
diabetes=load_diabetes()
X=diabetes.data
y=diabetes.target
diabetes_names =diabetes['feature_names']        #取出数据集的特征名
print('数据集的特征名为: \n',diabetes_names)
#只从中抽取一个特征
X =X[:, np.newaxis, 2]
#手工划分训练集与测试集
X_train =X[:-20]
y_train =y[:-20]
X_test =X[-20:]
y_test =y[-20:]
#线性回归模型
model_Lasson =Lasso(fit_intercept=True, normalize=True)
model_Lasson.fit(X_train, y_train)
y_pred =model_Lasson.predict(X_test)
print("预测值:\n",y_pred)
#查看实际目标值
print("实际目标值:\n",y_test)
print('回归系数: \n', model_Lasson.coef_)
#结果评估
```

```
print("模型评估结果: ",model_Lasson.score(X_test,y_test))
#绘图
plt.scatter(X_test, y_test, color='b')
plt.plot(X_test, y_pred, color='r', linewidth=2)
plt.ylabel('病情数值')
plt.xlabel('特征')
plt.show()
```

本实例运行结果如图 8-3 所示。

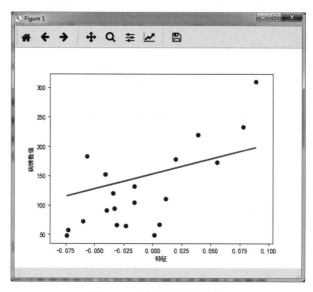

图 8-3　实例 8-3 运行结果

本实例运行后在 Console 中显示的结果如下所示。

```
数据集的特征名为:
['age', 'sex', 'bmi', 'bp', 's1', 's2', 's3', 's4', 's5', 's6']
预测值:
[192.56582317  133.05386864  158.71498665  132.50788741  135.78377481
 155.98508048  198.02563552  136.32975605  124.31816889  137.42171851
 181.10021725  122.68022519  153.80115554  141.24358715  115.58246914
 163.08283652  145.06545579  145.06545579  172.91049874  116.12845038]
实际目标值:
[233.  91. 111. 152. 120.  67. 310.  94. 183.  66. 173.  72.  49.  64.
  48. 178. 104. 132. 220.  57.]
回归系数:
[506.56440718]
模型评估结果: 0.2854013536939083
```

本实例使用 score() 方法得到的评估结果为 0.2854013536939083，该评估结果比 LinearRegression 线性回归预测的结果更差。在本实例中使用了 alpha 参数默认值 1.0,下边考察不同的 alpha 参数值对 Lasso 性能的影响。

【实例 8-4】　测试不同的 **alpha** 参数值对 **Lasso** 性能的影响。

```python
from sklearn.datasets import load_diabetes
from sklearn.linear_model import Lasso
import matplotlib.pyplot as plt
import numpy as np
#添加以下两行代码,显示汉字标题
plt.rcParams['font.sans-serif']=['SimHei']
plt.rcParams['axes.unicode_minus']=False
#载入糖尿病数据集
diabetes=load_diabetes()
X=diabetes.data
y=diabetes.target
#只从中抽取一个特征
X =X[:, np.newaxis, 2]
#手工划分训练集与测试集
X_train =X[:-20]
y_train =y[:-20]
X_test =X[-20:]
y_test =y[-20:]
#线性回归模型
#model_Lasson =Lasso(fit_intercept=True, normalize=True)
#model_Lasson.fit(X_train, y_train)
#y_pred =model_Lasson.predict(X_test)
#检测不同的 alpha 参数值对 Lasso 性能的影响
alphas =[0.1,0.5,1,1.5,2,2.5,3,4.5,5,5.5,6,7.5,8,9,10]
train_scores =[]
test_scores =[]
for alpha in alphas:
    model1 =Lasso(alpha=alpha)
    model1.fit(X_train,y_train)
    train_scores.append(model1.score(X_train,y_train))
    test_scores.append(model1.score(X_test,y_test))
#绘图
fig2=plt.figure()
ax1 =fig2.add_subplot(1,1,1)
ax1.plot(alphas,train_scores,label='训练集准确率得分')
ax1.plot(alphas,test_scores,label='测试集准确率得分')
ax1.set_xlabel(r'$\alpha$')
ax1.set_ylabel('得分')
ax1.set_ylim(0,1.0)
ax1.set_title(r'$\alpha$对 Lasso 性能的影响')
ax1.legend(loc='best')
#ax1.set_xscale('log')
plt.show()
```

本实例运行结果如图 8-4 所示。

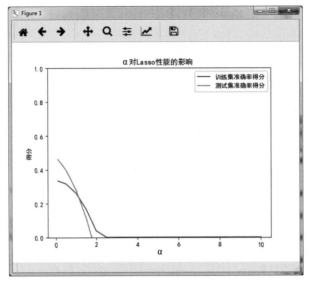

图 8-4　实例 8-4 运行结果

在本实例中通过使用不同的 alpha 参数值建模并训练模型,然后对比不同模型的评估得分情况。从图 8-4 中可以看出,在 alpha＝1.0 的位置,在训练集和测试集的得分都不是最好的,并且随着 alpha 参数值的增加,得分会越来越低。

在对各种模型进行调参时,一般的做法是先给参数一个较小的值,然后在该值周围取一些值进行验证,从这些值中找到一个结果最好的参数值,再对这个参数值进行微调验证,最终找到一个最优的参数值来使用。

从图 8-4 中可以看出,实例 8-4 里设置的 alpha 参数值中,最小的值取得最好的结果,然后微调最小值 alpha＝0.1,再取一些参数进行测试。

把实例 8-4 中的以下代码

```
alphas =[0.1,0.5, 1,1.5,2,2.5,3,4.5,5,5.5,6,7.5,8,9,10]
```

修改为

```
alphas =[0.001,0.005,0.01,0.05,0.1,0.5, 1]
```

重新运行程序,可以得到图 8-5 所示的结果。

从图 8-5 中可以看出,当 alpha＝0.001 时模型的评估得分最好,说明当 alpha 参数值比较小时能得到比较好的结果。

 小　提　示

以 r 开头的字符串表示 r 后面的字符都是普通字符,如后边出现了"\n",将不再表示换行,而只表示一个反斜杠字符和一个字母 n。

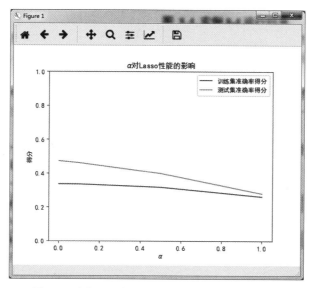

图 8-5　实例 8-4 修改 alpha 参数范围的运行结果

8.3　岭　回　归

　　现实应用中的数据构成的数据矩阵有时可能是"病态"的,在一个数据矩阵中如果某个元素的一个很小的变动都会引起最后的计算结果误差很大,这种矩阵就被称为病态矩阵。另外,在现实应用中,有时不正确的计算方法也可能会使一个正常的矩阵在运算中表现出病态。回归算法中最常用的最小二乘法线性回归算法是一种无偏估计的算法,其处理一些病态的数据效果往往不太理想。

　　岭回归(ridge regression)是一种专用于共线性数据分析的有偏估计回归方法,是具有 l_2 正则化的线性最小二乘法回归模型,本质上就是最小二乘算法的改良,通过放弃最小二乘法的无偏性,以损失部分信息、降低精度为代价获得回归系数,是一种更符合实际应用分析、更可靠的回归方法,对于实际应用中的病态数据的拟合效果要比最小二乘法拟合效果好很多。

【语法格式】

```
sklearn.linear_model.Ridge(alpha=1.0, *, fit_intercept=True, normalize=False,
copy_X=True, max_iter=None, tol=0.001, solver='auto', random_state=None)
```

　　Ridge 类的主要参数如表 8-7 所示。

表 8-7　Ridge 类的主要参数

参　数	含　义
alpha	指定正则化强度,必须为正浮点数
max_iter	指定求解器的最大迭代次数。对于 sparse_cg 和 lsqr 求解器,默认值由 scipy.sparse.linalg 确定;对于 sag 求解器,默认值为 1000

参　数	含　义
tol	指定解决方案的精度,默认值为 $1e-3$
solver	指定用于计算的求解方法,可以取的值为{'auto','svd','cholesky','lsqr','sparse_cg','sag','saga'},默认值为'auto'

Ridge 类中的属性如表 8-8 所示。

表 8-8　Ridge 类中的属性

属　性	含　义
coef_	估计系数
n_iter_	每个目标的实际迭代次数,仅适用于 sag 和 lsqr 求解器。其他求解器将返回 None

Ridge 类中的方法与 LinearRegression 类中的方法是一样的,这里不再介绍,参考表 8-3。

【实例 8-5】　对 Diabetes 数据集进行岭回归预测。

```python
from sklearn.datasets import load_diabetes
from sklearn.linear_model import Ridge
#导入数据
diabetes=load_diabetes()
X =diabetes.data
y =diabetes.target
diabetes_names =diabetes['feature_names']    #取出数据集的特征名
#使用 train_test_split 划分训练集与测试集
from sklearn.model_selection import train_test_split
x_train,x_test,y_train,y_test=train_test_split(X,y,random_state=14)
#建立线性回归模型
model1=Ridge(alpha=0.001)
#用训练集训练模型
model1.fit( x_train,y_train)
#调用预测模型的 coef_属性,求出每种生理数据的回归系数 b, 一共 10 个结果,分别对应 10 个
#生理特征
print("回归系数:  ",model1.coef_)
#在测试集上做预测
predict1=model1.predict(x_test)
print("预测值:  ",predict1)
#查看实际目标值
print("实际目标值  ",y_test)
#评估模型
print("模型评估结果:   ",model1.score(x_test,y_test))
```

本实例运行结果如下所示。

回归系数： 〔34.90552956 -229.60774455 495.29829001 312.31852854 -766.96449047

403.65546808 60.48690995 209.59384012 673.87094872 102.90121868]

预测值： 〔145.24943404 219.65932396 117.72327953 151.2291927 78.34079005

195.16036799 126.27645832 229.81098303 70.44438568 165.73363501

210.83303368 84.65173655 131.37625107 103.97423741 125.76815697

116.16899261 243.64659962 150.37250137 242.98248757 160.9821712

97.36348162 121.70622242 254.05260705 200.36654209 158.43562028

98.91792137 64.30449137 229.86154507 208.07201553 75.45865087

200.45396599 110.95439339 164.15591985 66.96777574 128.98311094

108.05166495 104.7654729 193.1919685 182.62971017 133.33265969

68.33876704 237.07301675 217.56992483 111.63513176 174.82689565

160.56136692 185.77919445 109.69419222 195.4049008 199.44517569

63.054985 80.30037917 140.83735861 154.82359418 95.89210484

62.46351051 139.25625095 93.35754154 55.94702103 118.02477691

114.78996328 157.57405333 128.33829649 162.63660166 149.047887

157.97165957 201.61688848 160.09140852 220.2219901 143.01676301

131.56840553 96.95030022 154.82423713 157.42906481 110.27360539

72.99165191 137.70402356 228.32250925 97.29023178 181.66952448

160.99448364 83.3207535 56.37948343 244.62988396 258.98378495

113.32797302 150.66335282 166.46627707 75.16462272 180.43612154

199.39730268 143.06182378 151.83142171 122.57737951 42.17454521

96.28000276 179.43775194 234.87127397 206.50165283 123.95612582

136.48753028 140.67477083 85.82031585 215.23438134 158.98434451

160.52765097 193.12308065 160.66259306 56.86744046 56.08608593

74.31023564]

实际目标值 〔246. 259. 92. 86. 89. 220. 178. 252. 128. 127. 275. 181. 67. 97.

44. 200. 243. 172. 275. 120. 118. 51. 308. 150. 185. 97. 75. 317.

163. 60. 189. 87. 216. 72. 49. 72. 108. 222. 233. 124. 134. 274.

295. 160. 311. 258. 142. 61. 131. 233. 158. 98. 50. 237. 170. 43.

88. 94. 63. 68. 59. 131. 148. 235. 209. 94. 220. 151. 236. 146.

142. 118. 168. 118. 107. 138. 302. 280. 125. 229. 245. 49. 52. 233.

303. 79. 91. 143. 200. 272. 109. 61. 252. 71. 57. 101. 101. 281.

288. 66. 219. 219. 113. 296. 265. 242. 248. 141. 78. 85. 48.]

模型评估结果： 0.4833686510987971

在本实例中使用Ridge预测的评估结果为0.4833686510987971。

8.4 逻 辑 回 归

逻辑回归也称对数回归,虽然使用的名称是回归,但其实它是一种用于分类而不是回归的线性模型。逻辑回归算法的用法与线性回归算法的用法类似,但其适用于因变量不是一个数值的情况(如需要给出一个"真"或"假"的响应的情况)。逻辑回归是一种基于回归的分类,通常用于将因变量分为两类的问题,即逻辑回归通常用于预测二分类问题。在逻辑回归中使用最大熵分类或者对数线性分类器进行分类。

sklearn 扩展库中提供的 LogisticRegression 类可用于实现逻辑回归操作。

【语法格式】

```
sklearn.linear_model.LogisticRegression(penalty='l2', dual=False, tol=0.0001,
C=1.0, fit_intercept=True, intercept_scaling=1, class_weight=None, random_
state=None, solver='liblinear', max_iter=100, multi_class='ovr', verbose=0,
warm_start=False, n_jobs=1)
```

LogisticRegression 类的主要参数如表 8-9 所示。

表 8-9　LogisticRegression 类的主要参数

参　数	含　义
penalty	指定惩罚时的范数,默认为 l_2 范数
C	正则强度的倒数,必须为正浮点数,默认值为 1.0。较小的值指定更强的正则化
fit_intercept	指定是否计算模型的截距,默认值为 True。如果设置为 False,则在计算中将不使用截距
max_iter	指定求解器的最大迭代次数,默认值为 100
solver	指定求解器,可以使用 newton-cg(牛顿法的一种)、lbfgs(拟牛顿法的一种,利用损失函数二阶导数矩阵即海森矩阵来迭代优化损失函数)、liblinear(使用坐标轴下降法来迭代优化损失函数)及 sag(随机平均梯度下降,每次迭代仅用一部分样本来计算梯度,适合样本数据多的情况),默认值为 liblinear。对于小数据集,通常使用 liblinear;对于大数据集,最好选用其他几种求解器
multi_class	可以取值为 ovr 或者 multinomial(multinomial 即为 MvM)。如果是二元逻辑回归,则二者区别不大;如果是 MvM,假设模型有 T 类,则每次在所有的 T 类样本中选择两类样本出来,把所有输出为该两类的样本放在一起,进行二元回归,得到模型参数,一共需要 T (T−1)/2 次分类

LogisticRegression 类中的属性如表 8-10 所示。

表 8-10　LogisticRegression 类中的属性

属　性	含　义
coef_	估计系数
intercept_	表示模型学习到的截距值
n_iter_	所有类的实际迭代数。如果是二进制或多项式,则仅返回一个元素。对于 liblinear 求解器,仅给出所有类的最大迭代次数

LogisticRegression 类中的方法如表 8-11 所示。

表 8-11　LogisticRegression 类中的方法

方　法	功　能
fit(X,y)	拟合模型
fit_transform(X [,y])	先拟合模型,再对特征进行转换

续表

方　法	功　　能
predict(X)	使用模型预测 X 中样本的类别标签
score(X,y)	返回给定测试数据和标签上的平均准确率
set_params()	设置此估算器的参数
get_params()	获取此估算器的参数
decision_function(X)	预测样本的置信度得分
densify()	将系数矩阵转换为密集数组格式
sparsify()	将系数矩阵转换为稀疏格式

【实例 8-6】 对鸢尾花数据集使用 LogisticRegression 分类预测。

```
from sklearn.datasets import load_iris
from sklearn.model_selection import train_test_split
from sklearn.preprocessing import StandardScaler
from sklearn.linear_model import LogisticRegression
#以下两句用来忽略版本错误信息
import warnings
warnings.filterwarnings("ignore")
#导入数据
iris =load_iris()
X = iris.data[:,2:]                #表示只取特征空间中的后两个维度
y =iris.target
x_train,x_test,y_train,y_test =train_test_split(X,y,test_size=0.3,train_size=
0.7,random_state=0)
#数据预处理：标准化
M=StandardScaler()
M.fit(x_train)                    #计算均值和方差
x_train1 =M.transform(x_train)   #利用计算好的方差和均值进行 Z 分数标准化
x_test1 =M.transform(x_test)
#建模、训练、预测
lr_model=LogisticRegression(C=1000)
lr_model.fit(x_train1,y_train)
y_pred =lr_model.predict(x_test1)
#评估模型
print("正确率: ",lr_model.score(x_test1,y_test))
```

本实例的运行结果为正确率：0.9777777777777777。可以看出，使用 LogisticRegression 对鸢尾花数据集预测的准确率接近 1，结果非常好。

8.5 回归模型评估

在大数据分析中,评估回归模型除了类中自带的 R 平方值评估方法外,还有两个常用的评估方法,即平均绝对值误差(mean absolute error,MAE)和均方误差(mean squared error,MSE)。

平均绝对误差是指预测值与真实值之间的平均差值,计算公式如下所示。

$$\text{MAE} = \frac{1}{N} \sum_{i=1}^{N} |y_i - y_i\_\text{pred}| \tag{8-3}$$

式中,N 为数据集的总样本数量;y_i 为第 i 个样本的实际值;y_i_pred 为对应的预测值。

平均绝对误差的值越小,就代表模型的性能越好。

均方误差是指参数估计值与参数真值之差平方的期望值。均方误差可以评价数据的变化程度,均方误差的值越小,说明预测模型描述实验数据具有越好的精确度。计算均方误差的公式如下所示。

$$\text{MSE} = \frac{1}{N} \sum_{i=1}^{N} |y_i - y_i\_\text{pred}|^2 \tag{8-4}$$

式中,N 为数据集的总样本数量;y_i 为第 i 个样本的实际值;y_i_pred 为对应的预测值。

sklearn 库的 metrics 模块提供了 mean_absolute_error()方法和 mean_squared_error()方法计算平均绝对误差和均方误差。除了回归模型相应类里自带的 score()方法可以计算 R 平方值外,在 sklearn 库的 metrics 模块还提供了 r2_score()方法,专门用来对回归模型进行 R 平方值评估。

【实例 8-7】 导入波士顿房价数据集,分别使用平均绝对误差、均方误差及 R 平方值评估线性回归、Lasso 回归及岭回归,使用条形图可视化地对比评估结果。

```python
import matplotlib.pyplot as plt
#添加以下两行代码,显示汉字标题
plt.rcParams['font.sans-serif']=['SimHei']
plt.rcParams['axes.unicode_minus']=False
#定义函数来显示柱状上的数值
def autolabel(rects):
    for rect in rects:
        height =rect.get_height()
        plt.text(rect.get_x()+rect.get_width()/2.-0.2, 1.03 * height, '%.2f' %
float(height))
from sklearn.datasets import load_boston
#读入数据集
boston =load_boston()
X =boston["data"]
print(type(X),X.shape)
y =boston["target"]
```

```
#数据切分为训练集和测试集
from sklearn.model_selection import train_test_split
X_train,X_test,y_train,y_test=train_test_split(X,y,random_state=0)
#初始化变量
MAE_results=[]
MSE_results=[]
R2_results=[]
#利用线性回归模型对数据进行拟合
from sklearn.linear_model import LinearRegression
lr=LinearRegression(normalize=True)
lr.fit(X_train,y_train)
#对测试集数据进行预测
y_pred =lr.predict(X_test)
#print("预测结果\n",y_pred)
#print("原始数据\n",y_test)
from sklearn.metrics import mean_absolute_error
#print("线性回归——平均绝对误差(MAE): ",mean_absolute_error(y_test, y_pred))
MAE_results.append(mean_absolute_error(y_test, y_pred))
from sklearn.metrics import mean_squared_error
#print("线性回归——平均方差(MSE): ",mean_squared_error(y_test, y_pred))
MSE_results.append(mean_squared_error(y_test, y_pred))
from sklearn.metrics import r2_score
#print("线性回归——R平方值: ",r2_score(y_test, y_pred))
R2_results.append(r2_score(y_test, y_pred))
#利用 Lasso 回归对数据进行拟合
from sklearn.linear_model import Lasso
lr=Lasso(normalize=True)
lr.fit(X_train,y_train)
#对测试集数据进行预测
y_pred =lr.predict(X_test)
#print("Lasso 回归——平均绝对误差(MAE): ",mean_absolute_error(y_test, y_pred))
MAE_results.append(mean_absolute_error(y_test, y_pred))
#print("Lasso 回归——平均方差(MSE): ",mean_squared_error(y_test, y_pred))
MSE_results.append(mean_squared_error(y_test, y_pred))
#print("Lasso 回归——R平方值: ",r2_score(y_test, y_pred))
R2_results.append(r2_score(y_test, y_pred))
#利用 Ridge 回归对数据进行拟合
from sklearn.linear_model import Ridge
lr=Ridge(normalize=True)
lr.fit(X_train,y_train)
#对测试集数据进行预测
y_pred =lr.predict(X_test)
#print("Ridge 回归——平均绝对误差(MAE):  ",mean_absolute_error(y_test, y_pred))
MAE_results.append(mean_absolute_error(y_test, y_pred))
```

```
#print("Ridge 回归——平均方差(MSE)：",mean_squared_error(y_test, y_pred))
MSE_results.append(mean_squared_error(y_test, y_pred))
#print("Ridge 回归——R平方值：",r2_score(y_test, y_pred))
R2_results.append(r2_score(y_test, y_pred))
#绘图
names=["线性回归","Lasso 回归","Ridge 回归"]
figure =plt.figure()
axes1 =figure.add_subplot(1,3,1)
axes1.set_ylabel('平均绝对误差',fontsize=12)
axes1.set_xlabel('算法名',fontsize=12)
a=axes1.bar(names,MAE_results,fc ='g')
autolabel(a)
plt.show()
axes2 =figure.add_subplot(1,3,2)
axes2.set_ylabel('平均方差',fontsize=12)
axes2.set_xlabel('算法名',fontsize=12)
a=axes2.bar(names,MSE_results,fc ='b')
autolabel(a)
plt.show()
axes3 =figure.add_subplot(1,3,3)
axes3.set_ylabel('R平方值',fontsize=12)
axes3.set_xlabel('算法名',fontsize=12)
a=axes3.bar(names,R2_results,fc ='r')
autolabel(a)
plt.show()
```

本实例运行结果如图 8-6 所示。

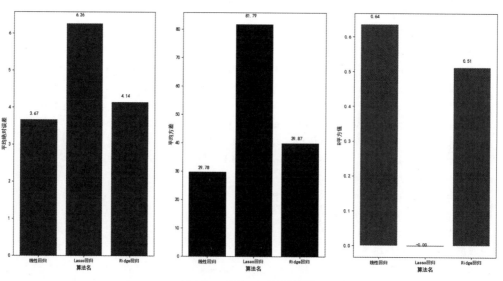

图 8-6　实例 8-7 运行结果

　　从图 8-6 中可以看出,在波士顿房价数据集上,三种回归算法运行结果的平均绝对误差是线性回归算法的最小,说明线性回归模型最优;三种回归算法运行结果的平均方差也是线性回归的值最小,也说明线性回归模型最优;三种回归算法运行结果的 R 平方值是线性回归的最大,也说明了线性回归模型最优。所以可以得出结论,对于波士顿房价数据集,使用线性回归进行拟合效果会最好。在图 8-6 中还可以看到 Lasso 回归在波士顿房价数据集上求得的 R 平方值是 0,说明此 Lasso 模型不适用于波士顿房价数据集。

习　　题

编程题

1. 导入 sklearn 库自带的乳腺癌数据集,使用 LinearRegression 进行回归预测。

2. 导入 sklearn 库自带的乳腺癌数据集,使用 Lasso 进行回归预测。

3. 导入 sklearn 库自带的乳腺癌数据集,使用 Ridge 进行回归预测。

4. 导入 sklearn 库自带的乳腺癌数据集,使用 LogisticRegression 进行分类预测。

第9章 Python决策树

决策树(decision tree)是一组用于分类和回归的监督学习算法。决策树算法是在数据集中已经给定了样本的属性和对应的类别,通过对这些已知的类别进行训练学习得到一个分类器模型,然后对新数据进行分类预测。决策树是直观地运用统计概率分析的一种树形结构,其中树中的每个内部节点表示一个属性上的判断,每个分支代表一个判断结果的输出,然后用每个叶节点代表一种类别。因为其表示为树形结构,所以称为决策树。

例如,想通过决策树预测一个用户是否有能力偿还贷款,已经给定条件是贷款用户的3个属性(是否拥有房产、是否结婚、平均月收入),要求通过这3个属性来判断该用户是否有能力偿还贷款。人工绘制一个简单的决策树,如图9-1所示。

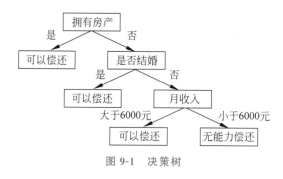

图 9-1　决策树

在图9-1中,每一个内部节点表示一个属性条件判断,叶子节点表示贷款用户是否具有偿还能力的判断结果。如果一个用户没有房产、没有结婚,月收入8000元人民币,则可以通过决策树从根节点逐层判断。先判断该用户是否拥有房产,因为判断结果为否,所以进入树的下一层的右边分支;继续判断是否结婚,该用户没有结婚,判断结果为否,又进入树的下一层的右边分支;继续判断月收入情况,因为该用户月收入8000元,根据判断条件进入树的下一层的左边分支。所以,最后该用户的判断结果为"可以偿还",得到最终的预测结果就是该用户具备偿还贷款能力。

决策树可以分为分类树和回归树两类,分类树对应的是分类预测模型,回归树对应的是回归预测模型。决策树其实就是一个对样本数据不断分组的过程,每个节点中都包含一定数量的数据样本,根节点则包含了数据集中的所有数据样本。随着数据集的不断分组,决策树的每一层节点上包含的样本数量逐层递减。

决策树的实现主要分为两步,一是决策树的生长过程,与之前的分类算法类似,决策树在训练模型时也是先将数据集分割成训练集和测试集两部分,利用训练集样本进行决策树模型的训练;二是决策树的剪枝,在剪枝过程中使用测试集来进行,对通过训练集建立的模型进行精简。

　　在决策树的生长过程中,生成的每一个节点是随机的并且不能重复地从 m 个特征中选择,然后利用这 m 个特征分别对样本集进行划分,可以使用基尼系数、增益率或者信息增益判别找到最佳的划分特征。在决策树的生长过程中,通过训练集建立的模型虽然能准确地反映训练集样本的数据特征,但是因为有时会失去一般性而不能对新数据进行准确的预测,这种现象就是大数据处理中常说的过拟合(overfitting)现象。

　　对决策树进行剪枝就是为了解决过拟和问题,常用的修剪技术一般有两种:预修剪和后修剪。预修剪通常有两种实现方式,一是提前设定好决策树生长的最大深度,当决策树生长达到该深度时就不能再继续生长;二是提前指定样本量的最小值,当某一层的节点所含样本量小于该最小值时,决策树就不能继续生长。

　　预修剪技术可以有效阻止决策树的过度生长,但是两种预修剪技术都需要提前指定值,这就要求对数据集中各特征变量的取值分布情况了解清楚,也要经过反复的实验验证指定参数值的结果是否合理。

　　后修剪技术是在决策树生长之后,根据指定的规则剪掉生成的决策树上不具有一般性的分支,通常是要设定一个最大预测误差值,然后对生成的决策树中的每一层分支不断地进行预测误差判断,直到当前误差大于指定的最大预测误差值时停止剪枝。

　　构建一个决策树时最重要的操作是分支处理,根据不同的算法规定分支处理的度量标准,获得的分类结果可能不同。通常在决策树中分支度量常用的算法有 ID3、C4.5、C5.0 及 CART 算法。

　　1. ID3 算法

　　ID3 算法是在每个节点处选择能获得最高信息增益的分支进行分裂,即 ID3 算法在每个决策节点分支时划分的度量标准是信息熵(Entropy)。信息熵的定义是在 1948 年由香农提出的,高信息度的信息熵是很低的,低信息度的信息熵则很高。例如,某个样本集合中只有一个类别,其确定性很高,其熵为 0,而样本集中分类越多,确定性就越低,则熵就越大。假设有一个数据集 D,样本总数量为 n,共有 m 个分类,则信息增益的计算公式如下所示。

$$\text{Entropy}(D) = -\sum_{i=1}^{m} P_i \cdot \log(P_i) \tag{9-1}$$

式中,P_i 为第 i 个类样本的数量占比。

　　ID3 算法分类效果非常好,但是 ID3 算法对于具有很多值的属性是非常敏感的,当分支属性取值非常多时,该分支属性的信息熵就会比较大。但是,分支多的属性不一定是最优的,分支多的属性可能会造成过拟合现象。另外,ID3 算法不能处理具有连续值的属性,也不能处理属性具有缺失值的样本。

　　2. C4.5 算法

　　C4.5 算法的总体思路与 ID3 算法类似,但是其改用信息增益率来选择分支,并且在决策树的构造过程中对树进行剪枝。C4.5 算法对非离散数据及不完整数据都能进行处理,对 ID3 算法中容易出现过拟合现象的问题也有所改进。

　　信息增益率的计算公式如下所示。

$$信息增益率 = \frac{信息熵}{分裂前熵} \tag{9-2}$$

信息增益率越高,说明分裂的效果越好。

3. C5.0 算法

C5.0 算法是在 C4.5 算法基础上的进一步改进，主要目的是对大数据集进行处理分析。在 C5.0 算法中使用提升法，组合多个决策树来做出分类，使分类的准确率得到了提高。相对 C4.5 算法而言，C5.0 算法构建决策树的速度更快，生成的决策树的规模更小，并且拥有的叶子节点数也更少。

4. CART 算法

CART 算法与 C4.5 算法非常相似，但是 CART 算法支持预测连续的值，即是一个分类回归树算法。在构建决策树时，CART 算法构建的是二叉树，构建过程是一个二分循环分割过程，每次都把当前样本集划分为两个子样本集，使决策树的分支都是两个分支，构成一个二叉树。当某个分支有多个取值时，会对属性值进行组合，取最优的两个组合进行分支，然后得到两分支。

CART 算法在构建决策树时采用的分支度量标准是基尼值（Gini），也称为基尼指数，计算公式如下所示。

$$\text{Gini} = 1 - \sum_{i=1}^{m} P_i^2 \qquad (9\text{-}3)$$

式中，P_i 为第 i 个类样本的数量占比。

对于一个数据集，基尼值越大，随机选取两个样本值所属类别不一样的概率越大。

CART 算法可以利用训练集和测试集不断地评估决策树的性能来修剪决策树，从而使训练误差和测试误差达到一个很好的平衡点。

9.1　分类决策树

在 sklearn.tree 中通过 DecisionTreeClassifier 类能够实现分类决策树。DecisionTreeClassifier 是一个可以处理二元分类（标签只有两种值）和多元分类（标签的值可能有 K 个）的分类器。

【语法格式】

```
class sklearn.tree.DecisionTreeClassifier ( *, criterion='gini', splitter='best',
max_depth=None, min_samples_split=2, min_samples_leaf=1, min_weight_fraction_
leaf=0.0, max_features=None, random_state=None, max_leaf_nodes=None, min_
impurity_decrease=0.0, min_impurity_split=None, class_weight=None, presort='
deprecated', ccp_alpha=0.0)
```

DecisionTreeClassifier 类中常用的参数如表 9-1 所示。

表 9-1　DecisionTreeClassifier 类中常用的参数

参　　数	含　　义
criterion	选择节点划分的度量标准，值可以取 gini（基尼值）、entropy（信息增益）。默认使用 gini，即 CART 算法采用的度量标准。如果设置为 entropy，则是 C4.5 算法中采用的度量标准
splitter	指定每个节点选择划分的策略，值可以取为 best 或 random

续表

参　数	含　义
max_depth	指定树的最大深度
min_samples_split	指定样本量的最小值
min_samples_leaf	指定叶子节点样本量的最小值
max_features	指定在寻找最佳分裂时考虑的特征数量
max_leaf_nodes	指定叶子的最大数量
min_impurity_split	指定树的生长过程中提前停止的阈值
presort	指定在拟和时是否对数据进行预排序从而加速寻找最佳分裂的过程

DecisionTreeClassifier 类中常用的方法如表 9-2 所示。

表 9-2　DecisionTreeClassifier 类中常用的方法

方　法	功　能
fit(X,y)	训练决策树分类器模型
predict(X)	使用模型对样本集 X 进行分类预测
predict_proba(X)	给出样本集在各个类别上预测的概率,结果为 predict_proba 预测出的各个类别概率里的最大值对应的类别
score(X,y)	计算模型在给定测试数据及标签上的平均准确率
apply(x)	返回每个样本被预测的叶子索引
decision_path(X)	返回树中的决策路径

在使用 DecisionTreeClassifier 类前,首先需要从 sklearn 包中导入 DecisionTreeClassifier 模块。

```
from sklearn.tree import DecisionTreeClassifier
```

DecisionTreeClassifier 使用默认参数时实现的是 CART 算法。

【实例 9-1】　对鸢尾花数据集使用决策分类树进行预测。

```
from sklearn.datasets import load_iris
from sklearn.tree import DecisionTreeClassifier
from sklearn.model_selection import train_test_split
import numpy as np
#导入数据
iris =load_iris()
data =iris.data[:, :2]
target =iris.target
#划分数据集
train_data, test_data =train_test_split(np.c_[data, target])
print("训练集大小: ",train_data.shape)
print("测试集大小: ",test_data.shape)
```

```
#决策树学习
Tree1=DecisionTreeClassifier(criterion='entropy', min_samples_leaf=3)
Tree1.fit(train_data[:, :2], train_data[:, 2])
#预测测试数据集
predict1 =Tree1.predict(test_data[:, :2])
print('测试集预测准确率:',Tree1.score(test_data[:, :2], test_data[:, 2]))
```

本实例运行后在 Console 中显示的结果如下所示。

```
训练集大小: (112, 3)
测试集大小: (38, 3)
测试集预测准确率: 0.6578947368421053
```

本实例中使用了 np.c_,其作用是拼接多个数组,要求待拼接的多个数组的行数必须相同,如 np.c_[a,b,c,...]。对应的还有一个 np.r_,其用法与 n.p.c_ 一样,作用也是拼接多个数组,但要求待拼接的多个数组的列数必须相同。

本实例中指定了 criterion='entropy',说明使用的是 C4.5 算法实现的决策树。

把"Tree1=DecisionTreeClassifier(criterion='entropy', min_samples_leaf=3)"代码修改为

```
Tree1=DecisionTreeClassifier(min_samples_leaf=3)
```

则说明使用默认的 gini 度量标准,即使用 CART 算法实现的决策树。

修改后的实例运行结果为

```
训练集大小: (112, 3)
测试集大小: (38, 3)
测试集预测准确率: 0.7105263157894737
```

可以看出,对鸢尾花数据集,使用 CART 算法进行分类的准确率比使用 C4.5 算法进行分类的准确率要高,说明对鸢尾花数据集进行分类选择 CART 算法比较好。

目前在 Scikit-learn 提供的 Decision TreaClassifier 类中实现的是 CART 算法的最优版本。

9.2 导出决策树数据并绘制决策树图形

sklearn.tree 模块中提供的 export_graphviz 类可以把训练好的决策树数据导出。

【语法格式】

```
sklearn.tree.export_graphviz(decision_tree, out_file=None, *, max_depth=None,
feature_names = None, class_names = None, label = 'all', filled = False, leaves_
parallel=False, impurity=True, node_ids=False, proportion=False, rotate=False,
rounded=False, special_characters=False, precision=3)
```

在使用 export_graphviz 类前，首先需要添加如下语句。

```
from sklearn import tree
```

然后使用如下语句保存决策树数据。

```
with open("jcs1.dot", 'w') as f:
    f =tree.export_graphviz(Tree1, out_file =f)
```

其中，Tree1 是之前创建训练好的决策树分类模型的名称。这时在当前文件夹下生成了一个 jcs1.dot 文档，可以使用 Word 软件打开浏览，如图 9-2 所示。

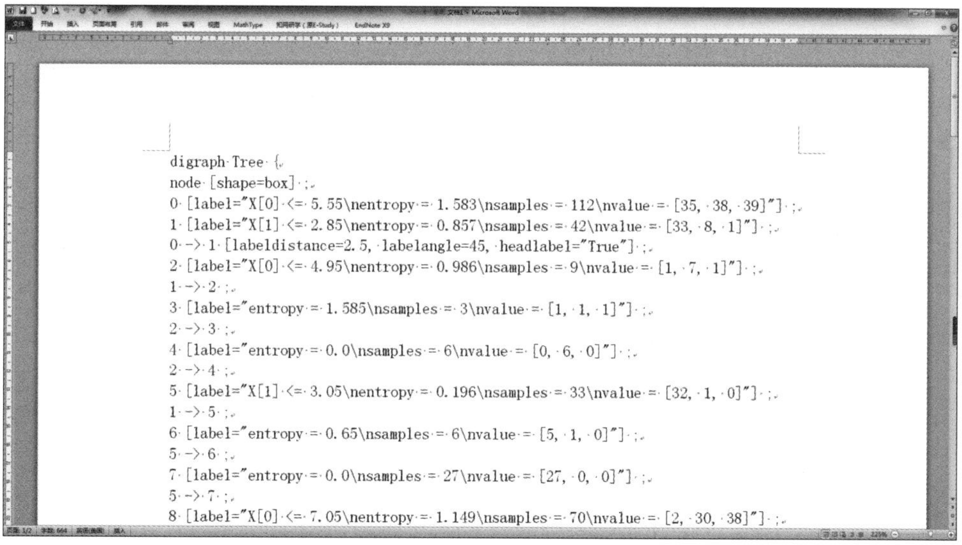
digraph Tree {
node [shape=box] ;
0 [label="X[0] <= 5.55\nentropy = 1.583\nsamples = 112\nvalue = [35, 38, 39]"] ;
1 [label="X[1] <= 2.85\nentropy = 0.857\nsamples = 42\nvalue = [33, 8, 1]"] ;
0 -> 1 [labeldistance=2.5, labelangle=45, headlabel="True"] ;
2 [label="X[0] <= 4.95\nentropy = 0.986\nsamples = 9\nvalue = [1, 7, 1]"] ;
1 -> 2 ;
3 [label="entropy = 1.585\nsamples = 3\nvalue = [1, 1, 1]"] ;
2 -> 3 ;
4 [label="entropy = 0.0\nsamples = 6\nvalue = [0, 6, 0]"] ;
2 -> 4 ;
5 [label="X[1] <= 3.05\nentropy = 0.196\nsamples = 33\nvalue = [32, 1, 0]"] ;
1 -> 5 ;
6 [label="entropy = 0.65\nsamples = 6\nvalue = [5, 1, 0]"] ;
5 -> 6 ;
7 [label="entropy = 0.0\nsamples = 27\nvalue = [27, 0, 0]"] ;
5 -> 7 ;
8 [label="X[0] <= 7.05\nentropy = 1.149\nsamples = 70\nvalue = [2, 30, 38]"] ;

图 9-2 使用 Word 软件打开保存的决策树数据文档

生成文档文件之后，可以通过 Graphviz 将 Python 生成的决策树.dot 文件转换成.pdf 文件。Graphviz 是开源的图形可视化软件，网址为 http://www.graphviz.org。图形可视化是一种将结构信息表示为抽象图形和网络图的方式，它在网络、生物信息学、软件工程、数据库、网页设计、机器学习及其他技术领域的可视界面中具有重要的应用。

Graphviz 布局程序以简单的文本语言获取图形描述，并以有用的格式制作图表，例如用于网页的、具有交互功能的 SVG 图像，可以在浏览器中交互查看。

要想让 Python 中生成的决策树文件以图形可视化的形式显示，需要先下载安装 Graphviz 软件，过程如下所示。

(1) 到网站下载适合自己计算机环境的安装软件，这里下载 Windows 版。

Windows 版本的 Graphviz 软件的下载地址为 https://www2.graphviz.org/Packages/stable/windows/10/cmake/Release/x64。这里下载了“graphviz-2.28.0.msi”文件。

(2) 安装软件。双击“graphviz-2.28.0.msi”文件，一直单击 Next 按钮直到最后，完成软件安装。

在安装过程中如果使用默认路径,则用户必须记住安装路径,后边会用到。

（3）配置环境变量。将安装好的 Graphviz 软件的 bin 路径添加到原来的系统变量 path 中。

按照图 9-3 所示的步骤可以设置系统变量,也可以在"计算机"中找到"系统属性",之后的步骤和图 9-3 所示的步骤完全一样。这里添加的 path 的值为"C:\Program Files（x86）\Graphviz 2.28\bin"。

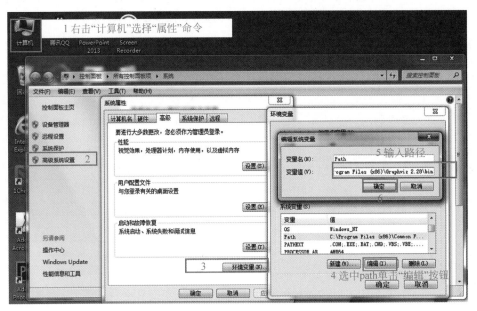

图 9-3　设置系统变量 path

一定要将上面安装的 Graphviz 软件的 bin 路径添加到原来的系统变量 path 中,而不是新建一个 path 变量。

（4）验证是否安装成功。进入 Windows 命令行界面,输入 dot -version,按 Enter 键,如果显示 Graphviz 的相关版本信息,则安装配置成功,如图 9-4 所示。

（5）在 Python 中装载 Graphviz 软件。打开 Anaconda Prompt 命令窗口,输入如下语句。

```
pip install graphviz
```

通过以上 5 步即可成功安装 Graphviz,下面可以使用 Graphviz 将决策树生成的树形显示出来。

【实例 9-2】 对鸢尾花数据集使用决策分类树进行预测,并利用 Graphviz 将决策树图形可视化。

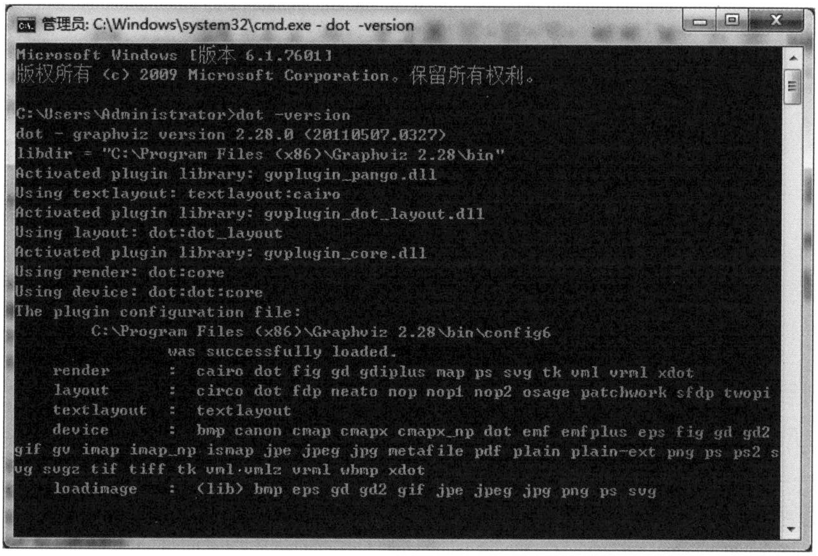

图 9-4　安装成功测试界面

```
from sklearn.datasets import load_iris
from sklearn.tree import DecisionTreeClassifier
from sklearn.model_selection import train_test_split
import numpy as np
from sklearn import tree
#导入数据
iris =load_iris()
data =iris.data[:, :2]
target =iris.target
#划分数据集
train_data, test_data =train_test_split(np.c_[data, target])
print("训练集大小: ",train_data.shape)
print("测试集大小: ",test_data.shape)
#决策树学习
Tree1=DecisionTreeClassifier(criterion='entropy', min_samples_leaf=3)
Tree1.fit(train_data[:, :2], train_data[:, 2])
#预测测试数据集
predict1 =Tree1.predict(test_data[:, :2])
print('测试集预测准确率:' ,Tree1.score(test_data[:, :2], test_data[:, 2]))
#保存生成的决策树
with open("jcs1.dot", 'w') as f:
    f =tree.export_graphviz(Tree1, out_file =f)
#导入 Graphviz,生成图形成视化的 .pdf 文件
import graphviz
#导出决策树信息
jcs1=tree.export_graphviz(Tree1,out_file=None)
```

```
#创建图形
graph=graphviz.Source(jcs1)
#输出为.pdf文件,指定文件名为jcs1
graph.render('jcs1')
```

本实例运行后在 Console 中显示的结果如下所示。

```
训练集大小: (112, 3)
测试集大小: (38, 3)
测试集预测准确率: 0.8157894736842105
```

本实例运行后在当前文件夹里还生成了一个指定名称为 jcs1 的 .pdf 文件,即本实例的决策树内容的图形可视化结果,如图 9-5 所示。

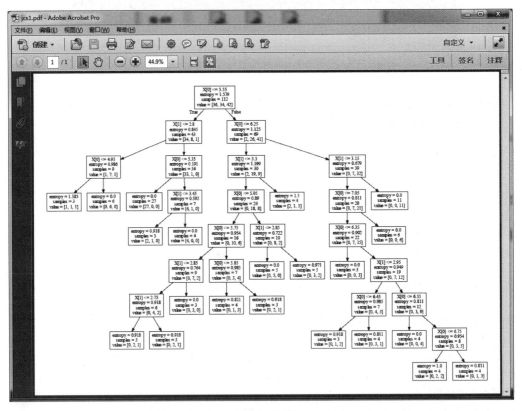

图 9-5 实例 9-2 的决策树的图形可视化结果

9.3 回归决策树

决策树也可以用来处理回归问题,sklearn.tree 库中提供的 DecisionTreeRegressor 类可以实现回归决策树。

【语法格式】

```
class sklearn.tree.DecisionTreeRegressor(*, criterion='mse', splitter='best',
max_depth=None, min_samples_split=2, min_samples_leaf=1, min_weight_fraction_
leaf=0.0, max_features=None, random_state=None, max_leaf_nodes=None, min_
impurity_decrease=0.0, min_impurity_split=None, presort='deprecated', ccp_
alpha=0.0)
```

DecisionTreeRegressor 类中的参数与 DecisionTreeClassifier 类中的参数大部分含义相同,读者可参考表 9-1,但要特别注意 criterion 参数的不同。

在 DecisionTreeRegressor 类中,criterion 参数用于设置回归树衡量分枝质量的标准,可以取以下几种值。

(1)mse:使用均方误差,父节点和叶子节点之间的均方误差的差额将被用来作为特征选择的标准。

(2)friedman_mse:使用费尔德曼均方误差作为特征选择的标准。

(3)mae:使用绝对平均误差作为特征选择的标准。

在 DecisionTreeRegressor 类中,criterion 参数默认使用 mse。一般来说,mse 比 mae 更加精确一些。

需要注意的是,在 DecisionTreeRegressor 类和 DecisionTreeClassifier 类中,criterion 参数取值是不同的。当参数 criterion 用于 DecisionTreeClassifier 类设置特征选择标准时,可以使用 gini(基尼系数)或者 entropy(信息增益),默认值为基尼系数 gini,即 CART 算法。

在 DecisionTreeRegressor 类中没有类别权重 class_weight 参数。

【实例 9-3】 对鸢尾花数据集使用回归决策树进行预测。

```
from sklearn.datasets import load_iris
from sklearn.model_selection import train_test_split
from sklearn.tree import DecisionTreeRegressor
#导入数据
iris =load_iris()
x=iris.data[:, :2]
y=iris.target
#分割训练数据和测试数据,随机采样 20%作为测试,80%作为训练
x_train, x_test, y_train, y_test =train_test_split(x, y, test_size=0.2, random_
state=33)
#使用回归树进行训练和预测
dtr =DecisionTreeRegressor()
#训练
dtr.fit(x_train, y_train)
#预测
dtr_y_predict =dtr.predict(x_test)
#模型评估
print("回归树预测准确率: ", dtr.score(x_test, y_test))
```

本实例运行后在 Console 中显示的结果如下所示。

```
回归树预测准确率: 0.5432692307692308
```

实例 9-1 中使用 C4.5 算法对鸢尾花数据集进行分类的准确率为 0.6578947368421053，使用 CART 算法分类的准确率为 0.7105263157894737，显然对鸢尾花数据集回归树预测的准确率远不如分类决策树预测的准确率高。

【实例 9-4】 随机生成数据，使用回归决策树拟合正弦曲线，对比参数 **max_depth** 不同时的结果。

```python
import numpy as np
from sklearn.tree import DecisionTreeRegressor
import matplotlib.pyplot as plt

#创建一个随机数据集
rng =np.random.RandomState(1)
X =np.sort(5 * rng.rand(80, 1), axis=0)
y =np.sin(X).ravel()
y[::5] +=3 * (0.5 -rng.rand(16))

#拟合回归模型
regr_1 =DecisionTreeRegressor(max_depth=2)
regr_2 =DecisionTreeRegressor(max_depth=5)
regr_1.fit(X, y)
regr_2.fit(X, y)

#预测
X_test =np.arange(0.0, 5.0, 0.01)[:, np.newaxis]
y_1 =regr_1.predict(X_test)
y_2 =regr_2.predict(X_test)

#绘制结果
plt.figure()
plt.scatter(X, y, s=20, edgecolor="black",
                c="darkorange", label="data")
plt.plot(X_test, y_1, color="cornflowerblue",
        label="max_depth=2", linewidth=2)
plt.plot(X_test, y_2, color="yellowgreen", label="max_depth=5", linewidth=2)
plt.xlabel("data")
plt.ylabel("target")
plt.title("Decision Tree Regression")
plt.legend()
plt.show()
```

本实例运行结果如图 9-6 所示。

本实例通过一个回归决策树拟合正弦曲线，从图 9-6 中可以看到，当树的最大深度值设置为 5 时，离正弦曲线形状差别更远。所以，通常不能将树的最大深度设置过高，以免造成过拟合。

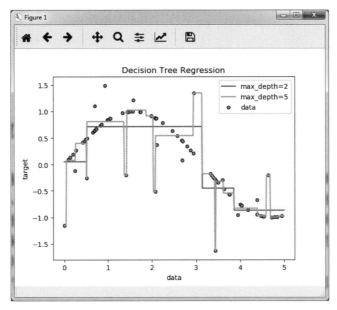

图 9-6 实例 9-4 运行结果

9.4 随机森林的实现

随机森林属于一种组合预测模型,是指利用多棵树对样本进行训练并预测的一种分类器,属于机器学习中的集成学习范畴。随机森林首先随机建立一个由多个互不关联的决策树组成的森林,多个决策树分类器模型将分别进行学习并预测,然后对所有决策树的预测值进行组合,最后得到的是将多个分类器模型的预测结果合并的结果,显然组合的预测结果肯定会优于单个决策树预测的结果。组合多个决策树的结果的方式可以通过求所有决策树的平均值作为整个森林的预测结果,也可以进行投票选择一个决策树的预测结果作为整个森林的预测结果,即随机森林中每个决策树都有一个自己的结果,随机森林通过统计每个决策树的结果,选择投票数最多的结果作为其最终结果。随机森林的一般算法流程如图 9-7 所示。

如图 9-7 所示,随机森林算法中首先有抽样放回的从训练集中选取 n 个样本作为一个训练子集,共分为 n 个子集,并对每一个子集生成一棵决策树;一直重复以上步骤共 n 次,共生成 n 棵决策树,从而构成具有 n 棵决策树的随机森林;最后用训练得到的随机森林对测试样本进行预测,利用均值法或者投票选举法选择一个最优的分类结果。

由于随机森林是由多个决策树组合而成的,以决策树为基础,因此决策树中能使用的分类决策树和回归决策树在随机森林中也同样可以使用。

在 Python 扩展库 sklearn 的 ensemble 模块中提供了随机森林分类器 RandomForestClassifier 和随机森林回归器 RandomForestRegressor。

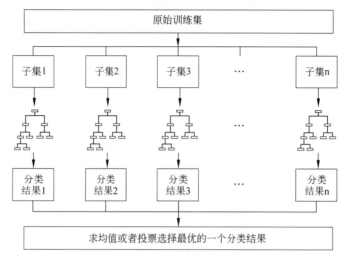

图 9-7　随机森林的一般算法流程

9.4.1　RandomForestClassifier

【语法格式】

```
class sklearn.ensemble.RandomForestClassifier(n_estimators=100, *, criterion='gini', max_depth=None, min_samples_split=2, min_samples_leaf=1, min_weight_fraction_leaf=0.0, max_features='auto', max_leaf_nodes=None, min_impurity_decrease=0.0, min_impurity_split=None, bootstrap=True, oob_score=False, n_jobs=None, random_state=None, verbose=0, warm_start=False, class_weight=None, ccp_alpha=0.0, max_samples=None)
```

RandomForestClassifier 类中常用的参数如表 9-3 所示。

表 9-3　RandomForestClassifier 类中常用的参数

参　　数	含　　义
n_estimators	指定随机森林中决策树的个数,默认值为 10
criterion	选择节点划分的度量标准,值可以取 gini(基尼值)、entropy(信息增益),默认值为 gini
max_depth	指定树的最大深度,默认值为 None
min_samples_leaf	指定叶子节点最少的样本数
min_weight_fraction_leaf	叶子节点所需要的最小权值,默认值为 0
max_features	随机森林允许单个决策树使用特征的最大数量,可选值为 auto(每棵树都没有任何限制)、sqrt(每棵子树可以利用总特征数的平方根个)、log2(每棵子树可以利用总特征数的求以 2 为底的对数)、0.2[每棵子树可以利用变量(特征)数的 20%]、None(每棵子树可以利用总特征数)
n_estimators	指定在利用最大投票数或平均值来预测之前要建立子树的数量
max_leaf_nodes	叶子树的最大样本数,默认值为 None
bootstrap	指定是否有放回的采样

RandomForestClassifier 类中的属性如表 9-4 所示。

表 9-4　RandomForestClassifier 类中的属性

参　　数	含　　义
estimators_	森林中的树
classes_	类标签
n_classes_	类
n_features_	特征数
n_outputs_	输出数
feature_importances_	特征重要性
oob_score_	使用袋外样本估计的准确率
oob_decision_function_	决策函数

RandomForestClassifier 类中常用的方法如表 9-5 所示。

表 9-5　RandomForestClassifier 类中常用的方法

方　　法	功　　能
fit(X,y)	训练分类器模型
predict(X)	使用模型对样本集 X 进行分类预测
predict_proba(X)	给出样本集在各个类别上预测的概率,结果为 predict_proba 预测出的各个类别概率里的最大值对应的类别
score(X,y)	计算模型在给定测试数据及标签上的平均准确率
apply(x)	返回每个样本被预测的叶子索引
decision_path(X)	返回森林中的决策路径

【实例 9-5】　对鸢尾花数据集使用随机森林分类器进行预测。

```
from sklearn.datasets import load_iris
from sklearn.ensemble import RandomForestClassifier
from sklearn.model_selection import train_test_split
import numpy as np
#导入数据
iris =load_iris()
data =iris.data[:, :2]
target =iris.target
#划分数据集
train_data, test_data =train_test_split(np.c_[data, target])
print("训练集大小: ",train_data.shape)
print("测试集大小: ",test_data.shape)
#模型学习
RF1=RandomForestClassifier()
RF1.fit(train_data[:, :2], train_data[:, 2])
#预测测试数据集
predict1 =RF1.predict(test_data[:, :2])
print('测试集预测准确率:', RF1.score(test_data[:, :2], test_data[:, 2]))
```

本实例运行后在 Console 中显示的结果如下所示。

```
训练集大小：(112, 3)
测试集大小：(38, 3)
测试集预测准确率：0.7631578947368421
```

实例 9-3 中对鸢尾花数据集使用回归树预测的测准确率为 0.5432692307692308；实例 9-1 中使用 C4.5 算法对鸢尾花数据集进行分类的准确率为 0.6578947368421053，使用 CART 算法分类的准确率为 0.7105263157894737；而本实例的分类准确率为 0.7631578947368421。很显然，使用随机森林预测的结果比使用单棵决策树的预测结果好。

【实例 9-6】 检验不同的 n_estimators 对随机森林的预测性能的影响。

```python
from sklearn.datasets import load_iris
from sklearn.ensemble import RandomForestClassifier
from sklearn.model_selection import train_test_split
import numpy as np
import matplotlib.pyplot as plt
#添加以下两句代码，显示汉字标题
plt.rcParams['font.sans-serif']=['SimHei']
plt.rcParams['axes.unicode_minus']=False
#导入数据
iris =load_iris()
data =iris.data[:, :2]
target =iris.target
#划分数据集
train_data, test_data =train_test_split(np.c_[data, target])
#检验不同的 n_estimators 对随机森林的预测性能的影响
n_estimators1=[10,20,30,40,50,60,70,80,90,100]
test_scores =[]
for n_estimators in n_estimators1:
    model1 =RandomForestClassifier(n_estimators=n_estimators)
    model1.fit(train_data[:, :2], train_data[:, 2])
    #预测测试数据集
    predict1 =model1.predict(test_data[:, :2])
    test_scores.append(model1.score(test_data[:, :2], test_data[:, 2]))
#绘图
plt.plot(n_estimators1,test_scores)
plt.xlabel('n_estimators')
plt.ylabel('得分')
plt.title('n_estimators 对随机森林的预测性能的影响')
plt.show()
```

本实例运行结果如图 9-8 所示。

从图 9-8 中可以看出，参数 n_estimators 的值不同对随机森林的预测性能是有影响的，但并不是越大越好。对于鸢尾花数据集而言，当 n_estimators 的值为 40 时取得了最好的预

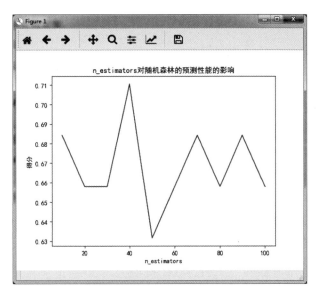

图 9-8 实例 9-6 运行结果

测准确率得分,说明这时预测结果最好。但是要注意的是,代码下一次再运行时可能会得到不同的运行结果,所以我们可以多运行几次,取一个平均结果来判断参数 n_estimators 的最优值。

9.4.2 特征的重要性评估

随机森林算法还有一个优点,即可以对特征的重要性进行评估。在现实世界,一个大数据集往往会有非常多的特征,如果把所有特征都用来判别分类会给算法带来过大的复杂度,因此通常会在所有特征中选择一些对结果影响最大的特征,从而有效地缩减建立模型时的特征数,减小算法复杂度。除了在数据预处理阶段利用主成分分析等方法对特征进行初选外,随机森林算法也提供了评估特征重要性的功能。

利用随机森林算法对特征的重要性进行评估的主要思路就是对比每个特征在随机森林中的每棵树上做了多大的贡献,然后取平均值,最后比较所有特征之间的贡献大小。而贡献的大小通常通过基尼指数或者袋外数据(out of band,OOB)错误率作为衡量标准。

在 sklearn 中的随机森林算法里封装了特征重要性评估功能,在一个数据集上训练并拟合了随机森林模型后,可以利用随机森林类中的属性 feature_importances_ 查看这个数据集中的重要特征。

【实例 9-7】 读入波士顿房价数据集,使用条形图显示随机森林预测后各个特征重要性属性值。

```python
from sklearn.datasets import load_boston
from sklearn.ensemble import RandomForestRegressor
import matplotlib.pyplot as plt
#定义在条形图柱上显示数值的函数
```

```
def autolabel(rects):
    for rect in rects:
        height =rect.get_height()
        plt.text(rect.get_x()+rect.get_width()/2.-0.2, 1.03*height, '%.3f' %
float(height))
#读入数据集
boston =load_boston()
X =boston["data"]
print("数据集类型与大小: \n",type(X),X.shape)
Y =boston["target"]
names =boston["feature_names"]
print("数据集中的各特征名:\n",names)
rf =RandomForestRegressor()
rf.fit(X, Y)
print("直接显示特征重要性: \n",rf.feature_importances_)
#格式化输出结果
print("格式化的显示特征名及重要性评估值")
for k in range(len(names)):
    print("%2d)%-20s %-f" % (k+1, names[k],rf.feature_importances_[k]))
#绘制条形图,可视化地显示各特征的重要性评估值
figure =plt.figure()
ax1 =figure.add_subplot(1,1,1)
a=ax1.bar(range(len(rf.feature_importances_)),rf.feature_importances_,tick_
label=names,color='r')
autolabel(a)
ax1.set_title("Feature Importances")
plt.show()
```

本实例运行后在 Console 中显示的结果如下所示。

```
数据集类型与大小:
<class 'numpy.ndarray'>(506, 13)
数据集中的各特征名:
['CRIM' 'ZN' 'INDUS' 'CHAS' 'NOX' 'RM' 'AGE' 'DIS' 'RAD' 'TAX' 'PTRATIO'
'B' 'LSTAT']
直接显示特征重要性:
[0.04625455 0.00231064 0.00308281 0.00053997 0.02222699 0.41848908
0.01802508 0.05257273 0.00351131 0.01836273 0.01468921 0.01347379
0.38646112]
格式化的显示特征名及重要性评估值
1) CRIM          0.046255
2) ZN            0.002311
3) INDUS         0.003083
4) CHAS          0.000540
```

5) NOX	0.022227	
6) RM	0.418489	
7) AGE	0.018025	
8) DIS	0.052573	
9) RAD	0.003511	
10) TAX	0.018363	
11) PTRATIO	0.014689	
12) B	0.013474	
13) LSTAT	0.386461	

从结果中可以看出,如果直接输出 rf.feature_importances_ 的各值,会显示很多数值,不容易看出是哪个特征的评估值,所以本实例中添加了格式化输出格式,利用％d、％s 及 ％f 格式化的同时输出特征名及对应的特征重要性评估值,在格式符前加负号可以使特征名及值左对齐,看起来更美观。

本实例中还绘制了条形图,以可视化地显示各特征重要性的评估值,本实例运行的可视化条形图结果如图 9-9 所示。

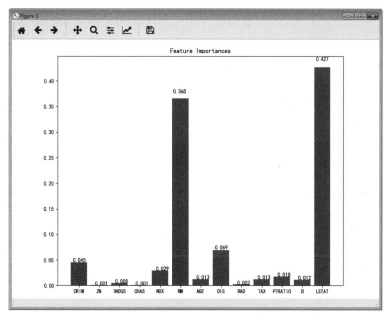

图 9-9　实例 9-7 运行结果

从图 9-9 中可以非常直观地看出,在波士顿房价数据集中,LSTAT 和 RM 这两个特征的重要程度的值比较大,说明这两个特征是对模型影响较大的特征,其对于样本的分类结果影响会很大。如果改变了这两个特征值的顺序,将会降低模型预测的准确率。

9.4.3　RandomForestRegressor

Python 扩展库 sklearn 的 ensemble 模块中还提供了随机森林回归器 RandomForestRegressor。

【语法格式】

```
class sklearn.ensemble.RandomForestRegressor(n_estimators=100, *, criterion='
mse', max_depth=None, min_samples_split=2, min_samples_leaf=1, min_weight_
fraction_leaf=0.0, max_features='auto', max_leaf_nodes=None, min_impurity_
decrease=0.0, min_impurity_split=None, bootstrap=True, oob_score=False, n_jobs
=None, random_state=None, verbose=0, warm_start=False, ccp_alpha=0.0, max_
samples=None)
```

随机森林回归器 RandomForestRegressor 的用法与随机森林分类器 RandomForestClassifier 的用法一致,类中的参数与方法不再介绍,读者可参考 RandomForestClassifier 类中的内容。

下边通过一个实例来对比两类决策树和两类随机森林算法的预测性能。

【实例 9-8】 对鸢尾花数据集进行分类预测,对比几种算法的预测性能。

```
from sklearn.datasets import load_iris
from sklearn.ensemble import RandomForestClassifier
from sklearn.tree import DecisionTreeClassifier
from sklearn.tree import DecisionTreeRegressor
from sklearn.ensemble import RandomForestRegressor
from sklearn.model_selection import train_test_split
import matplotlib.pyplot as plt
#添加以下两句代码,显示汉字标题
plt.rcParams['font.sans-serif']=['SimHei']
plt.rcParams['axes.unicode_minus']=False
#定义在条形图柱上显示数值的函数
def autolabel(rects):
    for rect in rects:
        height =rect.get_height()
        plt.text(rect.get_x()+rect.get_width()/2.-0.2, 1.03*height, '%.3f' %
float(height))
#以下两句用来忽略版本错误信息
import warnings
warnings.filterwarnings("ignore")
#导入数据
iris =load_iris()
X=iris.data[:, :2]
y=iris.target
#分割训练数据和测试数据,随机采样 20%作为测试,80%作为训练
x_train, x_test, y_train, y_test =train_test_split(X, y, test_size=0.2, random_
state=33)
y=[]
#1.使用分类决策树进行训练和预测
```

```
model =DecisionTreeClassifier()
#训练
model.fit(x_train, y_train)
#预测
model_y_predict =model.predict(x_test)
#模型评估
print("分类决策树预测准确率: ",model.score(x_test, y_test))
y.append(model.score(x_test, y_test))
#2.使用回归树进行训练和预测
model2 =DecisionTreeRegressor()
#训练
model2.fit(x_train, y_train)
#预测
model2_y_predict =model2.predict(x_test)
#模型评估
print("回归决策树预测准确率: ",model2.score(x_test, y_test))
y.append(model2.score(x_test, y_test))
#3.使用分类随机森林进行训练和预测
model3 =RandomForestClassifier()
model3.fit(x_train, y_train)
model3_y_predict =model3.predict(x_test)
#模型评估
print("分类随机森林预测准确率: ",model3.score(x_test, y_test))
y.append(model3.score(x_test, y_test))
#4.使用回归随机森林进行训练和预测
model4 =RandomForestRegressor()
model4.fit(x_train, y_train)
model4_y_predict =model4.predict(x_test)
#模型评估
print("回归随机森林预测准确率: ",model4.score(x_test, y_test))
y.append(model4.score(x_test, y_test))
#绘图
figure =plt.figure()
ax1 =figure.add_subplot(1,1,1)
x1=[1,2,3,4]
a=ax1.bar(x1,y,tick_label=["分类决策树""回归决策树""分类随机森林""回归随机森林"],
color='r')
autolabel(a)
ax1.set_title("几种分类预测算法性能比较")
plt.show()
```

本实例运行后在 Console 中显示的结果如下所示。

```
分类决策树预测准确率: 0.5666666666666667
回归决策树预测准确率: 0.5432692307692308
分类随机森林预测准确率: 0.6666666666666666
回归随机森林预测准确率: 0.6005442040598291
```

本实例运行的条形图结果如图 9-10 所示。

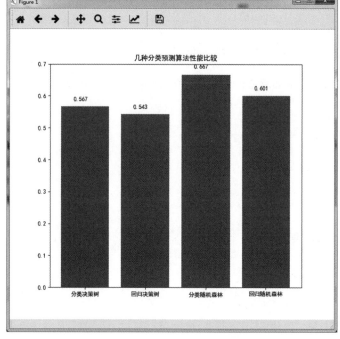

图 9-10　实例 9-8 条形图结果

图 9-10 以条形图的形式可视化地显示了 4 种分类预测算法的预测准确率的对比,从视觉效果上看更直观,可以明显看出对于鸢尾花数据集而言,分类随机森林算法的分类效果最优。

在 Python 编程时经常会出现一些版本号不兼容等警告信息,但这并不影响计算结果,所以经常会忽略这些警告信息,方法是添加如下两个语句。

```
import warnings
warnings.filterwarnings("ignore")
```

9.5　交叉验证

无论是分类模型还是回归模型,都经常使用交叉验证(也称循环估计)进行模型评估。交叉验证是一种统计学上将数据样本切割成较小子集的实用方法。交叉验证的基本思想是先把数据集划分为 k 个大小相同的子集,然后每次以 k−1 个子集的并集作为训练集,余下的那个子集作为验证测试集,使用选择好的机器学习方法在训练集上进行训练,所得的相应模型再去测试集进行验证,这样的过程重复 k 次,得到 k 组训练和测试结果,最后把 k 次结果求平均值作为模型评估的结果。对回归问题或者分类问题,经过 k 折交叉验证之后,计算

k 次求得的分类率的平均值,作为该模型或者假设函数的真实分类率。当数据集里的数据比较有限时,使用交叉验证的方法可以重用数据,可以更有效地利用数据进行分类、回归或预测。

通常会把交叉验证的方法也称为 k 折交叉验证,在大数据分析处理里最常用的是 10 折交叉验证,当然 5 折交叉验证和 20 折交叉验证也比较常见。5 折交叉验证流程如图 9-11 所示。

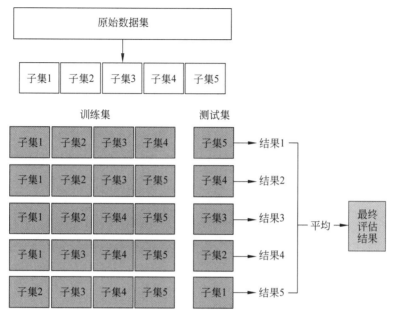

图 9-11　5 折交叉验证流程

9.5.1　cross_val_score()评估模型

前面几个实例中存在一个问题,即每次运行的结果都不同。因此,这样的数据分析结果并不十分客观,所以通常在数据分析出验证模型时使用交叉验证的方法来评估模型的性能。

在交叉验证算法中使用最多的是 10 折交叉验证算法,首先将数据集分为 10 折,做一次交叉验证,而在这一次交叉验证里算法实际上计算了 10 次,将每一折都当作一次测试集,其余 9 折当作训练集,这样循环 10 次。通常也会做多次交叉验证,最后将多次交叉验证的结果求平均值作为最终的评价结果。

交叉验证通过反复对数据集进行划分,然后对每次不同的划分计算准确率等评估值,最后使用多次计算结果的平均值评价模型和参数的优劣,所以其比直接使用各模型中的 score()方法求得一个准确率来评估模型会更客观。

sklearn 包中提供的 cross_val_score()方法可实现交叉验证。

【语法格式】

```
sklearn.cross_validation.cross_val_score(estimator, X, y=None, scoring=None,
cv=None, n_jobs=1, verbose=0, fit_params=None, pre_dispatch='2*n_jobs')
```

cross_val_score()方法中常用的参数如表 9-6 所示。

表 9-6 cross_val_score()方法中常用的参数

参 数	含 义
estimator	需要评估的方法对象(即建立的模型,如分类器等)
X	数据
y	标签
scoring	调用的方法(包括 accuracy 和 mean_squared_error 等)
cv	指定是几折交叉验证
n_jobs	同时工作的 CPU 个数(−1 代表全部)

sklearn 的官方文档中规定的参数的取值如表 9-7 所示。

表 9-7 sklearn 的官方文档中规定的 scoring 参数的取值

Scoring'	Function	Comment
Classification		
'accuracy'	metrics.accuracy_score	
'balanced_accuracy'	metrics.balanced_accuracy_score	
'average_precision'	metrics.average_precision_score	
'neg_brier_score'	metrics.brier_score_loss	
'f1'	metrics.f1_score	for binary targets
'f1_micro'	metrics.f1_score	micro-averaged
'f1_macro'	metrics.f1_score	macro-averaged
'f1_weighted'	metrics.f1_score	weighted average
'f1_samples'	metrics.f1_score	by multilabel sample
'neg_log_loss'	metrics.log_loss	requires predict_proba support
'precision' etc.	metrics.precision_score	suffixes apply as with 'f1'
'recall' etc.	metrics.recall_score	suffixes apply as with 'f1'
'jaccard' etc.	metrics.jaccard_score	suffixes apply as with 'f1'
'roc_auc'	metrics.roc_auc_score	
'roc_auc_ovr'	metrics.roc_auc_score	
'roc_auc_ovo'	metrics.roc_auc_score	
'roc_auc_ovr_weighted'	metrics.roc_auc_score	
'roc_auc_ovo_weighted'	metrics.roc_auc_score	
Clustering		
'adjusted_mutual_info_score'	metrics. adjusted _ mutual _ info _score	
'adjusted_rand_score'	metrics.adjusted_rand_score	
'completeness_score'	metrics.completeness_score	
'fowlkes_mallows_score'	metrics.fowlkes_mallows_score	
'homogeneity_score'	metrics.homogeneity_score	

续表

Scoring'	Function	Comment
'mutual_info_score'	metrics.mutual_info_score	
'normalized_mutual_info_score'	metrics. normalized _ mutual _ info _score	
'v_measure_score'	metrics.v_measure_score	
Regression		
'explained_variance'	metrics.explained_variance_score	
'max_error'	metrics.max_error	
'neg_mean_absolute_error'	metrics.mean_absolute_error	
'neg_mean_squared_error'	metrics.mean_squared_error	
'neg_root_mean_squared_error'	metrics.mean_squared_error	
'neg_mean_squared_log_error'	metrics.mean_squared_log_error	
'neg_median_absolute_error'	metrics.median_absolute_error	
'r2'	metrics.r2_score	
'neg_mean_poisson_deviance'	metrics.mean_poisson_deviance	
'neg_mean_gamma_deviance'	metrics.mean_gamma_deviance	

一般的数据分析中通常都是使用 scoring＝'accuracy'，通过计算所建立模型的正确率来评估模型性能。

在使用 cross_val_score()方法前，首先需要从 sklearn 包中导入 cross_val_score 模块。

```
from sklearn.model_selection import cross_val_score
```

【实例 9-9】 对鸢尾花数据集利用随机森林进行分类预测，使用交叉验证算法评估模型。

```
from sklearn import datasets
from sklearn.model_selection import cross_val_score
from sklearn.ensemble import RandomForestClassifier
#以下两句用来忽略版本错误信息
import warnings
warnings.filterwarnings("ignore")
#装载数据集
iris =datasets.load_iris()
X =iris.data
y =iris.target
#建立模型
model =RandomForestClassifier()
#使用交叉验证方法求准确率评估模型
print("一次 5 折交叉验证得到准确率结果值：\n")
```

```
print(cross_val_score(model, X, y, cv=5, scoring='accuracy'))
print("一次 10 折交叉验证得到准确率结果值：\n")
print(cross_val_score(model, X, y, cv=10, scoring='accuracy'))
```

本实例运行后在 Console 中显示的结果如下所示。

```
一次 5 折交叉验证得到准确率结果值：
[0.96666667 0.96666667 0.93333333 0.96666667 1.        ]
一次 10 折交叉验证得到准确率结果值：
[1.        0.93333333 1.        0.93333333 0.93333333 0.93333333
0.93333333 0.93333333 1.        1.        ]
```

可以看出，当使用 5 折交叉验证时可得到 5 个准确率结果，使用 10 折交叉验证时可得到 10 个准确率结果。

通常的处理方法是将各个准确率结果求平均值作为最后模型评估的结果，所以将上述代码修改为如下样式。

```
from sklearn import datasets
from sklearn.model_selection import cross_val_score
from sklearn.ensemble import RandomForestClassifier
#以下两句用来忽略版本错误信息
import warnings
warnings.filterwarnings("ignore")
#装载数据集
iris =datasets.load_iris()
X =iris.data
y =iris.target
#建立模型
model =RandomForestClassifier()
#使用交叉验证方法求准确率评估模型
scores=cross_val_score(model, X, y, cv=5, scoring='accuracy')
print("5 折交叉验证得到准确率结果值：  ",scores.mean())
scores1=cross_val_score(model, X, y, cv=10, scoring='accuracy')
print("10 折交叉验证得到准确率结果值：  ",scores1.mean())
```

运行修改后的代码，得到的结果如下所示。

```
5 折交叉验证得到准确率结果值：    0.9533333333333334
10 折交叉验证得到准确率结果值：    0.9533333333333334
```

在评估模型性能时，通常还会使用 std() 评估出一个置信区间作为误差范围。例如，将上述代码中 5 折交叉验证得到的结果显示为评分估计的平均得分和 95% 置信区间的样式，代码如下所示。

```
print('5 折交叉验证得到准确率结果值：: %0.2f (+/-%0.2f)' %(scores.mean(), scores.
std() * 2))
```

该句代码运行得到的结果如下所示。

5折交叉验证得到准确率结果值：：0.95 (+/-0.07)

【实例9-10】 对鸢尾花数据集进行随机森林分类预测，对比随机森林中不同的决策树的个数对预测性能的影响。

```
from sklearn import datasets
from sklearn.model_selection import train_test_split
from sklearn.model_selection import cross_val_score
from sklearn.ensemble import RandomForestClassifier
import matplotlib.pyplot as plt
#加载数据集
iris =datasets.load_iris()
X =iris.data
y =iris.target
#划分数据集
train_X,test_X,train_y,test_y =train_test_split(X,y,test_size=1/3,random_state
=3)
k_range =[10,20,30,40,50,60,70,80,90,100]
#定义变量用来放每个模型的预测结果值
cv_scores =[]
for n in k_range:
    model =RandomForestClassifier(n_estimators=n)
    #cv:选择每次测试折数；accuracy:评价指标是准确度,可以省略使用默认值
    scores =cross_val_score(model,train_X,train_y,cv=10,scoring='accuracy')
    cv_scores.append(scores.mean())
#绘图
plt.plot(k_range,cv_scores,c='r')
plt.xlabel('K')
plt.ylabel('正确率')
plt.show()
```

本实例运行结果如图9-12所示。

从图9-12可以看出，随机森林中不同的决策树的个数分别为[10,20,30,40,50,60,70,80,90,100]时，所得到的准确率变化情况就像图中曲线一样不是成正比的，并不是树越多预测结果越好。从图9-12中可以看出，当 n_estimators＝20时已经取得了最好的结果，所以就可以确定，对本数据集使用随机森林预测时，n_estimators＝20就是参数 n_estimators 的最优解，在后续的预测中可以直接使用该参数值。

本实例中计算准确率时使用交叉验证的方法 cross_val_score()求得了预测的准确率，虽然每次运行结果仍可能会有所不同，但是因为在交叉验证中求得的准确率是多次结果的平均值，所以相对于直接求一次准确率的方法更客观。

在构建模型时，调参是极为重要的一个步骤，因为只有选择最佳的参数才能构建一个最优的模型。而交叉验证方法也可以用来选择最佳参数，通常的做法是使用一个循环，在循环

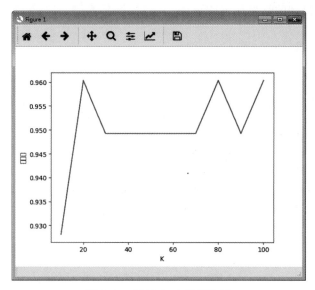

图 9-12   实例 9-10 运行结果

中不断改变参数值,对每个参数值利用交叉验证方法求得一个模型评估值(一般使用准确率),最后用可视化图形直观地对比循环中得到的各个模型评估值,从而选出一个最佳参数值。所有建立模型的算法都可以使用交叉验证方法来调参,如对于 KNN 分类算法,参数 n_neighbors 的值对预测结果的影响就会比较大,但具体选择什么值则根据经验值来决定。下面通过交叉验证方法调整 n_neighbors 参数值。

【实例 9-11】 对鸢尾花数据集进行 KNN 分类时,使用交叉验证算法选择一个最优的n_neighbors 参数值。

```python
from sklearn.datasets import load_iris
from sklearn.model_selection import train_test_split,cross_val_score
from sklearn.neighbors import KNeighborsClassifier
import matplotlib.pyplot as plt
#添加以下两句代码,显示汉字标题
plt.rcParams['font.sans-serif']=['SimHei']
plt.rcParams['axes.unicode_minus']=False
#装载数据集
iris =load_iris()
X =iris.data
y =iris.target
#划分数据集
train_X,test_X,train_y,test_y =train_test_split(X,y,test_size=1/3,random_state
=3)
#这里指定测试集大小为原数据集的 1/3
k=range(1,10)
#定义变量,用来放每个模型的预测结果值
```

```
cv_scores =[]
#对不同的参数值建模、交叉验证
for n in k:
    model =KNeighborsClassifier(n_neighbors=n)
    scores =cross_val_score(model,train_X,train_y,cv=10,scoring='accuracy')
    cv_scores.append(scores.mean())
#绘图
plt.plot(k,cv_scores)
plt.xlabel('n_neighbors')
plt.ylabel('正确率')
plt.show()
```

本实例运行结果如图 9-13 所示。

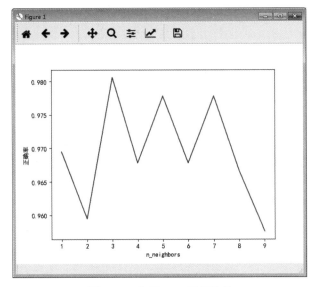

图 9-13　实例 9-11 运行结果

从图 9-13 中可以看出,当 n_neighbors 参数值为 3 时获得了分类准确率的最高值,所以可以认为 n_neighbors＝3 为参数的最优值。

将求得的参数最优值代入模型进行分类,代码如下所示。

```
#使用交叉验证方法求得最优值并建模、训练、评估
best_model =KNeighborsClassifier(n_neighbors=3)
best_model.fit(train_X,train_y)
print("使用最优 n_neighbors 参数值分类准确率: ", best_model.score(test_X,test_y))
```

上述代码的运行结果如下所示。

```
使用最优 n_neighbors 参数值分类准确率: 0.94
```

9.5.2　sklearn.model_selection.KFold

sklearn 中还提供了 KFold()方法对数据集进行划分,指定参数值 k 后,KFold()方法会将数据集拆分为 k 份,其中 k−1 份作为训练集,1 份作为测试集用作验证。默认情况下,数据集不进行随机打乱。如果想在交叉验证时打乱数据,可以通过 shuffle 参数进行设置。

【语法格式】

```
sklearn. model_selection.KFold(n_splits=5, *, shuffle=False, random_state=
None)
```

KFold 类中的主要参数如表 9-8 所示。

表 9-8　KFold 类中的主要参数

参　数	含　义
n_splits	将数据划分的份数 k,默认值为 5
shuffle	用于控制是否在划分数据前将数据随机打乱。当 shuffle=False 时,不会将传入的训练集打乱,是按顺序进行划分的,每次运行代码得到的划分结果一样;当 shuffle=True 时,将传入的数据集打乱,随机划分 n_splits 组数据。shuffle 常与 random_state 配合使用,以保证重复运行代码得到的随机划分一致
random_state	当为真时,影响索引的排序,从而控制每个折叠的随机性;否则,此参数没有影响

【实例 9-12】　对鸢尾花数据集使用分类决策树模型和交叉验证算法进行分类预测。

```
from sklearn.datasets import load_iris
from sklearn import model_selection
from sklearn.tree import DecisionTreeClassifier
#导入数据
iris =load_iris()
X =iris.data[:, :2]
y =iris.target
model=DecisionTreeClassifier()
#使用交叉验证算法进行模型评估
kfold1=model_selection.KFold(n_splits=10, random_state=5)
cv_results =model_selection. cross_val_score (model, X, y, cv= kfold1, scoring=
'accuracy')
print("交叉验证后得到准确率结果值:\n",cv_results)
#求平均值作为最终评估结果
print("准确率: %f (%f)" %(cv_results.mean(),cv_results.std()))
```

本实例运行后在 Console 中显示的结果如下所示。

```
交叉验证后得到准确率结果值:
[1.    1.         0.86666667  0.6    0.4    0.4
 0.6    0.53333333  0.53333333  0.26666667]
准确率: 0.620000 (0.242304)
```

本实例中使用了 model_selection.Kfold()和 model_selection.cross_val_score()方法，这两种方法都属于 sklearn 中的 model_selection 模块，所以在导入时只使用了 from sklearn import model_selection 这一语句，后面代码则添加前缀"model_selection."来调用相应的方法。

需要注意的是，kfold()方法可以认为是将数据集划分为 k 折，其作用只是划分了数据集。而 cross_val_score()方法才是根据模型计算交叉验证的结果，在 cross_val_score()方法中调用了 kfold()方法的划分结果去进行交叉验证。

9.6 综合实例

9.6.1 UCI 数据库简介

在大数据分析时，对分类、回归及预测等算法进行验证时常用的验证数据集基本上都来自 UCI 数据库。UCI 数据库是机器学习领域最常用的标准数据库。UCI 数据库是加州大学欧文分校（University of California Irvine）提出的用于机器学习的数据库，该数据库目前共有 488 个数据集，其数目还在不断增加，UCI 数据集是一个常用的标准测试数据集。在 UCI 数据库中大约有 417 个数据集可以用于分类算法验证，大约有 129 个数据集可以用于回归算法验证，大约有 112 个数据集可以用于聚类算法验证。当然，有些数据集既可以用于分类算法验证，也可以用于回归算法验证。常用的数据集有 Iris、Wine、Heart Disease、PimaIndiansdiabetes 等。

在 UCI 数据库中，每个数据文件（＊.data）包含以"属性-值"对形式描述的很多个体样本的记录。对应的 ＊.info 文件包含的大量的文档资料（有些文件_generate_ databases 不包含 ＊.data 文件）。作为数据集和领域知识的补充，在 utilities 目录里包含了一些在使用这一数据集时的有用资料。

UCI 数据集下载网址为 https：//archive.ics.uci.edu/ml/index.php。登录该网址后，即可进入 UCI 网站首页，如图 9-14 所示。

单击图 9-14 所示界面右上角的 View ALL Data Sets 按钮，可以看到 UCI 中提供的所有数据集信息，如图 9-15 所示。

读者可以根据需要到 UCI 网站上下载相应的数据集进行使用。在 Python 中使用 UCI 数据集的方法有以下两种。

（1）可以在代码中直接在线下载 UCI 数据集到内存，直接使用。通常使用的下载代码如下所示。

```
import urllib.request
url ="http://archive.ics.uci.edu//ml//machine- learning-databases//wine//wine.
data"
raw_data =urllib.request.urlopen(url)
dataset_raw =np.loadtxt(raw_data, delimiter=",")
```

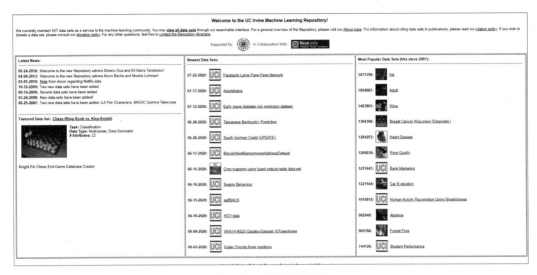

图 9-14　UCI 网站首页

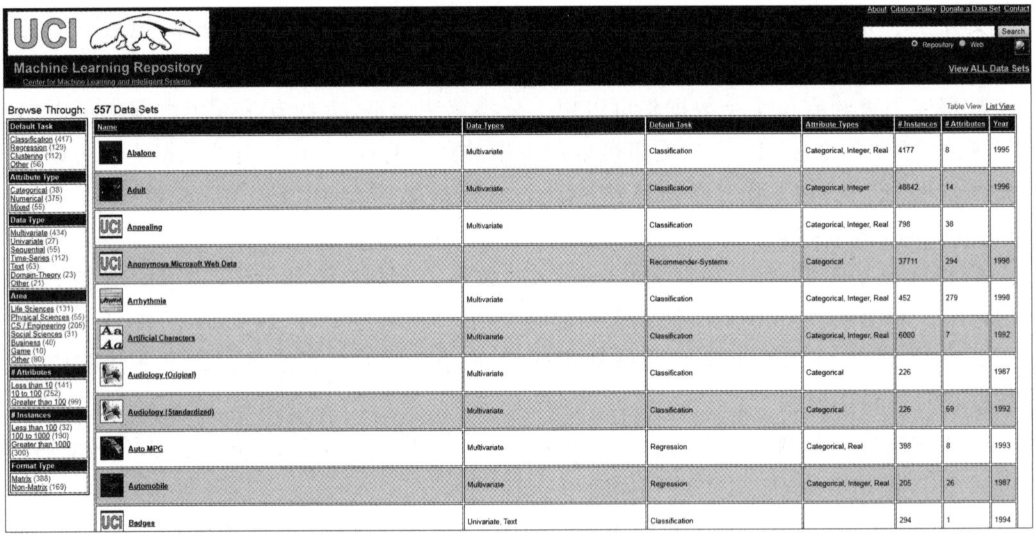

图 9-15　UCI 所有数据集界面

其得到的 dataset_raw 是一个二维数组,行数是样本总数,列数是属性的个数加上 label,最后一列是 label。

（2）提前在网站上下载好要使用的数据集文件,保存在本地磁盘上,利用之前学习的读入文件内容的方法读入数据集进行使用。例如,本书实例中使用 iris 数据集时,基本上是使用 sklearn 自带数据集装载的方法读入 iris 数据集;也可以提前在 UCI 网站上下载好 iris 数据集,然后读入数据集。读入数据集的代码如下所示。

```
iris =pd.read_csv('iris.csv')
```

【实例 9-13】　在线下载 UCI 中的 wine 数据集,并使用随机森林算法进行分类预测。

```
import pandas as pd
from sklearn.model_selection import train_test_split
from sklearn.ensemble import RandomForestClassifier
import numpy as np
from sklearn.model_selection import cross_val_score
#在线下载数据集
url = ' http://archive. ics. uci. edu/ml/machine - learning - databases/wine/wine.
data'
df =pd.read_csv(url, header =None)
df.columns =['Class label', 'Alcohol', 'Malic acid', 'Ash',
             'Alcalinity of ash', 'Magnesium', 'Total phenols',
             'Flavanoids', 'Nonflavanoid phenols', 'Proanthocyanins',
             'Color intensity', 'Hue', 'OD280/OD315 of diluted wines', 'Proline']
np.unique(df['Class label'])
print("数据集大小: ",df.shape)
print("数据集的前五行内容: \n",df.head())
#iloc利用index的具体位置(只能是整数型参数),来获取想要的行(或列)。
x, y =df.iloc[:, 1:].values, df.iloc[:, 0].values
#划分数据集
x_train, x_test, y_train, y_test =train_test_split(x, y, test_size =0.3, random_
state =0)
feat_labels =df.columns[1:]
#使用随机森林建模并训练
RF1 =RandomForestClassifier(n_estimators=1000, random_state=0, n_jobs=-1)
RF1.fit(x_train, y_train)
#使用交叉验证评估模型
scores=cross_val_score(RF1, x,y, cv=10, scoring='accuracy')
print("10 折交叉验证得到准确率结果值: ",scores.mean())
```

本实例运行后在 Console 中显示的结果如下所示。

```
数据集大小:    (178, 14)
数据集的前五行内容:
    Class label  Alcohol ...  OD280/OD315 of diluted wines  Proline
0       1        14.23 ...              3.92                 1065
1       1        13.20 ...              3.40                 1050
2       1        13.16 ...              3.17                 1185
3       1        14.37 ...              3.45                 1480
4       1        13.24 ...              2.93                 735
[5 rows x 14 columns]
10 折交叉验证得到准确率结果值: 0.983625730994152
```

9.6.2 综合实例——糖尿病预测

综合实例中所用的数据是来自 UCI 数据库的皮马印第安人糖尿病数据集（PimaIndiansdiabetes.csv），最初来自美国国家糖尿病/消化/肾脏疾病研究所。数据集中包含了 Pima 印第安至少 21 岁的女性患者的医疗记录，以及过去 5 年内是否患有糖尿病。数据集由多个医学预测变量和一个目标变量 Outcome 组成。当 Outcome 的值为 1 时代表患有糖尿病，当 Outcome 的值为 0 时表示未患糖尿病

PimaIndiansdiabetes.csv 数据集中的属性如表 9-9 所示。

表 9-9　PimaIndiansdiabetes.csv 数据集中的属性

属 性 名	含 义
Pregnancies	怀孕次数
Glucose	葡萄糖
BloodPressure	血压
SkinThickness	皮层厚度
Insulin	胰岛素，2 小时血清胰岛素
BMI	体重指数（体重/身高）^{2}
DiabetesPedigreeFunction	糖尿病谱系功能
Age	年龄
Outcome	类标变量（0 或 1）

PimaIndiansdiabetes 数据集的目标是基于数据集中包含的某些诊断测量来诊断性地预测患者是否患有糖尿病。

【实例 9-14】　对 PimaIndiansdiabetes 数据集使用不同的分类算法进行分类预测。

```
import pandas as pd
import matplotlib.pyplot as plt
from sklearn import model_selection
from sklearn.linear_model import LogisticRegression
from sklearn.tree import DecisionTreeClassifier
from sklearn.neighbors import KNeighborsClassifier
from sklearn.naive_bayes import GaussianNB
from sklearn.svm import SVC
#添加以下两句代码,显示汉字标题
plt.rcParams['font.sans-serif']=['SimHei']
plt.rcParams['axes.unicode_minus']=False
#以下两句用来忽略版本错误信息
import warnings
warnings.filterwarnings("ignore")
#定义函数来显示柱状上的数值
```

```
def autolabel(rects):
    for rect in rects:
        height =rect.get_height()
        plt.text(rect.get_x()+rect.get_width()/2.-0.2, 1.03 * height, '%.2f' %
        float(height))
#导入数据
pima =pd.read_csv('PimaIndiansdiabetes.csv')
print("输出数据集的前五行内容: \n")
print(pima.head())
print("数据集规模大小:     ",pima.shape)
print("输出数据集中的属性名: \n",pima.keys())
data=pima.values
#划分数据集
X=data[:,0:8]
Y=data[:,8]
#定义模型
models=[]
models.append(('LR',LogisticRegression()))
models.append(('KNN',KNeighborsClassifier()))
models.append(('CART',DecisionTreeClassifier()))
models.append(('NB',GaussianNB()))
models.append(('SVM',SVC()))
#初始化变量
results=[]
names=[]
scoring='accuracy'
#使用交叉验证算法进行模型评估
for name,model in models:
    kfold=model_selection.KFold(n_splits=10,random_state=5)
    cv_results=model_selection.cross_val_score(model,X,Y,cv=kfold)
    results.append(cv_results.mean())
    names.append(name)
    print("%s 准确率: %f (%f)" %(name,cv_results.mean(),cv_results.std()))
#绘图
fig=plt.figure()
fig.suptitle("分类算法比较",fontsize=12)
plt.ylabel('准确率',fontsize=12)
plt.xlabel('算法名',fontsize=12)
a=plt.bar(names,results,fc ='g')
autolabel(a)
plt.show()
```

本实例运行结果如图 9-16 所示。

本实例运行后在 Console 中显示的结果如下所示。

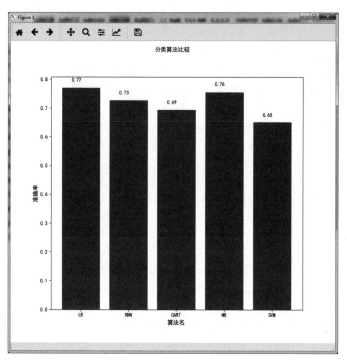

图 9-16　实例 9-14 运行结果

```
输出数据集的前五行内容:
   Pregnancies Glucose BloodPressure ... DiabetesPedigreeFunction Age Outcome
0        6      148          72 ...                      0.627   50       1
1        1       85          66 ...                      0.351   31       0
2        8      183          64 ...                      0.672   32       1
3        1       89          66 ...                      0.167   21       0
4        0      137          40 ...                      2.288   33       1
[5 rows x 9 columns]
数据集规模大小:     (768, 9)
输出数据集中的属性名:
Index(['Pregnancies', 'Glucose', 'BloodPressure', 'SkinThickness', 'Insulin',
       'BMI', 'DiabetesPedigreeFunction', 'Age', 'Outcome'],
      dtype='object')
LR 准确率: 0.769515 (0.048411)
KNN 准确率: 0.726555 (0.061821)
CART 准确率: 0.693882 (0.068952)
NB 准确率: 0.755178 (0.042766)
SVM 准确率: 0.651025 (0.072141)
```

从运行结果中可以看出,对 PimaIndiansdiabetes 数据集进行分类预测时,LR 算法获得了最好的预测结果。

习　　题

编程题

1. 导入 sklearn 库自带的乳腺癌数据集,使用分类决策树进行分类预测。

2. 导入 sklearn 库自带的乳腺癌数据集,使用回归决策树进行分类预测。

3. 导入 sklearn 库自带的乳腺癌数据集,使用分类随机森林进行分类预测。

4. 导入 sklearn 库自带的乳腺癌数据集,使用回归随机森林进行分类预测。

5. 导入 sklearn 库自带的乳腺癌数据集,分别使用分类决策树、回归决策树、分类随机森林及回归随机森林进行分类预测,并分别使用类中自带的 score()方法和交叉验证算法评估 4 种算法的性能,并以可视化图形的形式显示评估结果。

参 考 文 献

[1] 董付国. Python 数据分析、挖掘与可视化[M].北京：人民邮电出版社,2020.

[2] 董付国. Python 程序设计[M].北京：清华大学出版社,2015.

[3] 韦玮. Python 基础实例教程[M].北京：人民邮电出版社,2018.

[4] 赵卫东,董亮. 机器学习[M].北京：人民邮电出版社,2018.

[5] 周志华. 机器学习[M].北京：清华大学出版社,2016.